FOM-Edition

FOM Hochschule für Oekonomie & Management

Weitere Bände in dieser Reihe
http://www.springer.com/series/12753

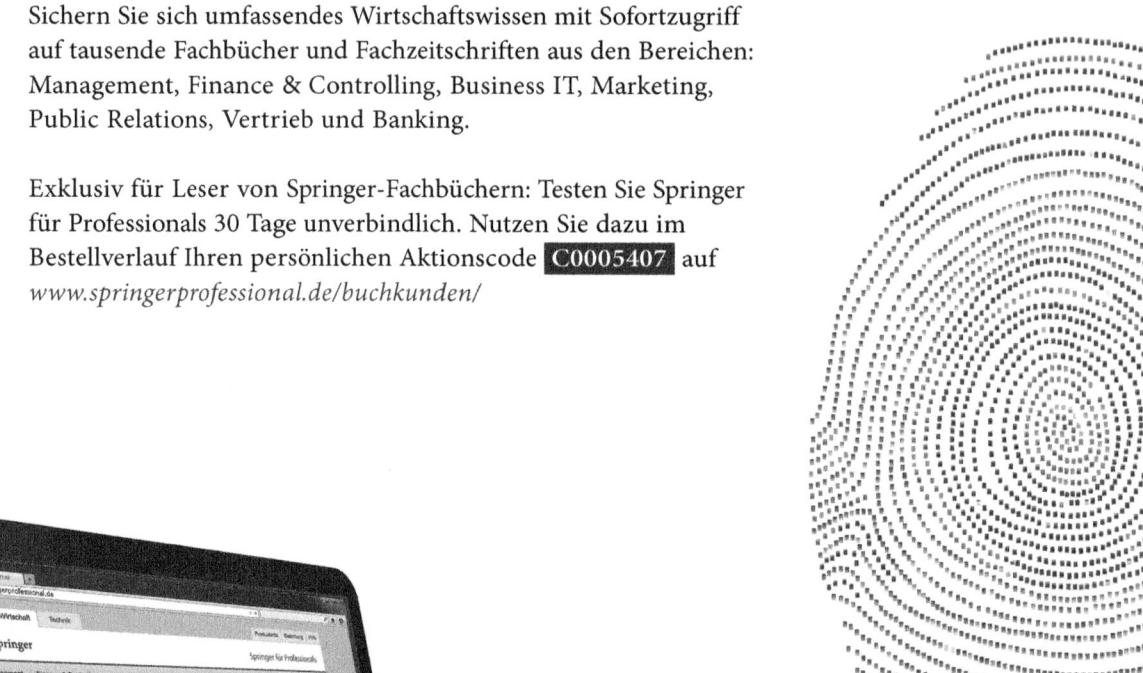

Karsten Lübke • Martin Vogt

Angewandte Wirtschaftsstatistik

Daten und Zufall

 Springer Gabler

Karsten Lübke
FOM Hochschule für Oekonomie
& Management
Dortmund, Deutschland

Martin Vogt
eufom European University for Economics
& Management A.s.b.l., Luxemburg

Dieses Werk erscheint in der FOM-Edition, herausgegeben von FOM Hochschule für Oekonomie & Management.

FOM-Edition
ISBN 978-3-658-02803-9   ISBN 978-3-658-02804-6 (eBook)
DOI 10.1007/978-3-658-02804-6

Die Deutsche Nationalbibliothek verzeichnet diese Publikation in der Deutschen Nationalbibliografie; detaillierte bibliografische Daten sind im Internet über http://dnb.d-nb.de abrufbar.

Springer Gabler

Lektorat: Angela Meffert

Gedruckt auf säurefreiem und chlorfrei gebleichtem Papier

Springer Fachmedien Wiesbaden ist Teil der Fachverlagsgruppe Springer Science+Business Media
(www.springer.com)

Vorwort

Daten und Zufall, Theorie und Praxis. Im Informationszeitalter heißt es, nicht zuletzt auch in der Wirtschaft, aus Daten Wissen zu schaffen – in der Hoffnung, dass aus Wissen dann auch eine richtige Handlung folgt. Wer dabei aber den Zufall außer Acht lässt, trifft eventuell die falsche Entscheidung. Aus Daten lernen bedeutet daher auch, sich der Unsicherheit bewusst zu werden. Dies gilt nicht nur in der Wissenschaft, sondern auch im Unternehmen und im Privatleben. Im Filmklassiker *The Big Lebowski* sagt der *Fremde*, den schönen und wahren Satz: „Mal verspeist man den Bären und mal wird man vom Bären verspeist." Und damit Sie, weder im Studium noch im Beruf, verspeist werden, haben wir dieses Buch geschrieben – ohne allerdings eine Garantie dafür übernehmen zu können.

Dieses Buch richtet sich vor allem an jene, die im Rahmen eines wirtschaftswissenschaftlichen Studiums statistische Methoden lernen wollen oder müssen. Dieses Buch führt in das Thema Wirtschaftsstatistik ein, unterstützt aber auch jene, die im Beruf oder für eine wissenschaftliche Arbeit Statistik benötigen. Wir möchten also einerseits das Was, Wie und Warum erklären, andererseits aber auch das konkrete Anwendungsproblem nicht vergessen. Daher gibt es neben dem eigentlichen Text Übungsaufgaben und Fallstudien mit Lösungsweg sowie Softwarehinweise. Bei der inhaltlichen Auswahl haben wir uns an den Curricula der FOM im Bachelor orientiert und gelegentlich auf den Master geschielt. Statistik kann für Studium und Beruf hilfreich sein und wir hoffen, dass es auch dieses Buch ist. Wir gründen diese Hoffnung nicht zuletzt auf den handlungs- und anwendungsorientierten Charakter: ausgehend von konkreten Fragestellungen, z. B. aus Marketing oder Finance, wird die Statistik entwickelt.

Im Einzelnen ist das Buch wie folgt strukturiert:

In der angewandten Statistik kann jede Statistik nur so gut sein wie die Daten, auf denen sie basiert. Deshalb haben wir das Kapitel 1 der Verbindung zwischen Mathematik und Wirklichkeit, den Daten, gewidmet. Wir beginnen in Abschnitt 1.1 mit der Definition und Beschreibung wesentlicher Grundbegriffe. Anschließend gehen wir in den Abschnitten 1.2 und 1.3 auf die Datenerhebung und Datenqualität ein. In Abschnitt 1.4 behandeln wir die Datenanalyse mit dem Computer und können anschließend in Abschnitt 1.5 ein Zwischenfazit ziehen.

Darauf aufbauend gehen wir in Kapitel 2 auf die Datenbeschreibung ein. Ausgehend von der konkreten Fragestellung: „In welchen der vier vorgeschlagenen Fonds sollten Sie investieren?", stellen wir verschiedene Arten der Datendarstellung (Abschnitt 2.1) vor, führen in den Abschnitten 2.2 und 2.3 diverse Lage- und Streuungsmaße ein und behandeln kurz in Abschnitt 2.4 Schiefe, Wölbung und Multimodalität. Nachdem wir uns in diesen Abschnitten mit der Geldanlage in Fonds beschäftigt haben, werden wir in Abschnitt 2.5 auf die Gleichheit/Ungleichheit in Daten, d. h. die Konzentration, eingehen. Schließlich behandeln wir in Abschnitt 2.6 Indexzahlen mit einem Fokus auf Preisindices.

In Kapitel 3 beschäftigen wir uns mit den Zusammenhängen innerhalb von Daten. Dabei werden wir zunächst in Abschnitt 3.1 verschiedene Zusammenhangsmaße kennenlernen. Danach führen wir in die lineare Regression ein (Abschnitt 3.2). Zum Abschluss dieses Kapitels werden wir in Abschnitt 3.3 mittels der Analyse der Entwicklung der Arbeitslosenzahlen grundlegende Zeitreihenmodelle herleiten.

Anschließend werden wir in Kapitel 4 dem Zufall in den Daten auf die Spur kommen. Dazu werden in Abschnitt 4.1 die Begriffe Zufall und Wahrscheinlichkeit eingeführt. Darauf aufbauend führen wir in Abschnitt 4.2 Wahrscheinlichkeitsverteilungen, mit Schwerpunkt auf Binomial- und Normalverteilung, ein. Schließlich gehen wir in Abschnitt 4.3 auf die Themen Schätzen und Testen ein.

In Kapitel 5 werden wir mit Hilfe des R Commanders die berühmten Fisher's Iris Daten analysieren und dadurch verschiedene multivariate Verfahren einführen: Wir beginnen in Abschnitt 5.1 mit der multiplen Regressionsanalyse, danach erläutern wir in Abschnitt 5.2 die Varianzanalyse, in Abschnitt 5.3 die Logistische Regression und in Abschnitt 5.4 die Hauptkomponentenanalyse. Zum Schluss gehen wir in Abschnitt 5.5 auf die Clusteranalyse ein.

Die meisten der genannten Kapitel enden jeweils mit einem Steckbrief der wesentlichen behandelten Methoden, zahlreichen Fallstudien und Übungsaufgaben sowie weiterführenden Literatur- und Softwarehinweisen. Damit Sie noch mehr üben können, beinhaltet das Kapitel 6 eine Vielzahl von Übungsaufgaben zu den behandelten Themen sowie eine Probeklausur. Zum Abschluss geben wir im Tabellenanhang die Verteilungs-, Dichte- und Quantilsfunktion ausgewählter Verteilungen an.

Jedes einzelne Thema hätte kürzer oder ausführlicher, einfacher oder komplexer, verständlicher (für viele) oder formaler behandelt werden können. In der Tat gibt es viele Lehrbücher, die in die eine oder andere Richtung anders sind. Wir würden gerne, können aber leider nicht, jeden ansprechen. Die Art der Darstellung basiert auf unserer Erfahrung als Studierende, Lehrende, Forscher und Praktiker. Unzählige Studierende von uns, die Kolleginnen und Kollegen, aber auch die Kommilitonen und Dozenten unseres Studiums haben so direkt oder indirekt zu diesem Werk beigetragen.

Ein besonderer Dank gebührt in diesem Buch Matthias Budinger, Nils Raabe, Christian Röver, Gero Szepannek, Kai Vogtländer, Manuele Wern sowie den Kolleginnen und Kollegen vom Institut für Empirie und Statistik an der FOM, Bianca Krol, Oliver Gansser, Matthias Gehrke, Joachim Schwarz und Rüdiger Buchkremer. Sie haben gelesen, korrigiert, Tipps gegeben und das Werk besser gemacht, als es war. Herr Thomas Christiaans stellte uns seine LaTeX-Vorlagen zur Verfügung. Wir möchten uns zudem ganz besonders bei unseren Familien für die Unterstützung und Geduld während der vielen Stunden am Schreibtisch bedanken. Ohne den Prorektor Forschung der FOM, Thomas Heupel, die Unterstützung der Forschungsabteilung der FOM und den Springer Gabler Verlag mit der Reihe FOM-Edition wäre das Buch vermutlich nicht entstanden und Sie könnten diese Zeilen gar nicht lesen. Dabei möchten wir uns bei Kai Stumpp (FOM) und Angela Meffert (Springer) für die koordinative Unterstützung und Begleitung bei der Manuskripterstellung bedanken. Die genannten Personen sind aber nicht verantwortlich für die Fehler und sonstige Unzulänglichkeiten, die vermutlich und leider im Buch stecken. Die müssen wir auf unsere Kappe nehmen. Es wäre schön, wenn Sie zukünftigen Leserinnen und Lesern helfen könnten und uns diese mitteilen würden: lehrbuch.statistik@fom.de.

Dortmund und Trier, im Herbst 2014   Karsten Lübke
                                                                          Martin Vogt

Inhaltsverzeichnis

Abbildungsverzeichnis

Tabellenverzeichnis

Symbolverzeichnis

Generell verwenden wir x für unabhängige und y für abhängige Größen, Variablen bzw. Merkmale. Geschätzte Werte werden im Allgemeinen mit einem Dach gekennzeichnet, also etwa $\hat{a}$. Zufallsvariablen werden mit Groß- und Realisationen mit Kleinbuchstaben bezeichnet.

$\lceil \cdot \rceil$	Aufrundungsfunktion
$\cup$	oder
$\cap$	und
a	Achsenabschnitt in einem Regressionsmodell
b	Steigung in einem Regressionsmodell
$\binom{n}{k}$	Binomialkoeffizient (n über k)
$B(n,p)$	Binomialverteilte Zufallsvariable mit Parametern n und p
χ^2	Pearsonsche χ^2 (Chi-Quadrat)
χ_m^2	Chi-Quadrat-Verteilung mit m Freiheitsgraden
e_{ij}	Erwartete absolute Häufigkeit der Kombination i und j in einer Kreuztabelle
$E(X)$	Erwartungswert der Zufallsvariable X
ϵ	Residuum in der linearen Regression
f_i	Relative Häufigkeit (i-te)
$F(m,n)$	F-Verteilung mit m und n Freiheitsgraden
$F_n(x)$	Empirische Summen- oder Verteilungsfunktion an der Stelle x
$f(x)$	Dichtefunktion oder allgemeine Funktion an der Stelle x
$F(x)$	Verteilungsfunktion an der Stelle x
$G_{\text{Einzeldaten}}$	Gini-Koeffizient für Einzeldaten
$G_{\text{gruppiert}}$	Gini-Koeffizient für gruppierte Daten
g_t	Glatte Komponente (Trend) im Zeitreihenmodell
h_i	Absolute Häufigkeit (i-te)

h_{ij}	Absolute Häufigkeit der Kombination i und j in einer Kreuztabelle
$h_{i.}$	i-te Zeilensumme in einer Kreuztabelle
$h_{.j}$	j-te Spaltennsumme in einer Kreuztabelle
IQR	Interquartilsabstand
C	Kontingenzkoeffizient
μ	Erwartungswert der Normalverteilung oder allgemein Erwartungswert
MW^{Arithm}	Arithmetischer Mittelwert
MW^{Geom}	Geometrischer Mittelwert
n	Anzahl der Beobachtungen bzw. Daten
n_j	Anzahl der Beobachtungen in Klasse j
$N(\mu,\sigma)$	Normalverteilung mit Erwartungswert μ und Standardabweichung σ
$P(\cdot)$	Wahrscheinlichkeit
p	Wahrscheinlichkeit in der Binomialverteilung
$P(A|B)$	Bedingte Wahrscheinlichkeit von A gegeben B
P^F	Preisindex von Fisher
$\Phi(\cdot)$	Verteilungsfunktion der Standardnormalverteilung
P^L	Preisindex von Laspeyres
p_0, p_t	Preis zur Basisperiode 0 und Berichtsperiode t
P^P	Preisindex von Paasche
P^U	Umsatzindex
q_0, q_t	Menge zur Basisperiode 0 und Berichtsperiode t
R^2	Bestimmtheitsmaß R^2
r_{sp}	Rangkorrelationskoeffizient nach Spearman
r_t	Restkomponente im Zeitreihenmodell
R_t	Rendite eines Finanzinstrumentes oder Indexes am Zeitpunkt t
r_{xy}	Korrelationskoeffizient nach Bravais-Pearson
σ^2	Varianz
σ	Standardabweichung

H_0 Nullhypothese

H_A Alternativhypothese

α Irrtumswahrscheinlichkeit eines Hypothesentests

s_x^2 Stichprobenvarianz des Merkmals x

s_{xy} Stichprobenkovarianz der Merkmale x und y

S_t Kurs eines Finanzinstrumentes oder Indexes am Zeitpunkt t

$\bar{x}$ Arithmetischer Mittelwert

$x_{0,5}$ Median

x_i^u, x_i^o Untere bzw. obere Gruppengrenze (gruppierte Daten)

$x_{\max}$ Größte Merkmalsausprägung

$x_{\min}$ Kleinste Merkmalsausprägung

$x_{(p)}$ p-te Merkmalsausprägung in einer aufsteigend sortierten Liste

x_p p-tes Quantil

$y_{p,t}^{GD}$ p-gliedriger gleitender Durchschnitt am Zeitpunkt t

Z_i, z_i Standardisierte (Zufalls-)Variable

z_t Zyklische Komponente (Saison) im Zeitreihenmodell

$\hat{z}_t^N$ Normierte zyklische Komponente (Saison) im Zeitreihenmodell

1 Daten

Überall Daten, immer mehr Daten: Viele reden von Big-Data (McKinsey Global Institute, 2011). Bevor Sie in der angewandten Statistik etwas ausrechnen können, benötigen Sie Daten. Und hier gilt das altbekannte Gigo-Prinzip: garbage in, garbage out. Auch mit den ausgefeiltesten statistischen Methoden können Sie nichts erreichen, wenn Ihre Daten *falsch* sind. Die Unsicherheit über die Daten (engl.: veracity) ist eine der Herausforderungen von Big-Data. Viele, die Statistik bzw. Datenanalyse in der Praxis betreiben und dafür im Studium lernen, sind eigentlich an der (sach-)inhaltlichen Interpretation der Ergebnisse und an den eventuell daraus folgenden Handlungen interessiert. Daher wollen wir in diesem Kapitel die Verbindung zwischen Mathematik und Wirklichkeit, abgebildet durch Daten, ein wenig genauer beleuchten.

1.1 Grundbegriffe

Die Internationale Organisation für Normung (ISO) hat zusammen mit der Internationalen Elektrotechnischen Kommission (IEC) definiert, dass Daten

> „eine wieder interpretierbare Darstellung von Information in formalisierter Art, geeignet zur Kommunikation, Interpretation oder Verarbeitung"

sind (ISO, 1993). Wie so viele Festlegungen bzw. Definitionen ist auch diese hinreichend abstrakt und wenig konkret, so dass wir spezifischere Begriffe benötigen.

1.1.1 Merkmal, Merkmalsträger, Merkmalsausprägung

Der wichtigste Begriff ist zunächst das **Merkmal**. Das Merkmal ist das *Was* einer Untersuchung. Es bezeichnet also die Eigenschaft eines Objektes (z. B. Person, Produkt, Unternehmen), die untersucht werden soll, beispielsweise die Volatilität einer Aktie oder die Haarfarbe eines Kunden. **Merkmalsträger** werden dabei die Objekte genannt, die untersucht werden, also das *Wer* unserer Untersuchung. Auch hier ist die Spannbreite schier unendlich: Das kann die Stammaktie der Firma X ebenso wie der Kunde Y sein. Die Werte, die das Merkmal bei den einzelnen Merkmalsträgern annehmen kann, nennt man **Merkmalsausprägung**. Ein Beispiel für eine Merkmalsausprägung wäre *10%* bzw. *braun*. Dabei müssen Merkmal, Merkmalsträger und Merkmalsausprägung zueinander passen: Die (Aktien-)Volatilität (Merkmal) kann nicht beim Kunden Y (Merkmalsträger) erhoben werden und die Merkmalsausprägung *Ahorn* ergibt weder beim Kunden noch bei der Stammaktie einen Sinn. Aber eines fällt vielleicht hier schon auf: es bestehen relevante Unterschiede zwischen den unterschiedlichen Merkmalen und den dazugehörigen Merkmalsausprägungen.

1.1.2 Skalenniveau

Während Sie mit Zahlen mehr oder weniger gut rechnen können, geht dies z. B. mit Haarfarben in der Regel nicht. Zahlen haben ein paar ganz nützliche Eigenschaften: Zahlen haben eine Ordnung, d. h., wir können sagen, ob eine Zahl größer, kleiner oder gleich ist, und wir können sogar Abstände bestimmen und mit ihnen rechnen (Addition, Subtraktion usw.; versuchen Sie das mal mit Haarfarben). Merkmale mit denen man dergestalt rechnen kann, werden **quantitativ** genannt. Merkmale, die in der Regel keine Zahlen als Merkmalsausprägung haben, sondern die man nur unterscheiden kann, werden als **qualitativ** bezeichnet. In gewisser Hinsicht liegen die sogenannten **Rangmerkmale** dazwischen. Bei diesen Merkmalen haben wir eine Ordnung, die Abstände zwischen den Merkmalsausprägungen sind aber nicht berechen- oder vergleichbar.

Diese unterschiedlichen Eigenschaften werden in den **Skalenniveaus** (Messniveaus) beschrieben (siehe Tabelle 1.1).

Tabelle 1.1   Eigenschaften von Skalenniveaus und Beispiele

Skalenniveau	Eigenschaft	Beispiel
Nominalskala	Qualitativ, d. h. Merkmalsausprägungen können unterschieden, aber nicht angeordnet werden	Haarfarbe, Marke, Geschlecht
Ordinalskala	Rang, d. h. Merkmalsausprägungen können angeordnet, aber mit den Merkmalsausprägungen kann nicht gerechnet werden	Schulnote, Güteklasse, Ratingklasse
Metrische Skala	Quantitativ, d. h. sowohl eine Anordnung als auch Rechnen ist möglich	Umsätze, Anzahl Kinder, Gewicht

Bei metrischen Merkmalen kann zusätzlich noch unterschieden werden, ob sie **stetig** oder **diskret** sind. Während bei stetigen Merkmalen zumindest theoretisch beliebige Zwischenwerte möglich sind, sind diskrete Merkmale abzählbar. Während wir also nur 0, 1, 2, . . . Kinder haben können (diskret), sind beim Gewicht beliebige Zwischenwerte denkbar (stetig). Falls Sie noch mehr Unterscheidungen brauchen: die Skala für metrische Merkmale mit einem natürlichen Nullpunkt (z. B. Gewicht) wird auch als **Verhältnisskala** bezeichnet, während die Skala ohne natürlichen Nullpunkt **Intervallskala** genannt wird. Nominale und ordinale Daten werden auch als **kategoriale** Daten zusammengefasst.

Viele Merkmale können nur zwei mögliche Merkmalsausprägungen annehmen, z. B. *Ja* oder *Nein*. Solche – in der Regel qualitativen – Merkmale heißen dichotom oder **binär**. Wie Sie vielleicht aus der Informatik wissen, ist diese Tatsache eine der Grundlagen von Computern: An/Aus, 1/0. Und in der Tat können so auch nominale Daten verarbeitet werden: aus einem nominalen Merkmal mit z. B. drei verschiedenen Merkmalsausprägungen werden drei binäre Merkmale erzeugt. Das nominale Merkmal *Transportmittel* mit den Merkmalsausprägungen *Zu Fuß, Fahrrad, PKW* wird dann zu den drei Merkmalen mit Merkmal1: *Zu Fuß* Ja/Nein, Merkmal2: *Fahrrad* Ja/Nein und Merkmal3: PKW Ja/Nein. Dabei kann natürlich nur eines der drei neuen Merkmale die Ausprägung *Ja* haben, die anderen müssen dann *Nein* sein.

Übrigens, auch komplexere Datenstrukturen wie Text-, Bild-, Audio- oder Videodaten sowie Netzdaten werden in der Regel in mehrere (nominale oder metrische) Merkmale vorverarbeitet, um dann weiter analysiert zu werden.

Aber woher kommen die Merkmalsträger?

1.1.3 Grundgesamtheit und Stichprobe

Unter der **Grundgesamtheit** wird die Menge aller Merkmalsträger, für die eine Untersuchung durchgeführt werden soll, oder für die die Ergebnisse der Analyse gelten sollen, verstanden. Wenn Sie also eine Untersuchung der DAX-Unternehmen durchführen sollen, sind die 30 DAX-Unternehmen die Grundgesamtheit. Problematisch wird es, wenn Sie z. B. eine Analyse der Bewohnerinnen und Bewohner von Deutschland durchführen wollen. Diese Grundgesamtheit ist viel zu groß, um komplett erhoben zu werden (Sie können und wollen gar nicht alle befragen), daher werden Sie auf eine **Stichprobe** zurückgreifen müssen. Eine Stichprobe ist eine Auswahl der Grundgesamtheit, an der Sie die Merkmale mit ihren jeweiligen Merkmalsausprägungen konkret erheben.

1.2 Datenerhebung

Wie kommen Sie an Daten? Es gibt schon sehr, sehr viele Daten, die mehr oder weniger frei zugänglich sind. Und wem diese nicht reichen, bzw. falls Sie für Ihre Fragestellung eigene Daten benötigen, gibt es unzählige Möglichkeiten, Daten zu erheben. Außerdem können Sie sich überlegen, ob Sie Daten von mehreren Merkmalsträgern zu einem bestimmten Stichtag benötigen (Querschnittanalyse) oder die Daten der Merkmalsträger über einen längeren Zeitraum erheben wollen (Längsschnittanalyse). Gucken wir uns das einmal genauer an.

1.2.1 Primär- und Sekundärstatistiken

Daten, die Sie speziell für Ihre Analyse erheben, werden **Primärstatistik** genannt. Die Vorteile dieses Vorgehens liegen auf der Hand: Sie können die Merkmale, die Sie untersuchen wollen, genau bestimmen – auch wenn das in vielen Fällen nicht einfach ist. Möglichkeiten der Datenbeschaffung sind dabei Beobachtung (z. B. zählen Sie Passanten), Befragung (persönlich, telefonisch, schriftlich und/oder online) oder Experimente bzw. Versuche. Außerdem können Sie zwischen einer Vollerhebung oder einer Teilerhebung wählen. Bei einer Vollerhebung werden die Merkmale der kompletten Grundgesamtheit erhoben, bei einer Teilerhebung wird nur eine Stichprobe herangezogen.

Im Unterschied zu Primärstatistiken werden bei **Sekundärstatistiken** Daten ausgewertet, die zu anderen Zwecken erhoben wurden. Bei betrieblichen Analysen handelt es sich dabei häufig um Daten, die aus den operativen Systemen des Unternehmens kommen (z. B. Kassendaten).

Anbieter von Daten gibt es viele: angefangen mit dem Statistischen Bundesamt (`http://www.destatis.de`) über die diversen Markt-, Meinungs- und Wirtschaftsforschungsinstitute bis hin zu speziellen Statistikdatenanbietern, wie z. B. statista (`http://www.statista.de`).

Beide Arten der Datenbeschaffung, Primär- und Sekundärstatistiken, haben ihre Vor- und Nachteile. Im konkreten Fall hängt dies von der inhaltlichen Fragestellung ab und davon, wie aufwendig die jeweilige Beschaffung ist.

1.2.2 Stichprobenverfahren

Sie haben sich für eine Teilerhebung, d. h. für eine Stichprobe entschieden. Am einfachsten und sichersten ist dann die **Zufallsauswahl**. Bei der einfachen Zufallsauswahl hat jeder Merkmalsträger der Grundgesamtheit die gleiche Wahrscheinlichkeit (was das genau bedeutet, erklären wir später, siehe S. 123) erhoben zu werden. Dummerweise ist das viel einfacher gesagt, als getan. Bei Kundenbefragungen im Laden ist es beispielsweise so, dass Kunden, die häufiger einkaufen, eine größere Wahrscheinlichkeit haben befragt zu werden, als Kunden die seltener einkaufen. Um es noch einmal zu betonen: bei der einfachen Zufallsauswahl versuchen Sie für die Merkmalsträger zu erreichen, dass diese zufällig und mit gleicher Wahrscheinlichkeit aus der Grundgesamtheit ausgewählt werden. Als Belohnung winken Ihnen einfache Berechnungen und wenige verzerrende Effekte, die Ihr Ergebnis verfälschen (siehe Kapitel 1.2.3). Eine Verzerrung kann z. B. bei einer Auswahl aufs Geratewohl passieren, weil dabei die Gründe für die Auswahl teilweise unbewusst und unkontrollierbar sind (z. B. befragen Sie nur Ihnen sympathische Passanten).

Vielleicht sind Sie aber auch an unterschiedlichen Gruppen Ihrer Grundgesamtheit interessiert, z. B. an Detailanalysen von männlichen und weiblichen Kunden, MDAX- und TecDAX-Unternehmen oder ähnlichen. Dann bietet sich eine geschichtete Stichprobe an. Hierbei werden die einzelnen Gruppen als unterschiedliche Schichten aufgefasst und vorher festgelegt. Anschließend wird innerhalb dieser Schichten wiederum eine einfache Zufallsauswahl durchgeführt.

Insbesondere in den Medien liest man gerne von repräsentativen Umfragen, d. h., eine repräsentative Stichprobe wurde befragt. **Repräsentativität** meint hier in der Regel, dass gewisse Merkmale (z. B. demographische Merkmale wie Alter, Geschlecht etc.) in der Stichprobe so verteilt sind, wie in der Grundgesamtheit, wir also z. B. anteilig genau so viele Frauen, Junge, Alte etc. befragen, wie in der Grundgesamtheit vorkommen. Leider bedeutet das aber nicht unmittelbar, dass die Verteilung des untersuchten Merkmals (z. B. Wahlverhalten) in der Stichprobe dem in der Grundgesamtheit entspricht. Die Problematik des Begriffs Repräsentativität liegt also ein wenig in dem *wofür* repräsentativ. Umso wichtiger ist es daher, sich in Wissenschaft und betrieblicher Praxis Gedanken um Verzerrungen zu machen.

1.2.3 Verzerrungen, Bias

Mit der Frage der Stichprobenverfahren sind also mögliche **Verzerrungen** (engl. Bias) in den Daten verbunden. Diese können das Ergebnis verfälschen und sind teilweise schwer zu korrigieren. Man kann u. a. folgende Verzerrungen unterscheiden:

■ Systematische Fehler (Messfehler): Diese entstehen z. B. durch fehlerhafte Messinstrumente oder durch fehlerhafte Bedienung. Wenn bei einer Analyse des Merkmals *Bestellsumme* auf Kundenseite die Portokosten nicht berücksichtigt werden, liegt ein Messfehler vor, da auf der Kundenseite Portokosten anfallen.

■ Auswahlverzerrung: Diese Verzerrung tritt insbesondere dann auf, wenn die Stichpro-
benziehung mit dem untersuchten Merkmal zusammenhängt oder sich zwischen Gruppen, die untersucht werden, unterscheidet. Ein klassisches Beispiel ist die Frage nach
der Anzahl der Kaiserschnitte in großen Krankenhäusern: schwierige Schwangerschaften werden eher in großen Häusern begleitet, und gleichzeitig wird bei schwierigen
Schwangerschaften häufiger ein (geplanter) Kaiserschnitt durchgeführt (Faktencheck
Gesundheit, 2012, S. 63).

■ Reihenfolgeeffekte: Insbesondere bei Fragebögen kann die Reihenfolge der Fragen eine
entscheidende Rolle spielen. So ist beispielsweise der Zusammenhang zwischen der ge-
nerellen Lebenszufriedenheit und anschließend der Zufriedenheit beim Dating in dieser
Reihenfolge eher gering, umgekehrt (also zuerst nach der Zufriedenheit mit dem Dating
zu fragen und danach die nach der Zufriedenheit allgemein zu stellen) aber deutlich höher (Strack et al., 1988).

■ Nicht-Antwort Verzerrung: Spielt es eine Rolle, ob eine Antwort/Messung nicht vorliegt? (Freiwillige) Zufriedenheitsumfragen werden in der Regel häufiger von Personen
beantwortet, die entweder besonders zufrieden oder unzufrieden sind. Auch potenziell normabweichende Antworten werden seltener gegeben. Dieser Effekt tritt aber auch
z. B. in der Technik auf: So hatten im 2.Weltkrieg heimkehrende Flugzeuge, die unter
Beschuss geraten waren, relativ wenige Einschusslöcher im Bereich des Cockpits – Flugzeuge die an dieser Stelle getroffen wurden kehrten leider in der Regel nicht zum Flug-
hafen zurück (Mangel und Samaniego, 1984).

■ Confounding/Spezifikationsverzerrung: Diese Verzerrung ist besonders tückisch. So
war es zumindest lange Zeit in Deutschland so, dass in Gebieten mit relativ vielen Störchen relativ viele Kinder (je Frau) geboren wurden. Nun wissen Sie aus der Biologie,
dass weder die Störche die Kinder, noch die Kinder die Störche bringen. Hier fehlt als
vermittelndes Merkmal die Gegend. In ländlichen Regionen gibt es mehr Störche, aber
es gab auch mehr Geburten (Matthews, 2001). Allgemein tritt Confounding dann auf,
wenn relevante Merkmale nicht berücksichtigt werden.

Verzerrungen (Bias) sind teilweise schwer zu erkennen und schwer zu beheben. Hier hilft
einfach nur gründliches, inhaltliches Verstehen der Anwendung und der wissenschaftli-
chen oder angewandten Fragestellung.

1.2.4   Datenschutz

Mit stetig steigendem Datenvolumen und sich weiter entwickelnden technischen Möglichkeiten ändern sich auch die Anforderungen, Ansprüche und das Verständnis in Bezug auf
den Datenschutz. Mal steht das Recht auf informationelle Selbstbestimmung im Vordergrund (ich entscheide, wem ich wofür welche Daten gebe), mal der Schutz vor Missbrauch
der Daten. Wir wollen hier ausdrücklich betonen, dass die jeweils geltenden rechtlichen
Rahmenbedingungen bei der Datenverwendung natürlich beachtet werden müssen! Datenschutz ist insbesondere in Deutschland ein sensibles gesellschaftliches Thema, so dass der
sorgfältige Umgang mit personen- aber auch unternehmensbezogenen Daten zwingend
erforderlich ist. In Deutschland regelt u. a. das Bundesdatenschutzgesetz (BDSG, Bundesministerium der Justiz und für Verbraucherschutz, 1990) den Umgang mit personenbezoge-
nen Daten. So heißt es zum Beispiel in §3a BDSG Datenvermeidung und Datensparsamkeit:

„Die Erhebung, Verarbeitung und Nutzung personenbezogener Daten und die Auswahl und Gestaltung von Datenverarbeitungssystemen sind an dem Ziel auszurich-
ten, so wenig personenbezogene Daten wie möglich zu erheben, zu verarbeiten oder
zu nutzen. Insbesondere sind personenbezogene Daten zu anonymisieren oder zu
pseudonymisieren, soweit dies nach dem Verwendungszweck möglich ist und keinen im Verhältnis zu dem angestrebten Schutzzweck unverhältnismäßigen Aufwand
erfordert."

Aber auch unternehmensinterne Daten sind zumindest teilweise sensible Daten und dürfen in der Regel nicht ohne Zustimmung veröffentlicht werden. So werden z. B. in empirischen Abschlussarbeiten mit Anwendungen im Unternehmen diese häufig mit einem
Sperrvermerk versehen.

1.3   Datenqualität

Leider sind im wirklichen Leben die Daten nicht immer so schön beschaffen wie in Lehrbüchern oder Vorlesungen. Häufig gilt der Satz:

Data in the real world is dirty.

Die vorhandenen Werte können z. B. schlichtweg falsch sein (z. B. Alter=-10) oder fehlen.
Zusätzlich gilt es zu klären, ob die Daten repräsentativ und valide sind. Um die oben ge-
nannte Problematik zu umgehen, fassen wir repräsentative Daten als Daten auf, die Rück-
schlüsse auf die definierte Grundgesamtheit erlauben. Somit hängt die Repräsentativität
insbesondere von der verwendeten Stichprobe ab. Unter der **Validität** (Gültigkeit) versteht
man, ob die Daten das messen, was sie messen sollen. Da mit Hilfe von Fragebögen und
Tests häufig Konstrukte (z. B. Intelligenzquotient) gemessen werden, ist hier zu klären, ob
die Fragen und Tests wirklich das gewünschte messen. Zusätzlich ist auch die **Reliabilität**
(Verlässlichkeit) relevant. Eine hohe Reliabilität wird dadurch erreicht, dass möglichst keine Messfehler vorliegen, das Merkmal also exakt gemessen wird. Bei Fragebögen und Tests
sollte außerdem eine hohe **Objektivität**, d. h. eine Unabhängigkeit der Merkmalsmessung
von der Person, die den Test durchführt und auswertet, angestrebt werden.

1.3.1   Kategorien der Datenqualität

Nun liegen Ihnen, mit Hilfe einer Primärerhebung oder für eine sekundärstatistische Analyse, Daten vor. Wie können Sie deren Qualität beurteilen? Dazu bieten sich unterschiedliche
Kategorien an, die bei der Datennutzung relevant sein können:

- Intrinsische Qualität: Hierunter wird die Datenqualität im engeren Sinne verstanden.
  Sind die Daten objektiv und korrekt. Sind Sie glaubwürdig? Verfügen diese, verfügt die
  Quelle über ein gewisses Renommee?

- Kontextbezogene Qualität: Liefern die Daten einen Mehrwert für die Untersuchung?
  Sind Sie aktuell und vollständig? Sind sie relevant?

- Repräsentative Qualität: Sind Sie in der Lage die Daten zu verstehen und zu interpretieren?

■ Verfügbare Qualität: Sind die Daten sicher, verfügbar und zugänglich?

Diese Fragen sind insbesondere für Sekundärstatistiken interessant, da Sie bei Primärstatistiken diese Kriterien hoffentlich schon im Vorhinein bedacht haben (sollten). Gleichzeitig sollten Sie bedenken, dass Ihre Stichprobe ausreichend groß sein sollte.

1.3.2 Datenvorverarbeitung

Fehlerhafte und/oder unvollständige Daten, aber auch korrekte Daten müssen – je nach Anwendungsfall – ggf. vorverarbeitet oder bereinigt werden. Dabei zählt zu den ersten Überlegungen, wie mit fehlenden Daten umgegangen werden soll. Entweder wird die Beobachtung (d. h. der Merkmalsträger) komplett aus der Stichprobe entfernt, oder der fehlende Wert wird z. B. durch den Mittelwert oder Modus ersetzt. Auch fortgeschrittene Verfahren, wie das Ersetzen des fehlenden Wertes durch einen wahrscheinlichen Wert, sind möglich.

Der Umgang mit sogenannten **Ausreißern**, d. h. extremen Werten, ist ebenfalls nicht eindeutig. Die erste Frage ist, ob nicht manchmal gerade das Außergewöhnliche, also die Ausreißer, interessant sind (Börsenhandelstage mit extremen Kursänderungen). Die zweite Frage ist, wann überhaupt ein Ausreißer vorliegt. Ab wann ist ein Wert extrem? Die dritte Frage ist schließlich, wie Sie mit störenden, erkannten Ausreißern umgehen wollen. Wieder können Sie entweder den Wert und evtl. zusätzlich den ganzen Merkmalsträger entfernen – oder durch einen anderen Wert ersetzen. Was auch immer Sie tun, Sie ändern in der Regel das Ergebnis Ihrer statistischen Auswertung, also überlegen Sie es sich gut.

Manchmal müssen weitere Vorverarbeitungen stattfinden: mal müssen Daten normalisiert werden (d. h. auf eine bestimmte Lage und Streuung (siehe Abschnitte 2.2 und 2.3) transformiert werden), mal werden Daten logarithmiert (sogar häufiger, als man denkt). Manchmal werden auch Merkmalsausprägungen zusammengefasst, z. B. durch Gruppierung (siehe Abschnitt 2.1.5 und Übungsaufgabe 2.8.3).

1.4 Datenanalyse mit dem Computer

Nicht erst seit Big-Data wird Datenanalyse und Statistik mit und durch den Computer unterstützt. So können mittlerweile die Datenbankprogramme in der Regel zumindest Lage- und Streuungsmaße bestimmen, Tabellenkalkulationsprogramme wie Microsoft Excel können meistens sogar noch viel mehr. Leider können Sie nicht alles und nicht alles gut (Almiron et al., 2010), aber einiges. Spezielle Statistik- und Datenanalysesoftware können Sie bei allen Verfahren, die in diesem Buch besprochen werden und weit darüber hinaus, in der Praxis gut und richtig unterstützen. Im vorliegenden Buch stellen wir daher auch die Umsetzung der Verfahren anhand einer geeigneten Software vor. Aufgrund der weiten Verbreitung, der sehr guten Dokumentation und Literatur und der schier unerschöpflichen Methodenvielfalt haben wir uns für die Software R (R Core Team, 2013) entschieden. R ist eine freie Open Source Software (GNU General Public License, 2007), die über die Internetseite `http://www.r-project.org/` für diverse Betriebssysteme bezogen werden kann. Da R zunächst einmal eine Programmiersprache und -umgebung zur (statistischen) Datenanalyse und Grafik ist, ist der Einstieg leider nicht immer einfach. Daher bietet es sich vielleicht an, gleich nach der Installation von R den R Commander zu installieren. Der R

Commander (R Paket Rcmdr, Fox, 2005) ist eine graphische Benutzeroberfläche für R, so dass Sie damit viele der gebräuchlichsten Verfahren der Statistik über Menüs auswählen können – so wie Sie es von vielen anderen Computerprogrammen gewohnt sind. Auf der Seite http://www.fom.de/ifes finden Sie eine R Version für das Microsoft Windows Betriebssystem, die ohne Installation auskommt (d. h., Sie brauchen keine Administratorrechte) und die nach dem Start automatisch die graphische Benutzeroberfläche startet. Das sieht dann so aus wie in Abbildung 1.1. Für die Screenshots und Berechnungen mit R in diesem Buch wurde die Version R-3.0.2-FOMPortable verwendet, die auf R-3.0.2 basiert und den R Commander in der Version 2.0-3 verwendet.

Abbildung 1.1   Oberfläche R Commander

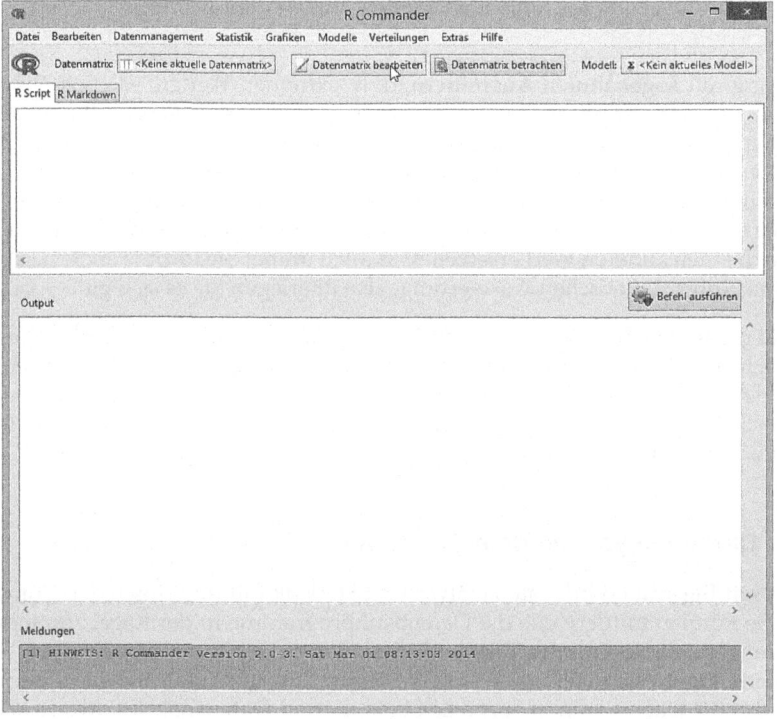

Im oberen Bereich des R Commanders (Abbildung 1.1) finden Sie das Auswahlmenü. Zunächst werden Sie hauptsächlich die Punkte Datenmanagement, Statistik und Grafiken verwenden. Über Datenmanagement können Daten eingelesen und verändert werden. Die statistischen Methoden, die Sie auf den folgenden Seiten kennenlernen, können Sie über den Menüpunkt Statistik auswählen, und über Grafiken haben Sie die Möglichkeit, die Daten zu visualisieren (siehe dazu insbesondere Abschnitt 2.1). Direkt unter der Menüleiste können Sie die aktuell verwendeten Daten und Modelle auswählen und ggf. verändern. Da über den R Commander als graphische Nutzeroberfläche R Befehle und Funktionen mit den entsprechenden Argumenten aufgerufen werden, finden Sie diese nach der Auswahl über das Menü im `Skriptfenster`. So können Sie z. B. Analysen reproduzieren oder Ihre letzten Arbeitsschritte nachvollziehen. Hier können auch eigene Befehle eingegeben, und über einen Klick auf `Befehl ausführen` auch ausgeführt werden (dazu den Cursor in die entsprechende Befehlszeile setzen). Wenn Sie hier z. B.

```
?mean
```

eingeben, wird automatisch die Hilfeseite (Aufruf durch ?) zur Funktion `mean` aufgerufen.

Die Ergebnisse Ihrer Analysen finden Sie im `Ausgabefenster`. Für Grafiken wird ein neues Grafikfenster geöffnet. Im unteren Abschnitt `Meldungen` finden Sie Hinweise, aber auch Fehlermeldungen – auch wenn Sie eigentlich keine Fehler machen, lohnt es sich dort ab und zu einmal nachzuschauen.

1.5   Zwischenfazit Daten

Mathematik ist zunächst abstrakt, ein reines Produkt unseres Geistes. Angewandte Statistik verbindet die Mathematik mit der Wirklichkeit (was auch immer das Wirkliche ist) über die Daten. Daher haben diese eine besondere Aufmerksamkeit verdient. In der Tat ist es in vielen Analyseprojekten so, dass die Datenbeschaffung und -aufbereitung einen größeren Teil der Zeit und Aufmerksamkeit in Anspruch nimmt, als das Anwenden der Methoden (KDnuggets, 2003): das Rechnen. Dies wird in der Tat ja häufig von Computern durchgeführt.

Dummerweise hängt das, worauf bei den Daten besonders zu achten ist, stets von der jeweiligen Wirklichkeit, also der Anwendung in Wissenschaft und Praxis ab. Allgemeine Ratschläge sind daher schwierig, hier liegt das Problem also im Konkreten, hier sind Sie als inhaltliche Expertin oder Experte gefordert.

1.6   Fallstudien und Übungsaufgaben

1.6.1   Probleme der Messgenauigkeit und Skalenniveaus

Aufgabe

Geben Sie bitte für die folgenden Merkmale das jeweilige Skalenniveau und mögliche Merkmalsausprägungen an. Unterscheiden Sie die Merkmale ferner in diskrete und stetige und diskutieren Sie dabei Probleme der Messgenauigkeit.

1. Gewicht

2. Akademischer Grad (Hochschulabschluss)

3. Jahreszahlen

4. Augenfarbe

5. Geschlecht

6. Nettoeinkommen in Euro

7. Transportmittel

8. Wert einer Aktie in Euro

9. Anzahl Regentage pro Jahr

10. Schulnoten

Lösung

Die Unterscheidung in stetige und diskrete Merkmale hängt mit der Messgenauigkeit zusammen. So ist etwa das Merkmal *Gewicht* stetig, eine Waage kann die Merkmalsausprägungen aber nur diskret messen (etwa nur auf das Gramm oder Kilogramm genau). Da die gemessenen Werte sehr dicht beieinander liegen, bietet es sich an solche Merkmale trotzdem als stetig zu behandeln. Nominale bzw. ordinale Merkmale sind als solche immer diskret.

Tabelle 1.2   Lösungstabelle zur Aufgabe *Probleme der Messgenauigkeit und Skalenniveaus*

Merkmal	Bsp. Ausprägungen	Skalenniveau	Diskret/Stetig
Gewicht	1kg; 100g; 111g	metrisch	stetig
Akademischer Grad	Bachelor, Master	ordinal	diskret
Jahreszahlen	1990; 2000; 2014	metrisch	diskret
Augenfarbe	Blau; Braun	nominal	diskret
Geschlecht	Männlich; Weiblich	nominal	diskret
Nettoeinkommen in Euro	1.000; 1.200; 4.000	metrisch	stetig
Transportmittel	Auto; Zug; Flugzeug	nominal	diskret
Wert einer Aktie in Euro	500; 1.000; 1.500	metrisch	stetig
Anzahl Regentage pro Jahr	10; 50; 100	metrisch	diskret
Schulnoten	1; 2; 3	ordinal	diskret

1.6.2   ADAC und die Schuldvermutung in der Statistik

Anfang des Jahres 2014 stand der ADAC (Allgemeiner Deutscher Automobil-Club e.V.) in der Kritik, Statistiken manipuliert zu haben. Dabei wurde bei der Wahl des Lieblingsautos der Deutschen getäuscht. Die Anzahl der abgegebenen Stimmen bei der Wahl zum Autopreis *Gelber Engel* wurde vom ADAC wesentlich höher angegeben, als tatsächlich Stimmen abgegeben wurden, siehe etwa Zeit Online (2014).

Aufgabe

Denken Sie im Zusammenhang mit der Manipulation des ADAC über das folgende Zitat von Krämer (1992, S. 156) nach:

„Jede Statistik, die von einer interessierten Seite selbst erstellt und verbreitet wird, ist bis zum Beweis des Gegenteils als manipuliert zu betrachten."

Lösung

Wir kommen täglich mit Statistiken in Kontakt. Ein Grund hierfür ist, dass Statistiken und Zahlen Aussagen untermauern und auf ein quantitatives Fundament stellen können. Dies funktioniert natürlich nur dann, wenn die Zahlen in die richtige Richtung weisen. Daten korrekt zu erheben, ist sehr schwierig (siehe Abschnitt 1.2.3) und es gibt zahlreiche Fallstricke. Das eröffnet die Möglichkeit zur Manipulation. Die Erfahrung hat gezeigt, dass diese Möglichkeit auch redlich genutzt wird. Ein Beispiel hierfür ist der ADAC. Für den ADAC ist es vorteilhaft, wenn es so aussieht, als ob sich sehr viele Menschen an den Umfragen des ADAC beteiligen. Das könnte etwa das (politische) Gewicht des ADAC erhöhen. Da solche Manipulationen vermutlich häufig vorkommen, dreht Walter Krämer die *Unschuldsvermutung* des Strafrechts in eine *Schuldvermutung* für Statistiken um. Ganz nach dem Motto: Traue keiner Statistik, die du nicht selbst gefälscht hast. Dies gilt aber auch für viele andere Behauptungen und ist kein auf die Statistik beschränktes Problem!

1.6.3 Net Promoter Score

Der Net Promoter Score, NPS, (Reichheld, 2003) ist eine Methode, die Kundenzufriedenheit zu messen. Die zentrale Frage lautet dabei:

Wie wahrscheinlich ist es, dass Sie das Produkt/den Service einem Freund oder Kollegen weiterempfehlen werden?

Die Antwort erfolgt dabei auf einer Skala von 0 (überhaupt nicht wahrscheinlich) bis 10 (äußerst wahrscheinlich). Die Kunden, die die Antworten 9 und 10 angeben, werden dann *Fürsprecher* und die, die 6 oder weniger angeben, *Kritiker* genannt. Diejenigen, die 7 oder 8 angeben, heißen *Passive*. Die entscheidende Größe ist dann:

$$\text{NPS} := \% \text{ Fürsprecher} - \% \text{ Kritiker}.$$

Die Unterschiede in diesen Kundengruppen lassen sich wie folgt beschreiben:

- Fürsprecher: sind loyal und begeistert vom Produkt/Unternehmen. Sie werden weiter kaufen und das Produkt/Unternehmen empfehlen. Sie sind Wachstumstreiber.

- Passive: sind zufriedene, aber nicht begeisterte Kunden. Sie sind leicht vom Wettbewerber abzuwerben.

- Kritiker: sind unzufriedene Kunden, die das Wachstum durch negative Mundpropaganda schädigen können.

Diese unterschiedlichen Kundengruppen können natürlich auch zu unterschiedlichen ökonomischen Kundenwerten führen. Mit den Unterschieden im NPS lassen sich teilweise auch Unterschiede in der Firmenentwicklung nachweisen (siehe aber auch Keiningham et al., 2007).

Aufgabe

Sie möchten anhand einer Kundenbefragung den NPS Ihres Arbeitgebers ermitteln.

1. Um welche Art der Datenerhebung handelt es sich?

2. Was ist das erhobene Merkmal und wie lauten die beiden abgeleiteten Merkmale?

3. Wer oder was sind die Merkmalsträger?

4. Welche Merkmalsausprägungen können bei den jeweiligen Merkmalen auftreten?

5. Was sind die jeweiligen Skalenniveaus?

Lösung

1. Da Sie die Daten extra für die Analyse erheben, handelt es sich um eine Primärerhebung (Primärstatistik). In der Regel werden Sie nicht alle Kunden befragen können (alle Kunden sind die Grundgesamtheit), deshalb ziehen Sie eine Stichprobe. Achtung: Falls die Teilnahme an der Befragung freiwillig erfolgt, kann es zu einer Nicht-Antwort-Verzerrung kommen.

2. Erhoben wird vom Kunden das Merkmal *Wahrscheinlichkeit das Produkt/den Service weiterzuempfehlen*. Zunächst wird aus dieser Antwort das Merkmal *Kundengruppe* definiert. Aus diesem Merkmal (bzw. der jeweiligen Prozentzahl der Merkmalsausprägung) wird abschließend der *Net Promoter Score* gebildet.

3. Merkmalsträger sind die von Ihnen befragten Kunden.

4. Die (möglichen) Merkmalsausprägungen unterscheiden sich je Merkmal:

   ■ Wahrscheinlichkeit das Produkt/den Service weiterzuempfehlen: Hier können aufgrund der Fragestellung die Merkmalsausprägungen $0, 1, \ldots, 10$ auftreten.

   ■ Kundengruppe: Dieses Merkmal hat nur drei Ausprägungen: Kritiker, Passive und Fürsprecher.

   ■ Net Promoter Score: Für den NPS sind Prozentzahlen zwischen -100% und $+100\%$ möglich. Je höher der NPS desto besser für das Unternehmen.

5. Auch die Skalenniveaus unterscheiden sich je Merkmal:

   ■ Wahrscheinlichkeit das Produkt/den Service weiterzuempfehlen: Dies ist ein metrisches, diskretes Merkmal.

   ■ Kundengruppe: Dieses qualitative Merkmal ist nominal skaliert.

   ■ Net Promoter Score: Der quantitative NPS ist wieder metrisch und kann (bei großer Fallzahl) als stetig betrachtet werden.

1.6.4 Business Intelligence

Business Intelligence kann auf vielfältige Weise definiert und beschrieben werden (siehe z. B. Kemper et al., 2006). Hier sollen unter Business Intelligence IT-Aktivitäten zusammengefasst werden, welche der (zeitnahen) Zusammenführung und der Transformation der operativen Daten und der anschließenden zweckgebundenen Wissensgenerierung in Form von Reports und Expertisen für das Management dienen, um letztlich betrieblichen Mehrwert zu schaffen. Mit anderen Worten: Aus den operativen Systemen eines Unternehmens werden Daten zur Entscheidungsunterstützung herangezogen.

Aufgabe

Ihr Unternehmen sei in 5 Regionen aufgeteilt (Nord, Süd, Ost, West, Mitte). Zum Geschäftsjahresabschluss verwendet das Controlling aus dem IT-System das Auftragsvolumen je Region.

1. Um welche Art der Datenerhebung handelt es sich?

2. Was ist das erhobene Merkmal?

3. Wer oder was sind die Merkmalsträger?

4. Welche Merkmalsausprägungen können auftreten?

5. Was ist das Skalenniveau?

6. Können Ausreißer auftreten?

Lösung

1. Da die Daten nicht primär für die Analyse erhoben wurden, sondern bereits vorliegen, handelt es sich um eine Sekundärstatistik, wobei eine Vollerhebung der Grundgesamtheit stattfindet.

2. Das Merkmal ist das *jährliche Auftragsvolumen*.

3. Merkmalsträger sind die 5 Regionen.

4. Vermutlich wird das Volumen zunächst in Euro gemessen, die Merkmalsausprägungen können also z. B. 100.000 € oder auch 1.240.320,27 € sein.

5. Das Skalenniveau ist metrisch (stetig).

6. Ausreißer können auftreten, da z. B. die Regionen unterschiedlich groß sein können oder in einer Region ein Großauftrag akquiriert werden konnte – oder in einer anderen Region umstrukturiert wurde.

1.6.5 Investment-Analyse

Aufgrund Ihrer hervorragenden Leistungen in Studium und Beruf bekommen Sie am Jahresende einen hohen Bonus. Diesen möchten Sie in eine Aktie investieren und betrachten dabei die Aktienrendite der Unternehmen im DAX aus dem vergangenen Jahr. Mathematisch ist die **Rendite** am Zeitpunkt t als

$$R_t = \frac{S_t - S_{t-1}}{S_{t-1}}$$

definiert, wobei S_t der Kurs zum Zeitpunkt t ist, und S_{t-1} der Kurs an einem Zeitpunkt früher, d. h. der vergangenen Periode (z. B. ein Jahr).

Aufgabe

1. Was ist das berechnete Merkmal?

2. Wer oder was sind die Merkmalsträger?

3. Welche Merkmalsausprägungen können auftreten?

4. Was ist das Skalenniveau?

5. Können fehlende Werte auftreten?

Lösung

1. Das aus den jeweiligen Kursen berechnete Merkmal ist die *Rendite* über den betrachteten Zeitraum, hier die *jährliche Rendite*.

2. Die Merkmalsträger sind die jeweiligen DAX-Unternehmen.

3. Die möglichen Merkmalsausprägungen sind positive oder negative Prozentzahlen (z. B. +4,5%).

4. Es liegt ein metrisches (stetiges) Skalenniveau vor.

5. Falls ein Unternehmen den DAX verlassen hat, oder ein neues Unternehmen in diesen aufgenommen wurde, finden Sie die jeweiligen Kurse nicht in der Kurstabelle des DAX. Die Grundgesamtheit DAX ändert sich.

1.7 Literaturhinweise

Die Grundbegriffe der Datenanalyse werden in fast jedem Lehrbuch der angewandten Statistik behandelt – zugegebenermaßen in der Regel nur kurz. Vielleicht ein wenig ausführlicher als sonst in Oestreich (2010). Stichprobenverfahren werden z. B. in Kauermann und Küchenhoff (2011) ausführlich besprochen. Die hier nicht behandelte Konstruktion von Fragebögen wird in Moosbrugger und Kelava (2011) vorgestellt. Saint-Mont (2013) beschäftigt sich näher mit der Bedeutung von Daten. Das Thema Datenqualität wird häufig im IT-Kontext besprochen, z. B. in Apel et al. (2010). Datenvorverarbeitung spielt u. a. auch im

Data-Mining eine große Rolle, siehe z. B. Han et al. (2006). Eine gute Einführung in Statistik mit R liefert Hatzinger et al. (2011). Wer sich näher mit der Programmierung in R auseinander setzen will, dem sei Ligges (2008) empfohlen. Statistik mit Excel finden Sie z. B. in Zwerenz (2008).

2 Datenbeschreibung

Ihr Sparbuch ist gefüllt! Da Sie etwas Geld übrig haben, möchten Sie es anlegen. Sie gehen deshalb zu Ihrer Bank und lassen sich beraten. „Was halten Sie von Fonds?" Auf diese Frage Ihres Bankberaters wissen Sie keine Antwort. Er stellt Ihnen vier Fonds vor: den Super Fonds Invest, den Super Fonds Invest Classic, den Sicher Fonds Premium und den Fonds Deutschland. Sie stellen fest, dass diese verschiedene Eigenschaften besitzen. Bevor Sie sich zum Kauf entscheiden, bitten Sie Ihren Bankberater um ein wenig Zeit, damit Sie sich über die Fonds informieren können.

Um einen Überblick zu bekommen, tragen Sie einige Merkmale der Fonds in eine Tabelle ein (Tabelle 2.1): das Fondsvermögen, den Fondstypen sowie verschiedene Analysteneinschätzungen (Buy, Hold und Sell).

Tabelle 2.1   Übersicht über vier vorgeschlagene Fonds

Fondsname	Fondsvermögen	Fondstyp	Analysteneinschätzung
Super Fonds Invest	2.828 Mio. EUR	Dachfonds	B; H; B; B; H
Super Fonds Invest Classic	2.480 Mio. EUR	Dachfonds	B; B; H; S; H
Sicher Fonds Premium	2.703 Mio. EUR	Rentenfonds	B; B; H; S; S
Fonds Deutschland	2.954 Mio. EUR	Aktienfonds	S; S; H; H; H

In welchen der Fonds sollten Sie investieren[1]?

Um diese Frage zu beantworten, werden wir im Folgenden zunächst in Abschnitt 2.1 verschiedene Möglichkeiten der Datendarstellung kennenlernen. Anschließend stellen wir in den Abschnitten 2.2, 2.3 und 2.4 verschiedene Lage- und Streuungsmaße vor, und wir beschäftigen uns mit der Schiefe, Wölbung und Multimodalität. Nachdem wir uns in diesen Abschnitten mit der Geldanlage in Fonds befasst haben, werden wir uns in Abschnitt 2.5 mit der Verteilung von Geld auseinandersetzen und die Konzentration in Daten analysieren. Schließlich werden wir in Abschnitt 2.6 verschiedene Indexzahlen, wie Preisindices, besprechen. Zum Schluss wird in Abschnitt 2.7 ein Steckbrief der wesentlichen Formeln und Methoden angegeben, Abschnitt 2.8 enthält Fallstudien und Übungsaufgaben und in Abschnitt 2.9 werden Literatur- und Softwarehinweise aufgeführt.

2.1 Datendarstellung

Um die Frage nach der Auswahl eines Fonds zu beantworten, möchten Sie sich als erstes einen Überblick über die Daten verschaffen. Warum nicht mit einer Abbildung?

Die Idee eines Schaubildes gefällt Ihnen. Sie beschließen mit dem nominal skalierten Merkmal Fondstyp zu beginnen. Dazu schauen Sie sich die Daten in der Tabelle 2.1 genauer an.

---

[1]In diesem Buch werden statistische Methoden vorgestellt, die für einen Fondskauf nützlich sein könnten. Aus didaktischen Gründen konzentrieren wir uns nur auf die statistischen Methoden. Bei einer Kaufentscheidung sollten aber noch andere Eigenschaften beachtet werden, wie etwa die Fondsstrategie und die (teilweise sehr hohen) Gebühren. Die in diesem Buch vorgestellten Fonds sind frei erfunden.

Diese liegen in Form einer **Urliste** vor. In einer Urliste sind die Daten noch nicht bearbeitet oder aufbereitet worden.

Als Erstes möchten Sie darstellen, wie häufig jeder Fondstyp vorkommt. In einer Urliste sind die Häufigkeiten nur schwer zu erkennen, insbesondere wenn diese sehr viele Einträge besitzt. Einfacher wäre es, eine Tabelle anzugeben, welche die Häufigkeiten direkt enthält. Das ist genau die Idee einer **Häufigkeitstabelle**. Sie erstellen diese für den Fondstypen (siehe Tabelle 2.2). Dabei gibt die **absolute Häufigkeit** in der mittleren Spalte die Anzahl der je Ausprägung vorkommenden Beobachtungen an. Da die Ausprägung Dachfonds zweimal auftritt (Super Fonds Invest und Super Fonds Invest Classic) ist die absolute Häufigkeit 2: Die **relative Häufigkeit** in der rechten Spalte gibt die absolute Häufigkeit geteilt durch die Gesamtanzahl der Beobachtungen an. Da zwei der insgesamt vier Fonds Dachfonds sind, ist die relative Häufigkeit 0,5 also 50%.

Tabelle 2.2   Häufigkeitstabelle des Merkmals *Fondstyp*

Fondstyp	Absolute Häufigkeit	Relative Häufigkeit
Dachfonds	2	0,5
Rentenfonds	1	0,25
Aktienfonds	1	0,25

2.1.1 Kreisdiagramm

Wie können Sie nun die relativen oder absoluten Häufigkeiten mittels einer Abbildung verdeutlichen? Beim sonntäglichen Kuchenessen kommt Ihnen in den Sinn, die Daten wie die Stücke einer Torte zu zeichnen. Das ist genau die Idee eines **Kreis- oder Tortendiagramms**. Aber wie sollten die Stücke aufgeteilt werden?

Sie erinnern sich, dass der komplette Winkel in einem Kreis 360° beträgt. Können Sie diesen Winkel dann nicht nach der relativen Häufigkeit aufteilen?

Damit ergibt sich für den Winkel der i-ten Ausprägung:

$$\text{Winkel}_i = 360° \cdot \text{relative Häufigkeit}_i.$$

Für die Fondstypen aus Tabelle 2.1 sind die relativen Häufigkeiten 50% Dachfonds und je 25% Aktien- und Rentenfonds. Für Dachfonds ergibt sich somit ein Winkel von:

$$\text{Winkel}_{\text{Dachfonds}} = 360° \cdot \frac{2}{4} = 360° \cdot 0,5 = 180°$$

und für Aktien- und Rentenfonds von je 90°. Stolz zeichnen Sie Ihr erstes Kreisdiagramm (siehe Abbildung 2.1).

Der Radius des Kreises ist dabei beliebig, da sich bei einer Veränderung des Radius die Winkel nicht ändern. Kreisdiagramme sind besonders für nominal und ordinal skalierte Merkmale geeignet. Für (stetige) metrische Merkmale mit zahlreichen Ausprägungen kann das Kreisdiagramm allerdings unübersichtlich bzw. nicht aussagekräftig sein, da dann die Winkel unter Umständen sehr klein werden können.

Abbildung 2.1   Kreisdiagramm des Merkmals *Fondstyp*

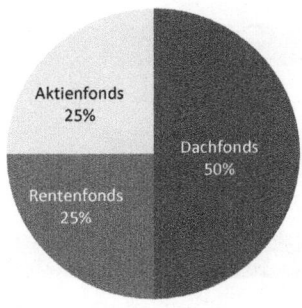

2.1.2   Säulendiagramm

Motiviert durch Ihre Erfahrungen überlegen Sie sich mögliche weitere Darstellungsarten. Wäre es nicht möglich, die Häufigkeiten statt in einem Kreis als Säulen abzubilden? Das ist das Grundprinzip eines **Säulendiagramms**. In einem Säulendiagramm wird die Höhe der Säulen durch die absolute oder relative Häufigkeit angegeben (siehe Abbildung 2.2). Damit ist dieses Diagramm **höhenproportional**.

Abbildung 2.2   Säulendiagramm des Merkmals *Fondstyp*

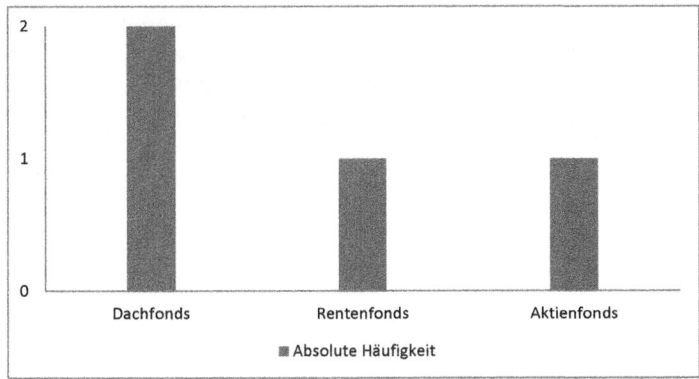

Es gibt verschiedene Möglichkeiten, Häufigkeiten als Säulen darzustellen. Sind diese sehr schmal wird das Diagramm auch als **Stabdiagramm** bezeichnet. Falls die Säulen wie in Abbildung 2.3 horizontal angeordnet sind, wird es als **Balkendiagramm** bezeichnet.

Abbildung 2.3   Balkendiagramm des Merkmals *Fondstyp*

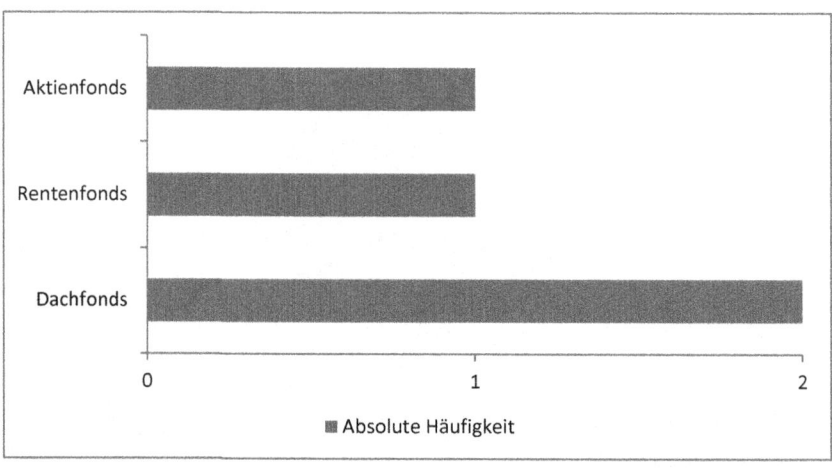

2.1.3   Polygonzug

Die bisherigen Diagramme sind vor allem für diskrete, insbesondere nominal und ordinal skalierte Merkmale mit wenigen verschiedenen Ausprägungen geeignet. Wie können
Merkmale mit potenziell vielen verschiedenen Ausprägungen, wie metrischen Merkmalen,
dargestellt werden? Das möchten Sie herausfinden. Da die Tabelle 2.1 nur wenige Ausprägungen enthält, beschließen Sie einen etwas größeren Datensatz aus der Finanzwelt zu
untersuchen, und zwar die Werte des DAX[2], sowie die prozentualen monatlichen Veränderungen, die Renditen (siehe Tabelle 2.3).

Bei dem DAX interessiert Sie vor allem die zeitliche Entwicklung des Index sowie die Entwicklung der monatlichen Renditen. Um diese Entwicklungen zu analysieren, haben Sie
den DAX sowie die Renditen in Abbildung 2.4 als **Polygonzug** dargestellt. Bei einem Polygonzug werden die Beobachtungen linear miteinander verbunden. Damit lassen sich diese
Entwicklungen sehr übersichtlich darstellen.

---

[2]DAX = Deutscher Aktienindex

Tabelle 2.3   Deutscher Aktienindex und monatliche Renditen;
Datenquelle: Deutsche Bundesbank (2013)

Datum	DAX	Rendite	Datum	DAX	Rendite	Datum	DAX	Rendite
Sep. 04	3.892,9	4,19%	Jul. 07	7.584,14	−5,28%	Mai 10	5.964,33	−2,79%
Okt. 04	3.960,25	1,73%	Aug. 07	7.638,17	0,71%	Jun. 10	5.965,52	0,02%
Nov. 04	4.126,0	4,19%	Sep. 07	7.861,51	2,92%	Jul. 10	6.147,97	3,06%
Dez. 04	4.256,08	3,15%	Okt. 07	8.019,22	2,01%	Aug. 10	5.925,22	−3,62%
Jan. 05	4.254,85	−0,03%	Nov. 07	7.870,52	−1,85%	Sep. 10	6.229,02	5,13%
Feb. 05	4.350,49	2,25%	Dez. 07	8.067,32	2,50%	Okt. 10	6.601,37	5,98%
Mrz. 05	4.348,77	−0,04%	Jan. 08	6.851,75	−15,07%	Nov. 10	6.688.49	1,32%
Apr. 05	4.184,84	−3,77%	Feb. 08	6.748,13	−1,51%	Dez. 10	6.914,19	3,37%
Mai 05	4.460,63	6,59%	Mrz. 08	6.534,97	−3,16%	Jan. 11	7.077,48	2,36%
Jun. 05	4.586,28	2,82%	Apr. 08	6.948,82	6,33%	Feb. 11	7.272,32	2,75%
Jul. 05	4.886,5	6,55%	Mai 08	7.096,79	2,13%	Mrz. 11	7.041,31	−3,18%
Aug. 05	4.829,69	−1,16%	Jun. 08	6.418,32	−9,56%	Apr. 11	7.514,46	6,72%
Sep. 05	5.044,12	4,44%	Jul. 08	6.479,56	0,95%	Mai 11	7.293,69	−2,94%
Okt. 05	4.929,07	−2,28%	Aug. 08	6.422,3	−0,88%	Jun. 11	7.376,24	1,13%
Nov. 05	5.193,4	5,36%	Sep. 08	5.831,02	−9,21%	Jul. 11	7.158,77	−2,95%
Dez. 05	5.408,26	4,14%	Okt. 08	4.987,97	−14,46%	Aug. 11	5.784,85	−19,19%
Jan. 06	5.674,15	4,92%	Nov. 08	4.669,44	−6,39%	Sep. 11	5.502,02	−4,89%
Feb. 06	5.796,04	2,15%	Dez. 08	4.810,2	3,01%	Okt. 11	6.141,34	11,62%
Mrz. 06	5.970,08	3,00%	Jan. 09	4.338,35	−9,81%	Nov. 11	6.088,84	−0,85%
Apr. 06	6.009,89	0,67%	Feb. 09	3.843,74	−11,40%	Dez. 11	5.898,35	−3,13%
Mai 06	5.692,86	−5,28%	Mrz. 09	4.084,76	6,27%	Jan. 12	6.458,91	9,50%
Jun. 06	5.683,31	−0,17%	Apr. 09	4.769,45	16,76%	Feb. 12	6.856,08	6,15%
Jul. 06	5.681,97	−0,02%	Mai 09	4.940,82	3,59%	Mrz. 12	6.946,83	1,32%
Aug. 06	5.859,57	3,13%	Jun. 09	4.808,64	−2,68%	Apr. 12	6.761,19	−2,67%
Sep. 06	6.004,33	2,47%	Jul. 09	5.332,14	10,89%	Mai 12	6.264,38	−7,35%
Okt. 06	6.268,92	4,41%	Aug. 09	5.464,61	2,48%	Jun. 12	6.416,28	2,42%
Nov. 06	6.309,19	0,64%	Sep. 09	5.675,16	3,85%	Jul. 12	6.772,26	5,55%
Dez. 06	6.596,92	4,56%	Okt. 09	5.414,96	−4,58%	Aug. 12	6.970,79	2,93%
Jan. 07	6.789,11	2,91%	Nov. 09	5.625,95	3,90%	Sep. 12	7.216,15	3,52%
Feb. 07	6.715,44	−1,09%	Dez. 09	5.957,43	5,89%	Okt. 12	7.260,63	0,62%
Mrz. 07	6.917,03	3,00%	Jan. 10	5.608,79	−5,85%	Nov. 12	7.405,5	2,00%
Apr. 07	7.408,7	7,11%	Feb. 10	5.598,46	−0,18%	Dez. 12	7.612,39	2,79%
Mai 07	7.883,04	6,40%	Mrz. 10	6.153,55	9,92%	Jan. 13	7.776,05	2,15%
Jun. 07	8.007,32	1,58%	Apr. 10	6.135,7	−0,29%			

Abbildung 2.4   Polygonzug des DAX sowie der monatlichen Renditen

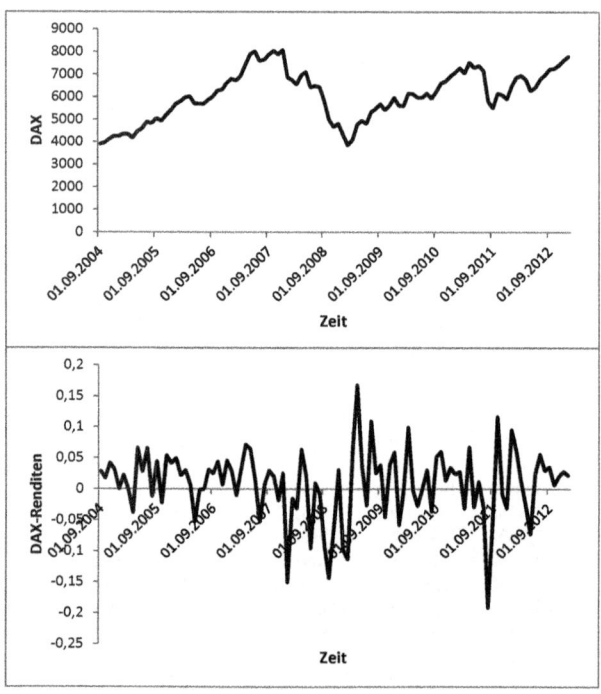

2.1.4   Stamm-Blatt-Diagramm

Der Polygonzug (siehe Abschnitt 2.1.3) zeigt sehr schön die Entwicklung des DAX bzw. der monatlichen Renditen. Damit können Sie sehen, wie stark dieser Index schwankt.

Fasziniert überlegen Sie weiter: Gibt es auch eine Möglichkeit darzustellen, wie viele Renditen aus Tabelle 2.3 bei etwa 0% liegen und wie viele bei etwa 19%?

Das ist eine gute Frage. Wie können Sie diese beantworten? Sinnvoll wäre es zunächst die Renditen aufsteigend, von klein nach groß, zu sortieren, um einen Überblick zu erhalten. Anschließend schauen Sie sich einzelne Renditen genauer an: −19,2%, −15,1%, 9,5% oder 9,9%. Renditen um −19% kommen also nur einmal vor, Renditen um 9% jedoch zweimal.

Das bringt Sie auf eine Idee. Wäre es nicht möglich, zunächst nur die Renditen ohne Nachkommastellen untereinander zu schreiben, und diese anschließend gerundet auf eine Stelle nach dem Komma zu notieren? Das probieren Sie aus (siehe Abbildung 2.5).

Damit haben Sie das **Stamm-Blatt-Diagramm** gezeichnet. Dieses Diagramm besteht aus zwei Teilen. Auf der linken Seite von den senkrechten Strichen steht jedes Mal die Zahl vor

---

Abbildung 2.5   Stamm-Blatt-Diagramm der DAX-Renditen

```
-19 | 2                -0 | 99322000
-18 |                   0 | 06677
-17 |                   1 | 013367
-16 |                   2 | 001112445558888999
-15 | 1                 3 | 00011245699
-14 | 5                 4 | 124469
-13 |                   5 | 1459
-12 |                   6 | 01334567
-11 | 4                 7 | 1
-10 |                   8 |
 -9 | 862               9 | 59
 -8 |                  10 | 9
 -7 | 3                11 | 6
 -6 | 4                12 |
 -5 | 933              13 |
 -4 | 96               14 |
 -3 | 86221            15 |
 -2 | 998773           16 | 8
 -1 | 9521
```

---

dem Komma. Die Nachkommastellen stehen auf der rechten Seite. Dabei sind diese aufsteigend sortiert und hintereinandergeschrieben. Das bedeutet etwa, dass es zwei Renditen
um die 9% gibt: Eine ist 9,5% und die andere 9,9%. Dadurch erhalten Sie einen Überblick
in welchem Bereich sich die meisten Renditen befinden.

Für dieses Diagramm gibt es verschiedene Darstellungsmöglichkeiten, so kann etwa der
Stamm verschoben werden und zum Beispiel nach der ersten Kommastelle stehen, oder es
könnte nur jede zweite Zahl links von dem Stamm stehen, um die Abbildung übersichtlicher zu gestalten.

2.1.5   Histogramm

Das Stamm-Blatt-Diagramm aus Abschnitt 2.1.4 hat den Nachteil, dass es recht unübersichtlich groß wird, falls die Daten weit streuen. Dann können Sie nicht jede Zahl vor dem
Komma auf dem Stamm darstellen. Deshalb suchen Sie noch nach einer weiteren Darstellungsart.

Wenn der Datensatz recht groß ist, mit vielen verschiedenen Ausprägungen, dann wäre es
doch geschickt die Daten zusammenzufassen und zum Beispiel zu **klassieren/gruppieren**.
Die Idee gefällt Ihnen, und Sie beschließen diese weiter zu entwickeln. Dazu ordnen Sie in
Tabelle 2.4 die DAX-Renditen jeweils einem Intervall zu und geben zudem die relativen
und absoluten Häufigkeiten an.

Die Klassenbreite haben Sie dabei nicht überall gleich groß gewählt. Da an den Rändern
weniger Beobachtungen vorliegen, reicht Ihnen dort eine gröbere Einteilung. Durch die

unterschiedlichen Breiten ist es nun aber nicht angebracht, die Höhen als Häufigkeiten zu zeichnen, wie dies bei einem Säulendiagramm (siehe Abschnitt 2.1.2) getan wird. Neben der Höhe muss auch die Breite der Klassen berücksichtigt werden!

Das ist genau die Idee eines **Histogramms**. Das Histogramm ist **flächenproportional**, was bedeutet, dass die Fläche und nicht die Höhe der relativen oder absoluten Häufigkeit entspricht. Dadurch werden die unterschiedlichen Breiten der Klassen berücksichtigt.

Tabelle 2.4   Klassierte DAX-Renditen

Klasse	Anzahl n_j	Breite	Höhe
$[-0,2; -0,1[$	4	0,1	$\frac{4/101}{0,1} = 0,396$
$[-0,1; -0,05[$	8	0,05	$\frac{8/101}{0,05} = 1,584$
$[-0,05; 0[$	25	0,05	4,95
$[0; 0,05[$	46	0,05	9,110
$[0,05; 0,1[$	15	0,05	2,970
$[0,1; 0,2[$	3	0,1	0,297

Wie kann denn nun die Fläche konkret berechnet werden? Sie überlegen, dies anhand eines Beispiels der Klasse $[-0,2; -0,1[$ mit vier Renditen. Als Erstes ermitteln Sie die Breite: $-0,1 - (-0,2) = 0,1$. Ihr Ziel ist die Fläche (Höhe mal Breite) so zu wählen, dass diese der relativen Häufigkeit von $4/101 = 0,0396$ entspricht. Dazu muss die Höhe genau dem prozentualen Anteil geteilt durch die Breite, also $\frac{4/101}{0,1} = 0,396$ entsprechen (siehe Abbildung 2.6). Durch diese Vorgehensweise beträgt die Summe der Flächen genau 100%. Die geringe Höhe der ersten Klasse in Abbildung 2.6 ergibt sich dadurch, dass der prozentuale Anteil halb so groß ist wie in der zweiten Klasse und zudem doppelt so breit ist.

Stolz zeigen Sie das Ergebnis Ihrer Überlegungen einer Freundin. Diese ist fasziniert von der Idee, fragt sich aber, wieso Sie genau diese Klassengrenzen festgelegt haben. In der Tat haben Sie für Ihr erstes Histogramm die Klassen recht willkürlich gebildet. Abends grübeln Sie noch ein wenig darüber nach. Nach welchen Kriterien sollten Klassen generell gewählt werden? Dazu fallen Ihnen verschiedene Punkte ein, welche Sie noch vor dem Einschlafen notieren:

■ Die Klassen dürfen sich nicht überlappen.

■ Es muss entschieden werden, ob gleiche oder ungleiche Klassenbreiten gewählt werden. In vielen Anwendungen sind gleiche Klassenbreiten von Vorteil. Dies ist aber nicht immer sinnvoll oder möglich.

■ Klassen sollten so gewählt werden, dass keine offenen Klassen vorkommen. Falls ein Datensatz offene Klassen enthält, müssen diese zur Zeichnung des Histogramms geschlossen werden, indem ein möglichst plausibler Randpunkt festgelegt wird. In Anwendungen kommen offene Klassen jedoch recht häufig vor, so wird etwa bei der Frage nach dem Einkommen häufig die Klasse *mehr als x Tausend Euro Einkommen* gewählt.

■ Bezüglich der Anzahl der Klassen bzw. der Wahl der Klassenbreite gibt es keine eindeutige Regel (Krämer, 1992, S. 23). Manche Autoren geben jedoch Faustregeln an, etwa (Mosler und Schmid, 2009, S. 54) oder (Schlittgen, 2012, S. 19).

Abbildung 2.6   Histogramm der DAX-Renditen

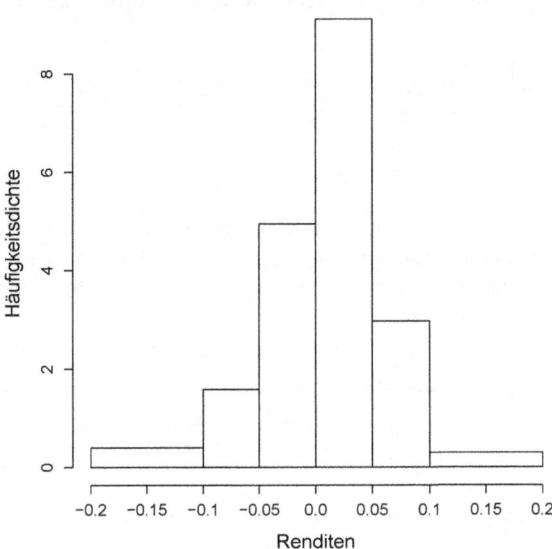

2.1.6   Empirische Summenfunktion

Am nächsten Tag sprechen Sie noch einmal mit Ihrer Freundin und erzählen ihr von Ihren
Überlegungen bezüglich der Klasseneinteilung. Eine Frage hat sie noch: „Mich interessiert
auch der Anteil der Beobachtungen, welcher kleiner als ein bestimmter Wert ist. Etwa wie
viel Prozent der Renditen sind kleiner als 0% oder kleiner als 0,1%? Gibt es dafür auch eine
Darstellungsart?"

Auch das ist eine gute Frage. Um die Darstellung herzuleiten, haben Sie zur Übung in
Tabelle 2.5 fünf Renditen des DAX ausgewählt. Sie möchten zeigen, wie viel Prozent der
Werte kleiner oder gleich einem Wert x sind. Wie könnte das gehen? Da Sie fünf Renditen
betrachten, beträgt der Anteil jeder einzelnen Rendite 20%. Nun sortieren Sie die Renditen von klein nach groß und bestimmen die kumulierten Anteile der Renditen, indem Sie
die Anteile aller Werte kleiner oder gleich jeden Wertes addieren (siehe Tabelle 2.5). Diese
Daten können Sie nun zeichnen (siehe rechte Seite der Abbildung 2.7). Der Punkt an der
linken Seite jeder Linie gibt dabei an, dass der linke Randpunkt mit zu der jeweiligen Linie
zählt (also kleiner gleich und nicht kleiner).

Damit haben Sie die **empirische Summen- oder Verteilungsfunktion** F_n hergeleitet. Allgemein ist diese definiert als:

$$F_n(x) := \text{Anteil der Beobachtungswerte} \leq x, \qquad (2.1)$$

wobei n die Stichprobengröße angibt. Aufgrund der Definition ist die empirische Verteilungsfunktion immer monoton wachsend.

Tabelle 2.5   Ausgewählte Renditen des DAX

Nummer	Renditen	Anteil Renditen	Kum. Anteil Renditen
1	−0,0002	0,2	0,2
2	0,017	0,2	0,4
3	0,028	0,2	0,6
4	0,032	0,2	0,8
5	0,042	0,2	1

Fasziniert zeichnen Sie noch die empirische Verteilungsfunktion für die kompletten 100 DAX-Renditen (siehe Tabelle 2.3) auf der rechten Seite der Abbildung 2.7 ein. In der Tat ist diese monoton wachsend und Sie können nun den Anteil der Renditen kleiner als 0% ablesen. Dieser beträgt circa 30%.

Abbildung 2.7   Summenfunktion der DAX-Renditen

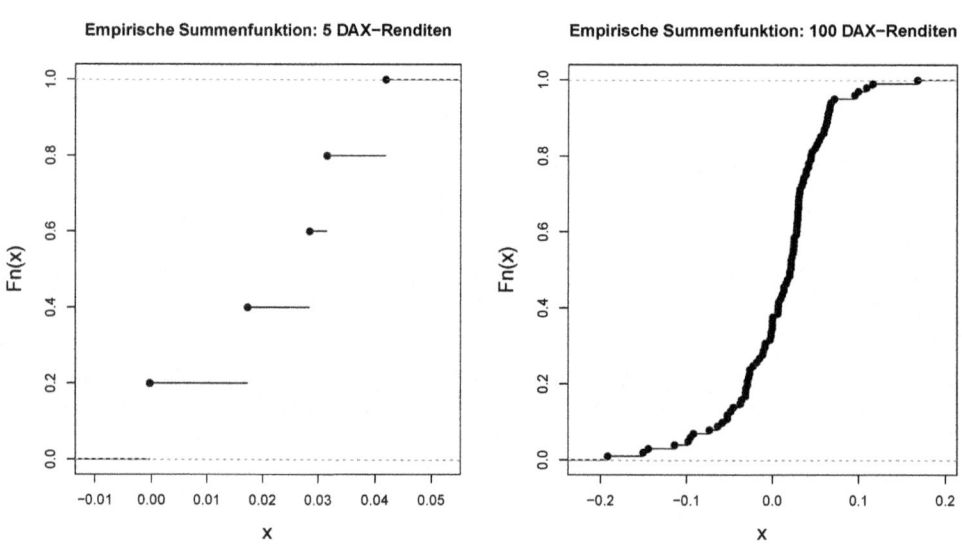

2.1.7   Weitere Diagrammtypen

Sie haben nun schon ein paar nützliche und oft verwendete Diagrammtypen kennengelernt, und beschließen diese mit dem erlaubten Skalenniveau in der Tabelle 2.6 zusammenzufassen.

Tabelle 2.6   Verschiedene Diagrammtypen und erlaubtes Skalenniveau

Diagrammtyp	Erlaubtes Skalenniveau
Säulen-, Balken- und Stabdiagramm	Nominal, Ordinal
Kreisdiagramm	Nominal, Ordinal
Polygonzug	Metrisch
Stamm-Blatt-Diagramm	Metrisch
Histogramm	Metrisch
Empirische Summenfunktion	Ordinal, Metrisch

Die bisherigen Diagrammtypen haben Sie neugierig gemacht. Gibt es weitere Typen? Ja, die gibt es! Daten können in vielfacher Weise dargestellt werden: zum Beispiel auf einer Landkarte, als Gegenstand wie etwa einem Flugzeug (wobei die Größe die Häufigkeit angibt) oder als dreidimensionale Abbildung. Ihnen wird klar, dass es unmöglich sein wird alle möglichen Darstellungsformen zu untersuchen.

Könnten Sie denn herausfinden, worauf allgemein bei der Darstellung von Daten geachtet werden sollte? Das wäre eine gute Idee. Sie experimentieren deshalb ein wenig mit der Abbildung des DAX als Polygonzug herum (siehe Abbildung 2.4 und siehe Krämer (2012) für eine ähnliche Darstellung). Sie haben sich das ehrgeizige Ziel gesetzt, den DAX als *Superindex* zu zeichnen!

In Ihrem ersten Versuch zeichnen Sie zweimal den DAX (Abbildung 2.8). In Abbildung 2.8a ist die y-Achse von 0 bis 9.000 eingezeichnet. Das sieht schon einmal nicht schlecht aus, aber der Index *schwankt* Ihnen noch nicht stark genug. Deshalb verändern Sie die y-Achse und zeichnen nur die Werte zwischen 3.500 und 8.500 ein (Abbildung 2.8b). Der Index scheint nun wesentlich stärker zu schwanken. Das liegt an der unterschiedlichen Skalierung der y-Achse. Mit dem Ergebnis sind Sie schon eher zufrieden.

Aber etwas stört Sie noch: Zwischen dem ungefähr 25. und ungefähr 55. Tag verliert der DAX sehr stark an Wert. Das sollte ein Superindex nicht tun. Deshalb zeichnen Sie in die Abbildung 2.8c den DAX nur für die letzten Tage (Krämer, 2012, S. 32 f.) ein. Jetzt ist eine deutliche Steigung zu erkennen. Ein toller Index!

Das können Sie aber noch besser! Der Ehrgeiz hat Sie gepackt! Jetzt wollen Sie es wissen! Deshalb beschließen Sie die Skalierung der x-Achse auch noch zu verkleinern (Krämer, 1992, S. 41 ff.). In Abbildung 2.8d ist der Index mit der veränderten Skalierung dargestellt. Was für eine Performance!

Bisher haben Sie die Achsen beschriftet. Wenn Sie die Beschriftungen weglassen würden, stünde einer Manipulation nichts mehr im Wege. Das macht Sie nachdenklich, und Sie beschließen statistische Abbildungen in Zukunft mit mehr Vorsicht zu behandeln.

Abends halten Sie Ihr zentrales Ergebnis fest: Abbildungen können einen guten Überblick über Daten geben und diese anschaulich darstellen. Wichtig hierbei ist aber, dass die Achsen korrekt beschriftet werden und die Abbildungen einfach zu verstehen sind. Insbesondere sollten die Abbildungen nicht in die Irre führen, etwa durch Weglassen unliebsamer Details.

Abbildung 2.8   Darstellung des DAX als Superindex

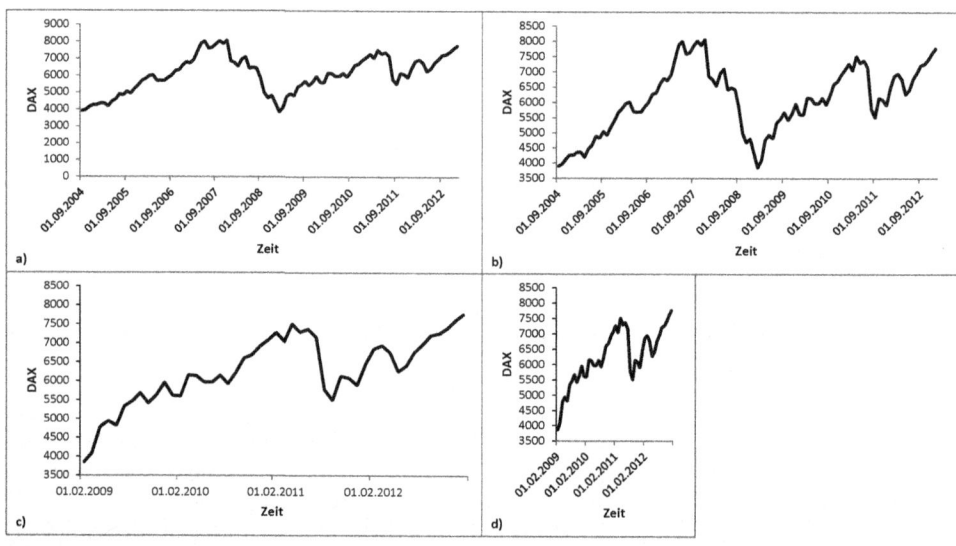

2.2   Lagemaße

„Haben Sie sich für einen Fonds entschieden?" Jetzt haben Sie sich so von den Abbildungen mitreißen lassen (siehe auch Übungsaufgabe 2.8.1), dass Sie darüber ganz das Gespräch mit Ihrem Bankberater vergessen haben. Der Anruf Ihres Beraters lenkt Ihre Aufmerksamkeit wieder auf die Ausgangsfrage. Sie bitten ihren Berater deshalb um ein wenig Bedenkzeit.

2.2.1   Arithmetischer Mittelwert

Sie grübeln über die Fonds und die in Tabelle 2.1 gesammelten Informationen nach. Das Fondsvermögen gibt das Gesamtvermögen des Fonds an und damit so etwas wie die Größe des Fonds. Sie überlegen sich, dass diese Information wichtig sein könnte, um die Fonds miteinander zu vergleichen. Populäre Fonds könnten etwa tendenziell größer sein als andere. Aber wann ist ein Fond groß? Sie beschließen zu ermitteln, wie groß die Fonds im Durchschnitt sind. Dazu addieren Sie das Fondsvermögen aller Fonds und teilen die Summe anschließend durch die Anzahl der Fonds:

$$\frac{2.828 + 2.480 + 2.703 + 2.954}{4} = 2.741{,}25 \text{ Mio. Euro.}$$

Damit haben Sie einen der bekanntesten und wichtigsten Mittelwerte berechnet, den **arithmetischen Mittelwert**. Allgemein ist dieser für n Werte definiert als:

$$\text{MW}^{\text{Arithm}} := \bar{x} := \frac{1}{n} \sum_{i=1}^{n} x_i. \tag{2.2}$$

Es werden also alle Werte addiert und durch die Anzahl geteilt (übrigens: $\bar{x}$ wird x *quer* gesprochen).

Zufrieden lehnen Sie sich zurück. Im Durchschnitt ist das Fondsvermögen also 2.741,25 Mio. Euro. Damit sind der Super Fonds Invest und der Fonds Deutschland größer als der Durchschnitt und die anderen beiden Fonds kleiner.

Am Abend erhalten Sie einen Anruf von Ihrem Bankberater. „Ich habe einen Geheimtipp für Sie: Wir haben einen ganz neuen Fonds, den Fonds Europa! Diese Chance sollten Sie sich nicht entgehen lassen!" Sie beschließen diesen Fonds auch in Betracht zu ziehen, und ergänzen die Tabelle mit den neuen Informationen (siehe Tabelle 2.7).

Tabelle 2.7   Übersicht über fünf vorgeschlagene Fonds

Fondsname	Fondsvermögen	Fondstyp	Analysteneinschätzung
Super Fonds Invest	2.828 Mio. EUR	Dachfonds	B; H; B; B; H
Super Fonds Invest Classic	2.480 Mio. EUR	Dachfonds	B; B; H; S; H
Sicher Fonds Premium	2.703 Mio. EUR	Rentenfonds	B; B; H; S; S
Fonds Deutschland	2.954 Mio. EUR	Aktienfonds	S; S; H; H; H
Fonds Europa	520 Mio. EUR	Aktienfonds	S; S; H; B

Das durchschnittliche mit dem arithmetischen Mittelwert ermittelte Fondsvermögen beträgt nun:

$$\frac{2.828 + 2.480 + 2.703 + 2.954 + 520}{5} = 2.297 \text{ Mio. Euro.}$$

Damit sind alle Fonds, bis auf den neuen Fonds größer als der Durchschnitt.

In Übungsaufgabe 2.8.3 überlegen Sie sich noch wie der arithmetische Mittelwert berechnet werden kann, wenn die Daten in einer Häufigkeitstabelle oder gruppiert vorliegen.

2.2.2   Median

Die Berechnung des arithmetischen Mittelwertes der Fondsvermögen hat ja schon einmal sehr gut funktioniert. Das Fondsvermögen können Sie jetzt beurteilen. Wie sieht es mit der Analysteneinschätzung aus? Sie möchten für dieses Merkmal auch den Mittelwert berechnen. Leider stehen für dieses Merkmal in Tabelle 2.7 nur die Buchstaben B, S und H. Da dieses Merkmal ordinal skaliert ist, gibt es aber eine Reihenfolge: *Buy* ist besser als *Hold* und *Hold* ist besser als *Sell*. Sie überlegen: Da die Abstände zwischen ordinal skalierten Merkmalen nicht bekannt sind (siehe Abschnitt 1.1.2) können Sie diese zwar in Zahlen umwandeln, zum Beispiel Buy=1, Hold=2 und Sell=3, aber das arithmetische Mittel ist trotzdem nicht richtig definiert, denn die Umcodierung hätte auch Buy=1, Hold=1,5 und Sell=4 sein können.

Gibt es denn keine Möglichkeit, einen Mittelwert zu berechnen? Sie denken nach und entscheiden sich dann dafür, das Wort *Mittel*wert wörtlich zu nehmen. Deshalb sortieren Sie die Analysteneinschätzungen für den ersten Fond von klein nach groß und erhalten:

B; B; <u>B</u>; H; H oder 1; 1; <u>1</u>; 2; 2.

Den mittleren Wert haben Sie jeweils unterstrichen. Es ist B bzw. 1. Der so ermittelte Wert heißt Median. Der Median teilt die Beobachtungen in zwei Gruppen: 50% der Merkmalsausprägungen sind gleich groß oder größer als der Median und 50% der Merkmalsausprägungen sind gleich groß oder kleiner. Dabei kommt es bei der Berechnung des Medians nur auf die Reihenfolge aber nicht auf die Abstände an.

Sie berechnen den Median für die anderen Fonds und stellen bei dem Fonds Europa fest, dass Sie nur von vier Analysten eine Einschätzung erhalten haben, und es deshalb keine unmittelbare *Mitte* gibt: B; H; | *Mitte* | ; S; S oder 1; 2; | *Mitte* | ; 3; 3. Die Mitte liegt zwischen H und S bzw. zwischen dem zweiten und dritten Element. Deshalb berechnen Sie den Median hier als $\frac{2+3}{2} = 2{,}5$.

Formal ist der **Median** für n Werte definiert als:

$$x_{0,5} = \begin{cases} x_{\frac{n+1}{2}} : \text{n ungerade} \\ \frac{1}{2}\left(x_{\left(\frac{n}{2}\right)} + x_{\left(\frac{n}{2}+1\right)}\right) : \text{n gerade,} \end{cases} \tag{2.3}$$

wobei $x_{(p)}$ die p-te Merkmalsausprägung in einer aufsteigend sortierten Liste ist. Wenn zwei Merkmalsausprägungen gleich sind, werden diese zufällig zugeordnet. Die Position in der aufsteigend sortierten Liste wird auch als **Rang** bezeichnet. Mit Hilfe des Medians können Sie für alle Fonds die Analysteneinschätzung zusammenfassen! Das ist wesentlich übersichtlicher.

Ermutigt durch das Ergebnis überlegen Sie, ob der Median nicht auch für das Fondsvermögen berechnet werden kann. Als Erstes berechnen Sie den Median für die vier großen Fonds und erhalten:

$$\left(x_{\left(\frac{4}{2}\right)} + x_{\left(\frac{4}{2}+1\right)}\right)/2 = \frac{\left(x_{(2)} + x_{(3)}\right)}{2} = \frac{(2.703 + 2.828)}{2} = 2.765{,}5 \text{ Mio. Euro.}$$

Danach berechnen Sie ihn für alle fünf Fonds. Jetzt ist der Median gleich der drittkleinsten Merkmalsausprägung $x_{\left(\frac{6}{2}\right)} = x_{(3)}$ also 2.703 Mio. Euro.

Ihnen fällt auf, dass sich der Wert des Medians durch den neuen Fonds wesentlich weniger stark verändert hat als der arithmetische Mittelwert. Offenbar ist der Median robuster gegenüber Ausreißern, da der Median nur durch die mittlere Zahl bestimmt wird. Solange sich die Reihenfolge der Zahlen nicht verändert, spielen extreme Wert bei der Medianberechnung keine Rolle. Die Vorteile des Medians sind also, dass sie für ordinal und metrisch skalierte Merkmale definiert sind und sich zudem robust gegenüber Ausreißern verhalten.

Wie kann der Median für gruppierte Daten oder Daten in einer Häufigkeitstabelle berechnet werden? Damit beschäftigen Sie sich in Übungsaufgabe 2.8.3.

2.2.3   Modus

Sie schauen sich Tabelle 2.7 noch einmal an. Dabei fällt Ihnen auf, dass Sie den Fondstyp noch nicht berücksichtigt haben. Das Merkmal Fondstyp ist nominal skaliert (siehe Abschnitt 1.1.2): Es gibt nur gleich oder ungleich, aber keinen *besseren* Fondstypen. Das ist ungünstig für den Median. Wenn es keine Reihenfolge gibt, welcher Wert liegt dann in der Mitte? Damit kann aber auch der arithmetische Mittelwert nicht berechnet werden.

Gibt es für nominal skalierte Merkmale auch eine Art Mittelwert?

Sie schauen sich als Erstes Tabelle 2.1 mit den vier Fonds an: zwei Dachfonds, einem Rentenfonds und einem Aktienfonds. Dachfonds kommen in dieser Tabelle also am häufigsten vor. Deshalb könnte dieser Wert eine Art Mittelwert sein. Das genau beschreibt auch der Modus.

Der **Modus** (auch Modalwert genannt) ist definiert als die am häufigsten vorkommende Merkmalsausprägung.

Als Sie den Modus für die fünf Fonds berechnen wollen, stellen Sie fest, dass es sowohl zwei Dachfonds als auch zwei Aktienfonds gibt (siehe Tabelle 2.7). Damit kommen beide am häufigsten vor und werden **Modi** genannt.

Der Modus kann auch für ordinal und metrisch skalierte Merkmale berechnet werden. So könnte etwa bei der Analysteneinschätzung statt dem Median, auch die am häufigsten vorkommende Meinung interessant sein.

2.2.4   Geometrischer Mittelwert

Abends denken Sie noch einmal über den Fondskauf nach. Die verschiedenen Mittelwerte haben Ihnen geholfen sich einen Überblick über die Fondsdaten zu verschaffen. Aber etwas fehlt noch. Sie können noch nicht einschätzen, wie gut sich die Fonds in der Vergangenheit entwickelt haben. Sie beschließen deshalb sich die Preise P der Fonds, sowie deren Wachstum (d.h die Rendite) W über drei Jahre (J1, J2, J3) anzuschauen. Sie tragen diese Daten in eine Tabelle ein (Tabelle 2.8).

Tabelle 2.8   Preisentwicklung der fünf Fonds in den letzten drei Jahren

Fondsname	Preis J1	Preis J2	Preis J3	W J12	W J23
SFI	100	120	100	$\frac{120-100}{100} = 20\%$	$\frac{100-120}{120} = -16{,}67\%$
SFIC	100	101	102	1%	1%
SFP	100	99	101	−1%	2%
Fonds D	100	95	105	−5%	11%
Fonds E	100	105	101	5%	−4%

Sie möchten mit diesen Daten das durchschnittliche Wachstum der Fonds berechnen, um diese miteinander vergleichen zu können. Da es sich bei dem Wachstum um ein metrisch skaliertes Merkmal handelt, berechnen Sie zunächst den arithmetischen Mittelwert und erhalten für den ersten Fonds ein Wachstum von:

$$\text{MW}^{\text{arithm.}} = \frac{20\% - 16{,}67\%}{2} = 1{,}67\%.$$

Dieser Fonds scheint also im Mittel zu wachsen, doch als Sie auf die Preise schauen fällt Ihnen etwas auf: Der Fonds ist mit einem Preis von 100 gestartet, dann auf 120 gestiegen und wieder auf die ursprünglichen 100 gefallen. Damit stagniert dieser Fonds. Das durchschnittliche Wachstum müsste somit 0 sein!

Irgendetwas passt hier nicht zusammen!

In der Tat ist das arithmetische Mittel nicht geeignet, um durchschnittliche Wachstumsraten zu berechnen. Sie versuchen deshalb eine andere Formel für das durchschnittliche Wachstum herzuleiten. Sie überlegen sich, dass Wachstum auch als Zinsen auf den Preis verstanden werden können. Dabei errinnern Sie sich an die bekannte Zinseszinsformel:

$$P_2 = P_1 \cdot (1 + W_{12}).$$

Der neue Preis ergibt sich laut dieser Formel als alter Preis plus das Wachstum von Jahr 1 auf Jahr 2 (siehe Tabelle 2.8):

$$120 = 100 \cdot (1 + 20\%) = 100 \cdot (1{,}2).$$

Der Preis im dritten Jahr ergibt sich analog:

$$P_3 = P_2 \cdot (1 + W_{23}) = P_1 \cdot \underbrace{(1 + W_{12}) \cdot (1 + W_{23})}_{\text{Gesamtwachstum}}.$$

Damit haben Sie das Gesamtwachstum bestimmt. Das durchschnittliche Wachstum ist nun das Wachstum, mit dem Sie aus P_1 auch P_3 erhalten, welches aber über die Jahre konstant ist. Dieses Wachstum W ist nach der Zinseszinsformel:

$$P_3 = P_1 \cdot (1 + W)^2.$$

Damit das mit der durchschnittlichen Wachstumsrate ermittelte Wachstum mit dem Gesamtwachstum übereinstimmt, muss also gelten:

$$(1 + W)^2 = (1 + W_{12}) \cdot (1 + W_{23}).$$

Sie ziehen die Wurzel und erhalten:

$$1 + W = \sqrt{(1 + W_{12}) \cdot (1 + W_{23})}.$$

Das durchschnittliche Wachstum ist also gegeben als Wurzel des Produktes der einzelnen Wachstumsraten. Sie wenden dieses Vorgehen auf den Super Fonds Invest an. Wichtig hierbei ist, dass Sie Wachstumsraten nehmen. Deshalb müssen Sie noch jeweils 1 zu dem Wachstum addieren ($1 + 20\% = 1{,}2$ und $1 - 16{,}67\% = 0{,}8333$). Damit erhalten Sie:

$$\sqrt{1{,}2 \cdot 0{,}8333} = 1.$$

Das Ergebnis ist 1, also kein Wachstum, und passt damit zu Ihrer Beobachtung. Dieses Vorgehen scheint zu funktionieren[3]!

Mit dieser Vorgehensweise haben Sie den geometrischen Mittelwert berechnet. Der **geometrische Mittelwert** ist allgemein für n Werte definiert als:

$$MW^{\text{Geom}} = \sqrt[n]{\prod_{i=1}^{n} x_i} = \sqrt[n]{x_1 \cdots x_n}. \tag{2.4}$$

---

[3]Wenn statt prozentualen Veränderungen Log-Renditen verwendet werden ($\ln(120/100) = 0{,}079$ sowie $\ln(100/120) = -0{,}079$) ist das arithmetische Mittel die geeignete Wahl. Das liegt daran, dass der Logarithmus Addition und Multiplikation vertauscht (Schmid und Trede, 2006, S. 3). In späteren Kapiteln werden wir deshalb aus didaktischen Gründen Log-Renditen verwenden um Streuungsmaße einführen zu können.

Der geometrische Mittelwert ist also definiert als die n-te Wurzel des Produktes aller Werte. Dieser Mittelwert ist geeignet, um das durchschnittliche Wachstum der Fonds zu berechnen. Deshalb berechnen Sie in Übungsaufgabe 2.8.4 damit auch das durchschnittliche Wachstum für die restlichen Fonds.

2.2.5   Vergleich der Mittelwerte

Sie sind sich nicht ganz sicher, arithmetischer oder geometrischer Mittelwert, Median oder Modus? Welcher Mittelwert ist wann der sinnvollste?

Das hängt zunächst vom Skalenniveau ab. Falls das Merkmal nominal skaliert ist, kann nur der Modus sinnvoll berechnet werden. Falls es ordinal skaliert ist, Modus und Median und nur wenn es metrisch skaliert ist, können alle Mittelwerte berechnet werden.

Modus, Median und arithmetischer Mittelwert haben gemeinsam, dass sie sich bei linearen Transformationen der Merkmalsausprägungen äquivalent zur Transformation der Merkmalsausprägungen berechnen: Werden alle Werte mit z. B. 1.000 multipliziert, so ist der neue Mittelwert auch 1.000-mal der alte Mittelwert. Werden zu jedem Wert z. B. 5 Euro addiert, so ist der Mittelwert auch 5 Euro höher als bei den ursprünglichen Daten. Das scheint eine interessante Eigenschaft zu sein und Sie beschließen, dies für das Merkmal Fondsvermögen in der Übungsaufgabe 2.8.5 nachzurechnen. Bei dem geometrischen Mittelwert funktioniert dies nur bei der Multiplikation und nicht bei der Addition.

Der Modus hat aber den Nachteil, dass nur das am häufigsten vorkommende Element berücksichtigt wird. Wenn zudem viele Ausprägungen wie etwa bei stetigen Merkmalen wie dem Fondsvermögen möglich sind, kann der Modus häufig nicht gut interpretiert werden.

Für das arithmetische Mittel spricht, dass alle Werte mit in die Berechnung einfließen. Es werden also keine Informationen verschwendet. Da Informationen teuer sind, weil dafür etwa Befragungen durchgeführt wurden, ist dies eine sehr wichtige Eigenschaft. Für das arithmetische Mittel spricht weiterhin, dass keine andere Zahl eine kleinere Summe quadrierter Abweichungen von vorgegebenen Ausgangsdaten als deren arithmetisches Mittel besitzt. Das hört sich kompliziert an. Was bedeutet das?

Sie überlegen: Für n Werte wird das Element θ (gr.: *theta*) gesucht, welches die kleinste Summe quadratischer Abweichungen von den Werten hat, also:

$$f(\theta) = \sum_{i=1}^{n} (x_i - \theta)^2 \overset{!}{=} \min.$$

Sie erinnern sich, dass sie dafür nach θ ableiten müssen und die Ableitung 0 sein muss:

$$f'(\theta) = -2 \sum_{i=1}^{n} (x_i - \theta) \overset{!}{=} 0.$$

Durch Umformen erhalten Sie:

$$\sum_{i=1}^{n} (x_i - \theta) = 0.$$

Durch Auseinanderziehen der Summe folgt:

$$\sum_{i=1}^{n} x_i = \sum_{i=1}^{n} \theta.$$

Damit gilt:

$$\sum_{i=1}^{n} x_i = n \cdot \theta.$$

Daraus folgt:

$$\theta = \frac{1}{n} \sum_{i=1}^{n} x_i = \bar{x}.$$

Da die zweite Ableitung größer als 0 ist, sind Sie fertig.

Das war anstrengend! Dafür konnten Sie zeigen, dass das Element θ, welches die kleinste Summe quadratischer Abweichungen von den Werten hat, also in diesem Sinne am besten zu den Daten passt, der arithmetische Mittelwert ist. Das ist einer der Gründe, warum der arithmetische Mittelwert so beliebt ist.

Einen Nachteil hat der arithmetische Mittelwert aber: Er ist nicht robust gegenüber Ausreißern. Für manche Anwendungen wird deshalb der Median bevorzugt verwendet. Insbesondere wenn mit Ausreißern in den Daten gerechnet wird, etwa bei der Armutsberechnung. Zudem besitzt keine andere Zahl eine kleinere Summe absoluter Abweichungen von vorgegebenen Ausgangsdaten als deren Median. Ein Nachteil des Medians ist aber, dass bei der Berechnung für metrische Merkmale die Abstände nicht berücksichtigt werden und dadurch Informationen verloren gehen. Außerdem ist die Berechnung bei großen Datenmengen aufwendiger, da diese dabei sortiert werden müssen.

Der geometrische Mittelwert ist bei metrisch skalierten Werten zu verwenden, wenn das Produkt und nicht die Summe der Größen wichtig ist. Das ist etwa bei Wachstumsraten der Fall.

2.3   Streuungsmaße

Sie erzählen einer Freundin von Ihren Erkenntnissen über den Fondskauf (siehe Abschnitte 2.1 und 2.2). Der Fonds Deutschland hatte im Schnitt die höchste Wachstumsrate und auch dessen andere Eigenschaften sind interessant, deshalb möchten Sie diesen kaufen, obwohl die Analysten zu einer anderen Einschätzung kommen. Ihre Freundin ist noch nicht ganz überzeugt. Wie hoch ist denn das Risiko dabei? Darüber haben Sie noch nicht nachgedacht. Wann ist ein Fonds riskanter als ein anderer?

Sie schauen sich dazu die Wertentwicklung zweier Fonds, dem Super Fonds Invest Classic (SFIC) und Ihrem Favoriten, dem Fonds Deutschland (Fonds D) für 10 Perioden genauer an (siehe Tabelle 2.9).

Als Sie die Veränderung (Log-Rendite) der Fonds von einer Periode auf die nächste betrachten,[4] fällt Ihnen auf, dass sich die Zeitreihen sehr unterschiedlich verhalten. Die Werte des Fonds Deutschland streuen/schwanken stärker als die Werte des Super Fonds Invest Classic (siehe Abbildung 2.9). Eine stärkere Streuung bedeutet aber auch eine größere Ungewissheit und damit ein höheres Risiko!

---

[4]Bitte beachten Sie, dass im Folgenden mit den Log-Renditen weitergerechnet wird. Der Vorteil ist, dass der Durchschnitt mit dem arithmetischen Mittel berechnet werden kann. Wie aus Tabelle 2.9 zu erkennen ist, ergeben sich für kleine Renditen keine großen Unterschiede.

Tabelle 2.9   Wertentwicklung zweier fiktiver Fonds über 10 Perioden

Periode	SFIC	Rendite	Log-Rendite	Fonds D	Rendite	Log-Rendite
1	100,0			100,0		
2	100,5	0,50%	0,50%	97,0	−3,00%	−3,05%
3	100,8	0,30%	0,30%	90,0	−7,22%	−7,49%
4	100,6	−0,20%	−0,20%	92,0	2,22%	2,20%
5	101,0	0,40%	0,40%	95,0	3,26%	3,21%
6	100,9	−0,10%	−0,10%	100,0	5,26%	5,13%
7	101,4	0,50%	0,49%	103,5	3,50%	3,44%
8	101,6	0,20%	0,20%	110,2	6,47%	6,27%
9	101,7	0,10%	0,10%	108,1	−1,91%	−1,92%
10	102,0	0,29%	0,29%	105,0	−2,87%	−2,91%

Abbildung 2.9   Wertentwicklung der Fonds SFIC und Deutschland über 10 Perioden

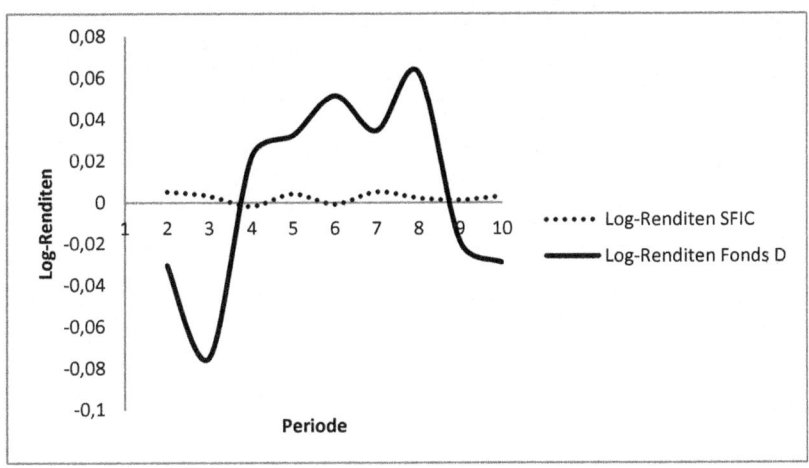

Da das Risiko höher ist, überlegen Sie sich, dass es deshalb sehr gut wäre, die Streuung berechnen zu können. Aber was bedeutet *Streuung*?

2.3.1   Spannweite

Streuung, das könnte zum Beispiel bedeuten, wie weit die Werte spreizen, d. h. auseinanderliegen. Deshalb berechnen Sie den Abstand der größten zur kleinsten Log-Rendite. Für den Fonds SFIC bedeutet das 0,5% − (−0,2%) = 0,7% und für den Fonds Deutschland 6,27% − (−7,49%) = 13,76%. Damit spreizen die Renditen des Fonds Deutschland wesentlich stärker als die Renditen des Fonds SFIC. Mit dieser Vorgehensweise haben Sie die

Spannweite berechnet. Die **Spannweite** ist definiert als die Differenz zwischen der größten $x_{\max}$ und kleinsten $x_{\min}$ Merkmalsausprägung:

$$\text{Spannweite} := x_{\max} - x_{\min}. \tag{2.5}$$

Abends treffen Sie sich mit Ihren Freunden in einer Kneipe und spielen eine Runde Dart. Dabei denken Sie noch einmal über die Spannweite und die Streuung nach. Sie zeichnen ein Bild mit dem Trefferbild der letzten sieben Dartwürfe von Ihnen und Ihrem Freund (Abbildung 2.10). Zusätzlich zeichnen Sie die Spannweite als den größten Abstand vom Wurf mit den meisten Punkten (bei beiden Spielern der Mittelpunkt) ein. Dabei fällt Ihnen auf, dass Ihr Freund (der rechte Spieler) optisch eine wesentlich größere Streuung in seinen Würfen hat als Sie. Aber die Spannweite ist kleiner! Wäre es nicht geschickter, alle

---

Abbildung 2.10   Spannweite als größter Abstand zum Mittelpunkt der Dartscheibe

---

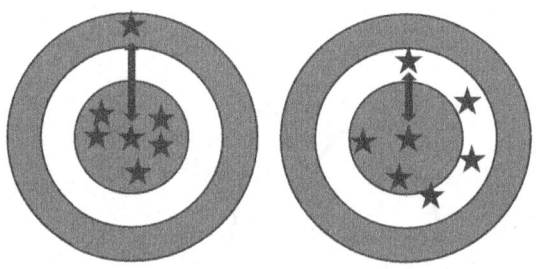

Werte/Würfe mit in die Berechnung der Streuung einfließen zu lassen und nicht nur den kleinsten und größten?

2.3.2   Varianz

Motiviert durch die bisherigen Erfolge beschließen Sie, sich ein anderes Konzept zur Berechnung der Streuung zu überlegen. Sie kommen auf die Idee, dass Streuung auch Streuen um einen Mittelpunkt bedeuten könnte. Warum nicht um den arithmetischen Mittelwert?

Sie möchten ein solches Maß zunächst nur für den Fonds Deutschland herleiten (für den Fonds SFIC: siehe Übungsaufgabe 2.8.6). Deshalb übertragen Sie die Log-Renditen (in %) aus Tabelle 2.9 in Tabelle 2.10.

Da Sie die Streuung um den arithmetischen Mittelwert berechnen möchten, ermitteln Sie als Erstes den arithmetischen Mittelwert $\bar{x} = 0{,}54\%$ der Log-Renditen und tragen diesen auch in die Tabelle ein. Anschließend berechnen Sie für jeden Datenpunkt x_i die Abweichung vom Mittelwert $x_i - \bar{x}$ und tragen diese in die vierte Spalte ein. Schließlich summieren Sie alle Abweichungen um die gemeinsame Streuung, um den Mittelwert zu erhalten. Zu Ihrem Erstaunen ist die Summe der Abweichungen 0. Klar: Der Mittelwert balanciert die Werte aus, und deshalb heben sich die Abweichungen gegenseitig auf.

Tabelle 2.10   Berechnung der Varianz der Renditen des Fonds Deutschland

Periode	Fonds D	Log-Renditen x_i	$x_i - \bar{x}$	$(x_i - \bar{x})^2$
1	100,0			
2	97,0	−3,05	−3,59	0,13
3	90,0	−7,49	−8,03	0,65
4	92,0	2,20	1,66	0,03
5	95,0	3,21	2,67	0,07
6	100,0	5,13	4,59	0,21
7	103,5	3,44	2,90	0,08
8	110,2	6,27	5,73	0,33
9	108,1	−1,92	−2,47	0,06
10	105,0	−2,91	−3,45	0,12
Summe			0,00	1,68
	$\bar{x}$	0,54	Varianz	0,19

Da Streuungen immer 0 oder positiv sind, müssen Sie eine Möglichkeit finden, die Abweichungen positiv zu machen, damit diese sich nicht gegenseitig aufheben können. Deshalb quadrieren Sie alle Abweichungen $(x_i - \bar{x})^2$ und tragen diese auch in die Tabelle (Spalte 5) ein. Damit sind alle Abweichungen positiv und das hat zudem den Vorteil, dass große Abweichungen vom Mittelwert stärker ins Gewicht fallen als kleine. Sie summieren nun die Werte erneut auf und erhalten 1,68.

Das sieht schon besser aus, aber ein Problem fällt Ihnen noch auf: Je mehr Werte es gibt, desto größer ist die so berechnete Streuung. Das ist unschön. Die Streuung sollte nur steigen, wenn auch die Werte stärker streuen. Deshalb teilen Sie noch durch die Anzahl der Werte und erhalten 0,19. Damit haben Sie eines der wichtigsten Streuungsmaße hergeleitet, die **Varianz**.

Formal ist die Varianz, bezeichnet mit s^2, für n Werte definiert als:

$$\text{Varianz} := s^2 := \frac{1}{n} \sum_{i=1}^{n} (x_i - \bar{x})^2 . \tag{2.6}$$

Die Varianz gibt die mittlere quadratische Abweichung der Beobachtungen vom arithmetischen Mittelwert an. In Übungsaufgabe 2.8.3 leiten Sie die Varianz für gruppierte Daten und Daten in einer Häufigkeitstabelle her.

2.3.3   Standardabweichung

Stolz schauen Sie auf die berechnete Varianz von 0,19. Aber was bedeutet das Ergebnis? Der arithmetische Mittelwert liegt bei 0,54, die kleinste Log-Rendite in Tabelle 2.10 bei −7,49 und die Größte bei 6,27. Die anderen Werte liegen recht wild dazwischen. Damit sollte die mittlere Abweichung vom Mittelwert eher zwischen 3 und 5 liegen. Die Varianz ist aber wesentlich kleiner.

Das liegt wohl daran, dass alle Abweichungen quadriert wurden. Um das rückgängig zu machen, ziehen Sie aus der Varianz noch einmal die Wurzel und erhalten 4,31. Das ist in der erwarteten Größenordnung. Damit haben sie die Standardabweichung berechnet. Die **Standardabweichung** ist definiert als:

$$\text{Standardabweichung} := s = \sqrt{s^2} := \sqrt{\text{Varianz}}. \tag{2.7}$$

Die Standardabweichung wird in der Finanzwelt auch als Volatilität bezeichnet und ist die Grundlage für Risikomaße wie etwa den Synthetic Risk and Reward Indicator (siehe Übungsaufgabe 2.8.7).

2.3.4   Interquartilsabstand

Das hat gut geklappt. Für jeden Fonds haben Sie eine Einschätzung der Streuung der Renditen und damit auch des Risikos erhalten. Neugierig geworden, beschließen Sie, die Streuung auch für andere Merkmale, wie die Analysteneinschätzungen, zu berechnen.

Aber wie geht das? Da dieses Merkmal ordinal skaliert ist, kann der arithmetische Mittelwert und damit auch die Varianz nicht berechnet werden. Sie denken noch einmal an den Median in Formel 2.3. Der Median ist bei aufsteigend sortierten Beobachtungen der Wert, bei dem 50% der Werte kleiner und 50% der Werte größer sind. Sie überlegen sich, dass dieses Konzept erweiterbar ist. Es könnten auch Maße definiert werden, bei denen nur 25% der Werte kleiner, aber 75% größer sind und umgekehrt 75% kleiner und 25% größer. Damit teilen Sie die Daten in vier Teile ein. Bei acht der Größe nach geordneten Zahlen sähe dies zum Beispiel wie folgt aus:

$$\underbrace{1,2}_{25\%} , \underbrace{3,4}_{25\%} , \underbrace{5,6}_{25\%} , \underbrace{7,8}_{25\%} .$$

Bei einer Einteilung in vier Teile werden diese Maße als **Quartile** bezeichnet. Das erste Quartil ist das bis 25%, das zweite ist der Median (bis 50%), das dritte geht bis 75% und das vierte bis 100%. Quartile sind spezielle Quantile, denn bei einer Einteilung in eine beliebige Anzahl von Bereichen werden diese Quantile genannt. Formal ist ein **Quantil** definiert als:

$$x_p = \begin{cases} x_{(\lceil n \cdot p \rceil)}: \text{wenn } n \cdot p \text{ nicht ganzzahlig} \\ \frac{1}{2}\left(x_{(n \cdot p)} + x_{(n \cdot p + 1)}\right) : \text{wenn } n \cdot p \text{ ganzzahlig}. \end{cases} \tag{2.8}$$

Hierbei ist $\lceil n \cdot p \rceil$ die kleinste ganze Zahl, die größer oder gleich $n \cdot p$ ist. Diese Funktion wird auch als Aufrundungsfunktion bezeichnet.

Über Quantile können Sie ein Streuungsmaß definieren, indem Sie den Abstand des 75% Quartils zum 25% Quartil berechnen. Dieses Maß wird Interquartilsabstand genannt.

Der **Interquartilsabstand (IQR)** ist definiert als:

$$\text{IQR} := x_{0,75} - x_{0,25}.$$

Für den Super Fonds Invest mit den Analysteneinschätzungen B; Ḇ; B; H̱; H oder 1; 1̱; 1; 2̱; 2 erhalten Sie damit:

$$\text{IQR} = x_{0,75} - x_{0,25} = x_{(\lceil 5 \cdot 0,75 \rceil)} - x_{(\lceil 5 \cdot 0,25 \rceil)} = x_{(\lceil 3,75 \rceil)} - x_{(\lceil 1,25 \rceil)} = x_{(4)} - x_{(2)} = 2 - 1 = 1.$$

Der IQR kann analog auch für metrisch skalierte Merkmale wie die Log-Renditen eines Fonds berechnet werden (siehe Übungsaufgabe 2.8.6).

2.3.5 Boxplot

Jetzt haben Sie einige Lage- und Streuungsmaße kennengelernt. Abends denken Sie noch einmal darüber nach. Dabei erinnern Sie sich, dass Sie die gesammelten Fondsdaten sehr schön mit einer Abbildung darstellen konnten (siehe Abschnitt 2.1). Gibt es auch einen Weg, Lage- und Streuungsmaße übersichtlich darzustellen?

Sie beschließen, eine solche Abbildung anhand der Log-Renditen des Fonds D (siehe Tabelle 2.10) zu entwickeln.

Wie sollte die Abbildung aussehen? Diese sollte übersichtlich sein und gleichzeitig möglichst viele nützliche Informationen beinhalten. Hilfreiche Informationen sind sicherlich die beiden Extremwerte, also das Minimum und das Maximum. Deshalb zeichnen Sie diese als Erstes ein. In Abbildung 2.11 sind das die beiden Enden der Abbildung. Der Abstand gibt die Spannweite an. Das war schon einmal ein guter Anfang.

Wenn das mit der Spannweite so gut geklappt hat, können Sie dann auch den IQR einzeichnen? Sie überlegen: Der IQR gibt den Abstand des 75% zum 25% Quartil an. Deshalb zeichnen Sie die beiden Quartile als Nächstes ein und verbinden diese zu einer Box. Die untere Kante der Box gibt das 25% Quartil an und der obere Rand das 75% Quartil. Die gesamte Box beinhaltet also die inneren 50% der Werte. Der Abstand des oberen zum unteren Rand ist genau der IQR.

Zum Schluss kommen Sie noch auf die Idee, den Median einzuzeichnen, als dicken Strich innerhalb der Box. Stolz schauen Sie auf Ihre Abbildung. Diese wird als **Box-Whisker-Plot** oder **Boxplot** bezeichnet.

Ein Boxplot ist für ordinal und metrisch skalierte Merkmale definiert und ermöglicht einen guten Überblick über die Daten. Zur Zeichnung des Boxplots gibt es verschiedene Möglichkeiten. Liegen etwa Ausreißer vor, so ist unter Umständen das Maximum relativ weit von der Box entfernt. Deshalb gibt es verschiedene Arten, die Flügel darzustellen, um etwa extreme Werte besonders hervorzuheben (Schlittgen, 2012, S. 39).

2.3.6 Variationskoeffizient

Auf der Heimfahrt erzählen Sie einer Freundin von Ihren Kenntnissen der Streuungsberechnung und -darstellung. Als Sie an einer Tankstelle vorbeikommen, meint Ihre Freundin: „Die Benzinpreise schwanken aber auch ganz schön!" Das wollen Sie sich genauer angucken und Sie besorgen sich Daten zur Benzinpreisentwicklung (siehe Tabelle 2.11).

Da die Merkmale Benzin- und Dieselpreis metrisch skaliert sind, berechnen Sie die Standardabweichung und erhalten 4,75 bzw. 3,62. Die Standardabweichung von Super Plus Benzin ist also größer als diejenige von Diesel.

Aber ist das ein zulässiger Vergleich? Ihnen fällt auf, dass der Mittelwert von Diesel geringer ist als der von Super Plus Benzin. Die Streuung berücksichtigt das aber nicht. Ähnliches gilt, wenn zum Beispiel die Standardabweichung der Preise von Autos mit der von

Abbildung 2.11   Boxplot der Log-Renditen des Fonds Deutschland

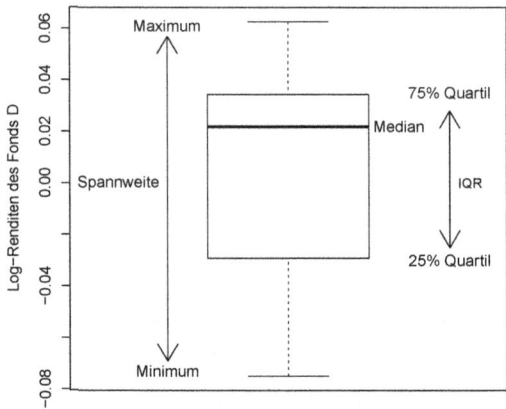

Tabelle 2.11   Benzin- und Dieselpreisentwicklung im Jahr 2012;
Datenquelle: Aral (2013)

Monat	SuperPlus	Diesel
Januar	160,9	145,3
Februar	165,7	148,9
März	171,6	153,1
April	173,6	151,8
Mai	168,4	147,2
Juni	163,7	141,7
Juli	167,4	146,0
August	174,1	152,5
September	175,7	153,6
Oktober	168,6	151,8
November	164,0	150,0
Dezember	161,8	145,7
Mittelwert	167,958	149
Varianz	22,53	13,08
Standardabweichung	4,75	3,62

Mehl verglichen werden soll. Bei den Autos erwarten Sie eine Schwankung im 1.000-Euro-Bereich und bei einem Kilogramm Mehl im Cent-Bereich. Um den Vergleich zulässig zu machen, teilen Sie die Standardabweichung noch durch den arithmetischen Mittelwert und erhalten 2,83% für Benzin und 2,43% für Diesel. Nach dieser Normierung ist der Vergleich zulässig, aber auch nach der Normierung schwanken die Benzinpreise stärker als die Dieselpreise.

Mit dieser Vorgehensweise haben Sie den Variationskoeffizienten berechnet. Allgemein ist der **Variationskoeffizient** für n Werte definiert als:

$$\text{Variationskoeffizient} := \frac{\sqrt{s^2}}{\bar{x}} = \frac{s}{\bar{x}} = \frac{\sqrt{\frac{1}{n} \sum_{i=1}^{n} (x_i - \bar{x})^2}}{\bar{x}}. \tag{2.9}$$

Dieses Vorgehen ist nur sinnvoll, wenn die Daten einen Nullpunkt haben, also eine Verhältnisskala vorliegt. In Übungsaufgabe 2.8.8 vergleichen Sie mit Hilfe des Variationskoeffizienten das BIP und die Lebenserwartung in verschiedenen Ländern.

2.3.7 Weitere Streuungsmaße

Gibt es auch ein Streuungsmaß für nominal skalierte Merkmale? Das ist schwieriger, weil diese Merkmale keine Ordnung besitzen und Abstände nicht definiert sind. Nominal skalierte Merkmale wie der Fondstyp besitzen aber verschiedene mögliche Merkmalsausprägungen, etwa Dachfonds oder Aktienfonds. Wenn alle Fonds Dachfonds sind, ist die Streuung gering. Ist hingegen jede Kategorie gleichmäßig besetzt, so ist die Streuung maximal. Das ist die Idee der Devianz. Formal ist die **Devianz** definiert als (Diaz-Bone, 2006, S. 51):

$$\text{Devianz} := -2 \cdot \sum_{i=1}^{k} \ln(p_i) \cdot h_i, \tag{2.10}$$

wobei p_i die relativen und h_i die absoluten Häufigkeiten sind.

Ein weiteres Streuungsmaß für metrisch skalierte Merkmale ist die mittlere absolute Abweichung. Formal ist die **mittlere absolute Abweichung** für n Werte definiert als:

$$\text{Mittlere absolute Abweichung} := \frac{1}{n} \sum_{i=1}^{n} |x_i - \bar{x}|. \tag{2.11}$$

Häufig werden Varianz und Standardabweichung der mittleren absoluten Abweichung vorgezogen, weil diese mathematisch leichter zu handhaben sind.

2.3.8 Vergleich der Streuungsmaße

Welches Streuungsmaß ist denn nun das geeignetste: Spannweite, Interquartilsabstand, Varianz, Standardabweichung oder Variationskoeffizient? Sie überlegen und Ihre eindeutige Antwort lautet: Es kommt darauf an.

Alle fünf Streuungsmaße sind für metrisch skalierte Merkmale definiert. Die Spannweite und der IQR können zudem für ordinal skalierte Merkmale berechnet werden. Die Spannweite basiert dabei nur auf zwei extremen Werten. Gerade bei sehr großen Datenmengen kann damit sehr einfach eine erste Einschätzung erfolgen. Da die Spannweite aber nur auf zwei Werten beruht, geht viel Information verloren.

Der IQR benutzt bei der Berechnung Ordnungen, aber keine Abstände, und ist deshalb ähnlich wie der Median robust gegenüber Ausreißern. Die Varianz und die Standardabweichung hingegen nutzen alle Werte, sowie deren Abstände und sind die wohl bekanntesten Streuungsmaße. Die Varianz hat aber den Nachteil, dass diese im Vergleich zur Standardabweichung nicht so einfach interpretiert werden kann. Der Grund dafür ist, dass die Werte quadriert in die Berechnung eingehen. Beide Streuungsmaße sind nicht robust gegenüber Ausreißern.

Eine Eigenschaft der Standardabweichung ist, dass diese in vielen Fällen mit dem Mittelwert ansteigt. Das erschwert den Vergleich von Daten mit unterschiedlichen Mittelwerten. Für solche Vergleiche ist der Variationskoeffizient die geeignete Wahl, denn dieser normiert die Standardabweichung relativ zum arithmetischen Mittelwert.

2.4   Schiefe, Wölbung und Multimodalität

In den letzten Abschnitten haben Sie sich mit der Geldanlage in Fonds, mit Lage- und Streuungsmaßen, sowie der Datendarstellung beschäftigt. Damit haben Sie schon einiges über Daten gelernt. Eine interessante Abbildung, welche Sie kennengelernt haben, ist das Histogramm (siehe Abschnitt 2.1.5). Sie haben dieses in Abbildung 2.6 für DAX-Renditen gezeichnet. Im Folgenden möchten Sie das Histogramm noch ein wenig weiter analysieren, was insbesondere für die Abschnitte über Wahrscheinlichkeitsverteilungen (Seite 130) nützlich sein wird. Als Referenz haben Sie sich dazu ein Histogramm von *normalen* Daten gezeichnet. Dieses sieht aus wie in Abbildung 2.12.

Abbildung 2.12   Histogramm von *normalen* Daten

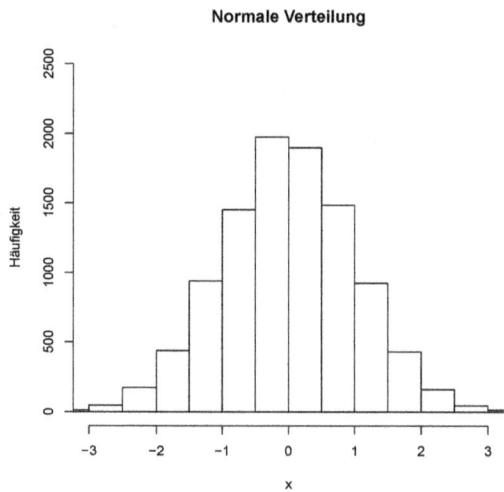

Die Daten liegen einigermaßen symmetrisch vor, es gibt nur einen *Gipfel* und je weiter man vom Gipfel weg geht (und zwar egal ob x kleiner oder größer wird), desto weniger Beobachtungen gibt es. In der Tat ist dies das Histogramm einer (Standard-) Normalverteilung (dazu später mehr, ab Seite 135). An solchen Histogrammen können Sie aber auch **Schiefe** und **Wölbung** der Daten erkennen.

Ihre Daten sind schief, wenn das Vorkommen in beide Richtungen vom Gipfel nicht gleich stark abnimmt. Dabei gibt es zwei Fälle: **linksschief** (und damit rechtssteil) oder **rechtsschief** (und damit linkssteil). Diese Fälle finden Sie in den Abbildungen 2.13a und 2.13b. Bei den gezeichneten Daten liegt der Mittelwert in allen Fällen ungefähr bei 0, die Varianz bei 1.

Berechnet wird die Schiefe mit Hilfe der standardisierten Beobachtungen:

$$z_i = \frac{x_i - \bar{x}}{s}$$

Für die Werte z_i gilt nämlich, dass der Mittelwert 0 und die Varianz bzw. die Standardabweichung Eins sind. Die Schiefe ist dann definiert als:

$$\text{Schiefe} = \frac{1}{n} \sum_{i=1}^{n} z_i^3. \tag{2.12}$$

Ist der Wert > 0, so sind die Daten rechtsschief, Werte < 0 treten bei linksschiefen Daten auf.

Neben der Schiefe gibt es noch andere Abweichungen, etwa die Wölbung: Ihre Daten können flacher oder spitzer liegen. Im **flachgipfligen** (leptokurtischen) Fall fällt die Häufigkeit nicht so schnell mit dem Abstand vom Gipfel, im **spitzgipfligen** (platykurtischen) Fall fällt die Häufigkeit sogar schneller als *normal* mit dem Abstand zum Gipfel. Diese Fälle finden Sie in den Abbildungen 2.13c bzw. d. Auch hier liegt der Mittelwert in allen Fällen ungefähr bei 0, die Varianz bei 1.

Die Wölbung wird auch mit Hilfe der standardisierten Beobachtungen berechnet:

$$\text{Wölbung} = \frac{1}{n} \sum_{i=1}^{n} z_i^4, \tag{2.13}$$

wobei *normale* Daten eine Wölbung von 3 haben, bei Werten < 3 spricht man von flachgipflig, bei Werten > 3 entsprechend von spitzgipflig. In manchen Anwendungen (z. B. bei der Risikomodellierung) können flachgipflige Daten gefährlich werden. Hier spricht man auch von *schweren Rändern* und meint damit, dass Werte die relativ weit vom Gipfel entfernt liegen, evtl. viel häufiger vorkommen als *normal*. Denken Sie einfach an Kurseinbrüche an den Börsen.

Ganz heikel sind Daten mit mehr als einem Gipfel (Modalwert) wie in Abbildung 2.14. Was können Sie in diesem Fall mit einem Mittelwert anfangen? Dieser beschreibt weder den einen noch den anderen Gipfel (Schwerpunkt der Daten) wirklich. Und es können ja durchaus noch mehr als zwei solcher Gipfel vorkommen. Deshalb spricht man dann auch von **multimodalen** Daten. Dieses Problem tritt insbesondere dann auf, wenn sich die Merkmalsträger der Stichprobe systematisch unterscheiden. Beispielsweise, wenn Sie das Merkmal Gewicht untersuchen. Das Durchschnittsgewicht der Männer ist anders als das der Frauen. Der Mittelwert des Gewichtes wird dann dem einer schweren Frau oder dem

Abbildung 2.13   Histogramm von schiefen oder gewölbten Daten

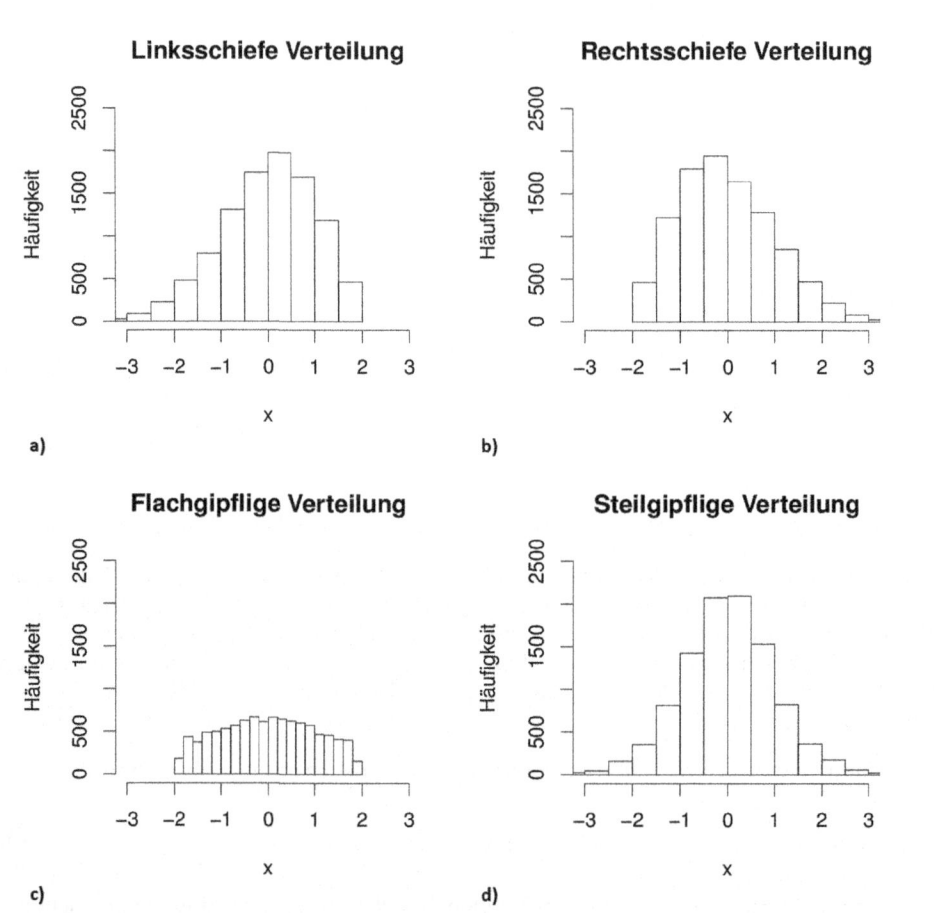

eines leichten Mannes entsprechen, aber weder dem einer durchschnittlichen Frau noch dem eines durchschnittlichen Mannes, aber genau für diese Datenbeschreibung wollten Sie den Mittelwert ja eigentlich verwenden. In Abschnitt 5.3 werden wir diese Unterschiede ausnutzen, um sogenannte Klassen vorherzusagen.

2.5   Disparitäts- und Konzentrationsmessung

„Skandal! Arme werden immer ärmer, Reiche werden immer reicher!" Bei der morgendlichen Zeitungslektüre sind Sie auf diese Schlagzeile gestoßen. Aber was bedeutet sie und wie kann man das messen?

Abbildung 2.14   Histogramm von multimodalen Daten

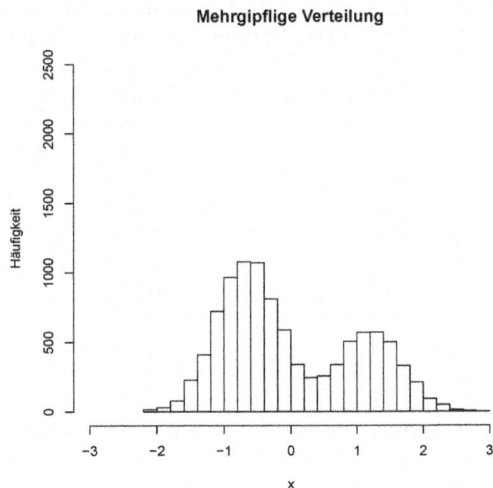

Nachdem Sie sich intensiv in den vorherigen Abschnitten mit der Geldanlage in Fonds beschäftigt haben, möchten Sie sich jetzt mit der Verteilung von Geld beschäftigen. Dazu wollen Sie herausfinden, wie Ungleichheit oder Konzentration in Daten gemessen und berechnet werden kann.

Sie besorgen sich hierzu Informationen über das monatliche Haushaltsnettoeinkommen 2008 in Deutschland (Statistisches Bundesamt, 2012, S. 47) aus der Einkommens- und Verbrauchsstichprobe. Anschließend tragen Sie diese in die Spalten 1 und 2 der Tabelle 2.12 ein.

Was sagen diese Zahlen aus? Die 10% der Haushalte mit dem niedrigsten Haushaltsnettoeinkommen besitzen 2,4% des gesamten monatlichen Haushaltsnettoeinkommens. Die 20% der kleinsten Haushalte besitzen 6,3% und so weiter. Das bedeutet, nicht alle haben gleich viel, denn dann müssten die 10% kleinsten Haushalte insgesamt 10% des Einkommens besitzen und die 20% kleinsten Haushalte 20% des Einkommens. Sie tragen die Daten bei perfekter Gleichheit in die Spalte 3 der Tabelle 2.12 ein. Zusätzlich fügen Sie noch die Daten für den Fall perfekter Ungleichheit ein: Einer besitzt alles (Spalte 4).

Wie können denn nun Gleichheit und Ungleichheit (Disparität) oder die Konzentration gemessen werden?

2.5.1   Lorenzkurve

Sie kommen auf die Idee, die Daten zu zeichnen. Als Erstes zeichnen Sie den Fall absoluter Gleichheit (x-Achse: Spalte 1 und y-Achse: Spalte 3 der Tabelle 2.12) in die Abbildung

Tabelle 2.12   Monatliches Haushaltsnettoeinkommen: Kumuliert, bei Gleich- und Ungleichheit

Kum. Anteil (%) der priv. Haushalte	Kumulierter Anteil (%)		
	HH-Nettoeinkommen	Gleichheit	Ungleichheit
0	0	0	0
0,1	0,024	0,1	0
0,2	0,063	0,2	0
0,3	0,113	0,3	0
0,4	0,175	0,4	0
0,5	0,249	0,5	0
0,6	0,339	0,6	0
0,7	0,446	0,7	0
0,8	0,577	0,8	0
0,9	0,741	0,9	0
1	1	1	1

2.15 ein und erhalten die Winkelhalbierende. Anschließend zeichnen Sie die Daten aus der
Einkommens- und Verbrauchsstichprobe aus Tabelle 2.12 mit linearen Verbindungen zwischen den Datenpunkten ein. Sie stellen fest, dass jetzt keine Winkelhalbierende mehr vorliegt, sondern eine Kurve.

Um die Kurve besser einschätzen zu können, zeichnen Sie noch den Verlauf der Kurve
bei perfekter Ungleichheit ein. Als Sie sich die Daten anschauen, stellen Sie fest: Je größer
die Disparität, desto größer ist die Fläche zwischen der Kurve und der Winkelhalbierenden. Die so gezeichnete Kurve wird als Lorenzkurve bezeichnet. Die **Lorenzkurve** ist definiert als die geradlinige Verbindung der Punkte in dem Einheitsquadrat, welches auf der
x-Achse die kumulierten Anteile der Merkmalsträger und auf der y-Achse die kumulierten
Anteile des Merkmalsbetrages ausweist.

Wichtig hierbei ist, dass die Daten aufsteigend sortiert sind und kumuliert, also aufsum-
miert, werden. Mit der Lorenzkurve kann die Disparität oder relative Konzentration dargestellt werden, wobei relative Konzentration bedeutet, dass Anteile und keine Anzahlen miteinander verglichen werden. Je größer die Fläche zwischen der Winkelhalbierenden und
der Lorenzkurve, desto größer ist die Ungleichheit. Gleichheit bedeutet aber nicht, dass es
dann keine Armut gibt: Wenn keiner etwas besitzt, sind auch alle gleich!

Sie beschließen, die Eigenschaften der Lorenzkurve in Übungsaufgabe 2.8.9 noch weiter zu
untersuchen.

2.5.2   Gini-Koeffizient

Wenn die Fläche zwischen Lorenzkurve und Winkelhalbierenden die Disparität angibt,
kann diese dann nicht direkt berechnet werden? Ein Vergleich rein mittels Lorenzkurve ist
oft schwierig, da sich zwei Kurven zum Beispiel auch schneiden können (siehe Übungsaufgabe 2.8.9). Schön wäre eine Zahl zu berechnen, welche die Disparität angibt, denn Zahlen
sind einfacher zu vergleichen als Kurven. Das ist die Idee des Gini-Koeffizienten.

Formal ist der **Gini-Koeffizient** für gruppierte/klassierte Daten definiert als:

$$G_{\text{Gruppiert}} = 1 - \sum_{i=1}^{m} h_i(Q_i + Q_{i-1}), \qquad (2.14)$$

wobei für m Klassen h_i die relativen Häufigkeiten sind, sowie $Q_i = \sum_{j=1}^{i} q_j$ und q_j der j-te kumulierte Anteil am Gesamtmerkmalsbetrag ist.

Mit der Formel 2.14 kann der Gini-Koeffizient für das Nettohaushaltseinkommen berechnet werden (siehe Tabelle 2.13) und Sie erhalten $G_{\text{Gruppiert}} = 0{,}3546$.

Tabelle 2.13   Berechnung des Gini-Koeffizienten für das Haushaltsnettoeinkommen

Rel. Häufigkeiten: h_i	Kum. Anteil (%) HH-Nettoeinkommens: q_j	$(Q_i + Q_{i-1}) \cdot h_i$
0,1	0,024	0,0024
0,1	0,063	0,0087
0,1	0,113	0,0176
0,1	0,175	0,0288
0,1	0,249	0,0424
0,1	0,339	0,0588
0,1	0,446	0,0785
0,1	0,577	0,1023
0,1	0,741	0,1318
0,1	1	0,1741
	Summe	0,6454
	Gini	0,3546

Abbildung 2.15   Lorenzkurve des Haushaltsnettoeinkommens

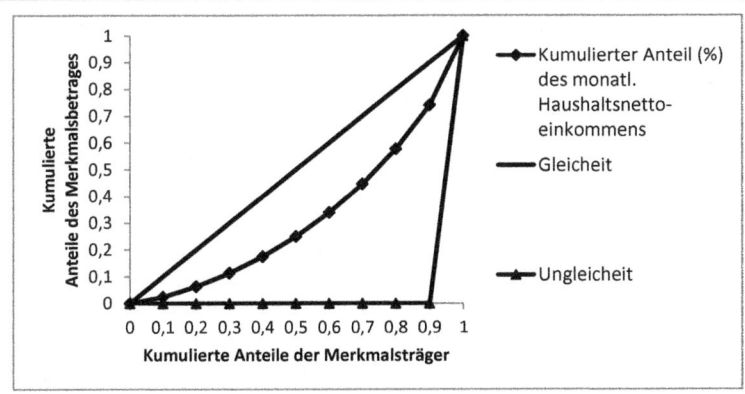

Was sagt Ihnen diese Zahl? Sie überlegen sich, dass die Lorenzkurve im Einheitsquadrat gezeichnet ist. Dieses Quadrat hat eine Seitenlänge von 100% = 1 und damit eine Fläche von 1. Da die Lorenzkurve unterhalb der Winkelhalbierenden liegt, ist die Fläche maximal (fast) die Hälfte also 0,5 und minimal 0. In der Statistik ist es üblich Koeffizienten so zu normieren, dass die Obergrenze 1 ergibt. Deshalb gibt der Gini-Koeffizient die doppelte zwischen Lorenzkurve und Winkelhalbierenden eingeschlossene Fläche an. Das können Sie auch aus Formel 2.14 ablesen: Die (Trapez-)Fläche unter dem i-ten linearen Teilstück der Lorenzkurve ist gegeben als:

$$\text{Fläche} = \text{Breite} \cdot \text{Höhe} = h_i \cdot \frac{Q_i + Q_{i-1}}{2}.$$

Damit ergibt sich die Gesamtfläche unter der Lorenzkurve als:

$$\text{Gesamtfläche} = \sum_{i=1}^{n} h_i \cdot (Q_i + Q_{i-1})/2.$$

Daraus folgt die Formel für die Fläche zwischen der Winkelhalbierenden und der Lorenzkurve:

$$\frac{1}{2} - \sum_{i=1}^{n} h_i \cdot (Q_i + Q_{i-1})/2.$$

Durch Multiplizieren mit 2 folgt das Ergebnis. Der Gini-Koeffizient liegt damit zwischen 0 und 1, wobei die obere Grenze kleiner als 1 ist, da die Lorenzkurve bei perfekter Ungleichheit schräg nach oben läuft (siehe auch Formel 2.16 und Übungsaufgabe 2.8.9). Für eine immer größere Klassenanzahl m läuft die Grenze aber gegen 1. Um den Gini-Koeffizienten richtig einschätzen zu können, vergleichen Sie diesen mit den Koeffizienten in anderen Ländern (siehe Übungsaufgabe 2.8.11).

Wächst denn nun die Kluft zwischen Arm und Reich in Deutschland, wie in der Zeitung behauptet? In einem OECD Bericht (OECD, 2008, S. 33) finden Sie eine Grafik mit der Entwicklung des Gini-Koeffizienten (siehe Abbildung 2.16). Damit können Sie die Zeitungsüberschrift überprüfen. In der Tat steigt der Gini-Koeffizient des Netto- und des Bruttoeinkommens über die Zeit an[5]. Die Ungleichheit gemessen am Gini-Koeffizienten scheint also zuzunehmen.

Wenn Einzeldaten vorliegen, gibt es für den Gini-Koeffizienten auch noch eine andere Darstellung: Nicht als Flächeninhalt, sondern als eine Art Variationskoeffizient. Formal ist der **Gini-Koeffizient** für Einzeldaten definiert als:

$$G_{\text{Einzeldaten}} = \frac{\frac{1}{n^2} \sum_{i=1}^{n} \sum_{j=1}^{n} |x_i - x_j|}{2\bar{x}}. \tag{2.15}$$

Der Zähler gibt hier die mittlere absolute Abweichung der Daten voneinander an und der Nenner normiert die Größe über den arithmetischen Mittelwert. Der Gini-Koeffizient liegt zwischen:

$$0 < G_{\text{Einzeldaten}} < \frac{n-1}{n}. \tag{2.16}$$

Weil Sie wissen, dass ein Freund von Ihnen an der Konzentration in der Mobilfunkbranche interessiert ist, beschließen Sie die Formel des Gini-Koeffizienten an diesem Beispiel auszuprobieren (siehe Übungsaufgabe 2.8.10).

---

[5]Bitte beachten Sie, dass es nicht *den* Gini-Koeffizienten für Deutschland gibt. Entscheidend ist, welche Definition von Einkommen zu Grunde gelegt wird, und welche Daten verwendet werden.

Abbildung 2.16   Entwicklung des Gini-Koeffizienten in Deutschland

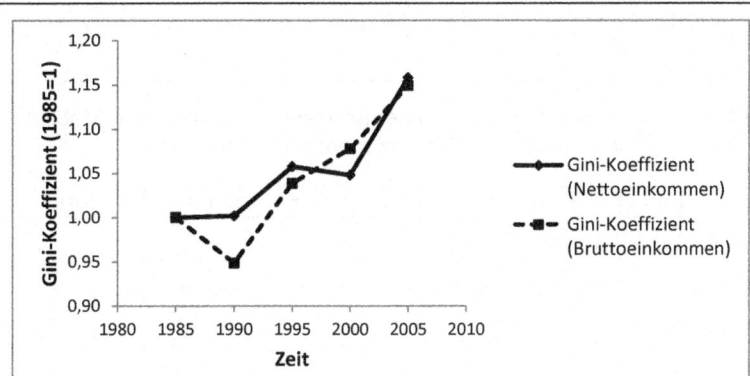

2.5.3   Konzentrationskurve

„Mich interessieren eher die größten und wichtigsten Anbieter!" Sie haben Ihrem Freund von Ihren neuen Erkenntnissen über die Lorenzkurve und den Gini-Koeffizienten erzählt. Ihr Freund möchte die Konzentration auf dem Mobilfunkmarkt berechnen, mit dem Ziel Monopolstrukturen zu entdecken. Dabei fragt er sich, ob es nicht sinnvoller ist, die Daten absteigend zu sortieren, um den Fokus auf die wichtigsten Anbieter zu legen. Damit hat er nicht unrecht. Offensichtlich gibt es mehrere Arten Konzentration zu messen. Die Lorenzkurve vergleicht Anteile miteinander und misst deshalb die *relative* Konzentration das heißt die *Disparität*. Dabei werden die Daten aufsteigend sortiert. Damit können Aussagen etwa über die 10% der Haushalte mit dem geringsten Einkommen in der Bevölkerung getroffen werden. Bei solchen Fragestellungen ist eine Ausrichtung an den Ärmsten sinnvoll. Zusätzlich spielt es bei der Untersuchung keine Rolle, ob es sich um 10 oder 100 Personen handelt. Deshalb werden Anteile gegenübergestellt.

Es gibt aber noch eine andere Sichtweise auf die Konzentration. Ein Markt könnte etwa als konzentriert angesehen werden, wenn wenige Unternehmen einen großen Marktanteil besitzen. Der Kundenstamm eines Unternehmens ist konzentriert, wenn wenige Kunden für den meisten Umsatz verantwortlich sind. Bei dieser Sichtweise spielt die Anzahl und nicht der Anteil eine Rolle. Deshalb wird diese auch als *absolute* Konzentration bezeichnet. Zudem stehen bei dieser Analyse die wichtigsten/größten und nicht die kleinsten/geringsten Merkmalsträger im Vordergrund. Die absolute Konzentration kann mit der Konzentrationskurve dargestellt werden.

Die **Konzentrationskurve** ist definiert als die geradlinige Verbindung der Punkte in dem Einheitsquadrat welche auf der x-Achse die Nummer des Merkmalsträgers und auf der y-Achse die kumulierten Anteile des Merkmalsbetrages ausweist, wobei der Merkmalsbetrag absteigend sortiert ist.

Um Ihren Freund zu unterstützen, möchten Sie die Konzentrationskurve für den Mobilfunkmarkt zeichnen. Ihr Freund hat Ihnen dafür Daten zur Verfügung gestellt (siehe Tabelle 2.14). Wichtig ist, dass diese absteigend nach dem Marktanteil sortiert sind. Wie bei der Lorenzkurve fügen Sie in die Tabelle noch den Fall vollständiger Nichtkonzentration (Spalte 5) ein.

Tabelle 2.14   Tabelle zur Erstellung der Konzentrationskurve der Mobilfunkanbieter; Datenquelle: Bundesnetzagentur (2013)

Anbieter	Nummer	Marktanteil	Kumulierter Marktanteil	Nichtkonzentration
	0	0%	0%	0%
Telekom	1	31,52%	31,52%	25%
Vodafone	2	30,73%	62,25%	50%
e-plus	3	21,01%	83,26%	75%
O2	4	16,74%	100%	100%

Anschließend können Sie die Kurve zeichnen (siehe Abbildung 2.17), indem Sie auf der x-Achse die Nummer und auf der y-Achse die kumulierten Marktanteile abtragen. Zusätzlich tragen Sie den Fall vollständiger Nichtkonzentration ein.

Abbildung 2.17   Konzentrationskurve der Mobilfunkanbieter

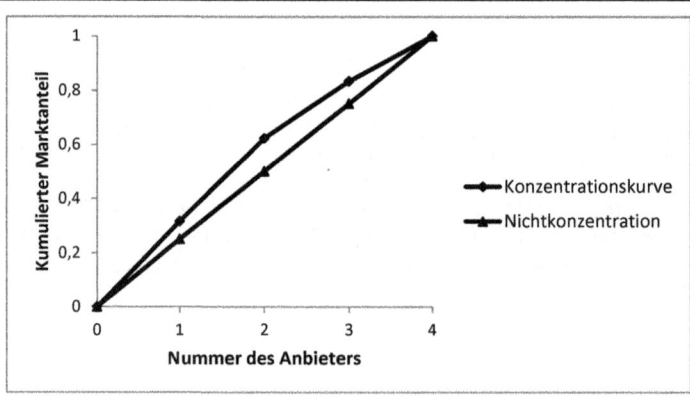

Damit können Sie die absolute Konzentration ablesen. Der größte Anbieter hat einen Marktanteil von 31,52%, die größten beiden einen Anteil von 62,25% und so weiter. Der Fokus liegt hier also nicht auf den kleinsten, sondern den größten Anbietern.

Ähnlich wie der Gini-Koeffizient können auch hier Koeffizienten berechnet werden, welche die absolute Konzentration angeben. Besonders bekannt sind der Herfindahl sowie der Rosenbluth Koeffizient. Beide werden etwa in Lippe (2006, S. 150 ff.) dargestellt.

2.6   Indexzahlen

Geschafft! Das letzte Jahr war sehr erfolgreich: Sie haben Ihr Geld gut angelegt, sich einge-
hend mit Daten beschäftigt (siehe Abschnitte 1, 2.2, 2.3 und 2.4) und sich mit Konzentration
auseinandergesetzt (siehe Abschnitt 2.5). Das muss gefeiert werden! Sie haben sich deshalb
bereit erklärt, eine Feier zu organisieren. Da Sie nicht genau wissen, wie viel Budget Sie
einkalkulieren müssen, rufen Sie bei einem Freund mit Organisationserfahrung an. Dieser
erzählt Ihnen, dass letztes Jahr für die gleiche Anzahl Personen 30 Schwenkbraten zu je 2
Euro, 5 Kisten Bier zu je 10 Euro und 1 Kiste Cola zu 8 Euro gekauft wurden. Gleichzeitig
warnt er: Das wird aber teurer als letztes Jahr!

Wie viel kostet die Party mehr als letztes Jahr?

2.6.1   Umsatzindex

Um dies zu ermitteln fragen Sie bei einem Lebensmittelgeschäft nach. Dort erfahren Sie,
dass Schwenkbraten jetzt 3 Euro, Bier 12 Euro und Cola 10 Euro kosten. Gleichzeitig fällt
Ihnen ein, dass einige Ihrer Kommilitonen Vegetarier sind. Reichen dann nicht auch 16
Schwenkbraten? Damit kostet die Party:

$$P_{\text{PartyNeu}} = 16 \cdot 3 + 5 \cdot 12 + 1 \cdot 10 = 118 \text{ Euro}.$$

Sie rechnen nach, im letzten Jahr hatte die Party auch:

$$P_{\text{PartyAlt}} = 30 \cdot 2 + 5 \cdot 10 + 1 \cdot 8 = 118 \text{ Euro}$$

gekostet. Wenn Sie die Ausgaben für die Partys miteinander vergleichen, können Sie erkennen, dass keine Mehrkosten auf Sie zukommen:

$$p^{\text{Party}} = \frac{P_{\text{PartyNeu}}}{P_{\text{PartyAlt}}} = \frac{118}{118} = 1.$$

Mit dieser Vorgehensweise haben Sie den **Umsatzindex** berechnet. Hierbei werden die
Mengen q_{i0} und Preise p_{i0} der Party des letzten Jahres (Basisperiode) 0 mit den Mengen
q_{it} und Preisen p_{it} diesen Jahres (Berichtsperiode) t verglichen. Allgemein lautet die Formel für n Güter:

$$P^{\text{U}} := \frac{\sum_{i=1}^{n} p_{it} q_{it}}{\sum_{i=1}^{n} p_{i0} q_{i0}}. \qquad (2.17)$$

Es werden also die Produkte der Preise und Mengen der Berichtsperiode addiert und anschließend durch die Summe der Produkte der Preise und Mengen der Basisperiode geteilt.
Stolz berichten Sie ihrem Freund, dass der Party nichts mehr im Wege steht und diese sogar
nicht teurer wird als letztes Jahr.

2.6.2   Preisindex von Laspeyres

Beruhigt denken Sie abends noch einmal über die Kosten der Party nach. Dabei fällt Ihnen
auf, dass sich die Preise sowohl von Schwenkbraten, Bier als auch Cola erhöht haben, die
Gesamtkosten der Party aber nicht. Das liegt wohl an den Vegetariern und der reduzierten
Anzahl an Schwenkbraten. Damit schlafen Sie ein.

Am nächsten Morgen beim Frühstück lesen Sie in der Zeitung, dass die Preise für Lebensmittel in Deutschland gestiegen sind. Das haben Sie ja auch schon festgestellt! Irgendwie erscheint es Ihnen auf einmal seltsam, dass der Umsatzindex keine Preissteigerung ausgewiesen hat, obwohl sich alle Preise erhöht haben.

Der Grund dafür ist, dass der Umsatzindex Preis- und Mengenänderungen miteinander vermischt. Die Mehrkosten für Schwenkbraten werden durch die geringere benötigte Menge ausgeglichen. Um die reine Preisänderung zu messen, müsste diese von der Mengenänderung getrennt werden.

Sie kommen deshalb auf die Idee zu berechnen, was die Party mit den gleichen Mengen des letzten Jahres gekostet hätte:

$$P_{\text{PartyNeu}} = 30 \cdot 3 + 5 \cdot 12 + 1 \cdot 10 = 160 \text{ Euro}.$$

Damit ergibt sich:

$$P^{\text{Party}} = \frac{P_{\text{PartyNeu}}}{P_{\text{PartyAlt}}} = \frac{160}{118} = 1{,}36,$$

also eine Steigerung um 36%. Sie überlegen: Schwenkbraten sind 50% teurer geworden, Bier 20% und Cola 25%. Die Preissteigerung um 36% liegt in der Mitte. Das passt!

Damit haben Sie einen der wichtigsten Preisindices berechnet: den **Preisindex von Laspeyres**. Dieser Index basiert auf der Frage: Was würde der damalige (Basisperiode) Warenkorb heute (Berichtsperiode) kosten? Die Mengen werden also festgehalten und nur die Preise verändern sich. Der Vorteil hiervon ist, dass nur reine Preiseffekte berücksichtigt werden. Die allgemeine Formel für den Preisindex von Laspeyres für n Güter lautet:

$$P^L := \frac{\sum_{i=1}^{n} p_{it} q_{i0}}{\sum_{i=1}^{n} p_{i0} q_{i0}} \tag{2.18}$$

Es werden also die damaligen Mengen q_{i0} mit den heutigen Preisen p_{it} multipliziert und addiert. Diese Größe wird mit der Summe der Produkte der damaligen Preise p_{i0} und damaligen Mengen q_{i0} verglichen.

2.6.3 Preisindex von Paasche

Sie berichten ihrem Freund von der Idee, die Preisänderungen mit dem Preisindex von Laspeyres zu berechnen. Dieser findet die Idee sehr interessant, ist aber zugleich ein wenig skeptisch: „Jetzt haben wir die Preissteigerung berechnet, diese beruht aber auf 30 Schwenkbraten. So viele essen wir doch gar nicht mehr. Wieso halten wir denn nicht die heutigen Mengen fest und schauen, was diese damals gekostet hätten? Damit vergleichen wir, was der heutige (Berichtsperiode) Warenkorb damals (Basisperiode) gekostet hätte." Eine interessante Idee. Daheim probieren Sie diese Idee aus und erhalten:

$$P_{\text{PartyNeu}} = 16 \cdot 3 + 5 \cdot 12 + 1 \cdot 10 = 118 \text{ Euro}$$

und

$$P_{\text{PartyAlt}} = 16 \cdot 2 + 5 \cdot 10 + 1 \cdot 8 = 90 \text{ Euro}.$$

Der Preisindex ist nun:

$$P^{\text{Party}} = \frac{P_{\text{PartyNeu}}}{P_{\text{PartyAlt}}} = \frac{118}{90} = 1{,}31.$$

Die Preise sind demnach nur um 31% gestiegen. Dieser Preisindex heißt **Preisindex von Paasche**. Die Formel für n Güter lautet:

$$P^P := \frac{\sum_{i=1}^{n} p_{it}q_{it}}{\sum_{i=1}^{n} p_{i0}q_{it}}. \tag{2.19}$$

Der Preisindex von Paasche vergleicht, was der heutige Warenkorb (Berichtsperiode) heute und damals (Basisperiode) gekostet hätte.

2.6.4   Vorteile und Nachteile der Indices

Ja, was denn nun: Umsatzindex, Preisindex von Laspeyres oder Preisindex von Paasche? Irgendwie hören sich alle drei Indices plausibel an, und in der Tat werden alle drei auch in der Praxis verwendet.

Der Umsatzindex hat den Vorteil, dass er die tatsächlichen Ausgaben der Partys miteinander vergleicht. Er ist der sinnvollste Index um zu beurteilen, wie viel teurer die Party tatsächlich geworden ist. Der Nachteil ist aber, dass der Umsatzindex Preis- und Mengenänderungen vermischt. Er ist deshalb als Maßstab für reine Preisänderungen wie dies etwa bei der Messung der Inflationsrate der Fall ist, nicht geeignet. Das ist anders bei den Preisindices von Laspeyres und Paasche. Beide berechnen nur den reinen Preiseffekt, indem die Mengen festgehalten werden, entweder die Mengen der Basisperiode (Laspeyres) oder der Berichtsperiode (Paasche)[6].

Der Preisindex von Laspeyres hat den Vorteil, dass der Warenkorb nur einmal in der Basisperiode bestimmt werden muss. Dann kann der Index jedes Jahr damit berechnet werden. Das reduziert die Kosten und erhöht die Vergleichbarkeit. Der Nachteil ist aber, dass sich der wirkliche Warenkorb ändert. So kommen etwa neue Produkte wie das iPhone hinzu und andere werden nicht mehr gekauft wie etwa Grammophone. Außerdem ist es so, dass wenn z. B. der Preis für Moselwein sehr stark steigt, stattdessen eben Wein von der Saar getrunken wird. Das Produkt wird also durch ein ähnliches Produkt ausgetauscht. Diese Substitutionseffekte werden nicht in dem Preisindex abgebildet. Das ist einer der Gründe, warum der Preisindex von Laspeyres die Inflation tendenziell *überschätzt*.

Bei dem Preisindex von Paasche tritt genau der gegenteilige Effekt auf. Hier wird der neue Warenkorb betrachtet, welcher eventuell schon die Substitutionseffekte enthält. Deshalb *unterschätzt* dieser Index die Inflation tendenziell. Er hat außerdem den Nachteil, dass der Warenkorb jedes Jahr neu erhoben werden muss. Da dies sehr teuer und zeitaufwendig ist, wird ein reiner Preisindex von Paasche in der amtlichen Statistik nur sehr selten verwendet.

2.6.5   Preisindex von Fisher

Sie denken noch einmal über die neuen Erkenntnisse nach. Der Preisindex von Laspeyres überschätzt die Preise tendenziell, während der Preisindex von Paasche diese tendenziell unterschätzt: Ist es dann nicht sinnvoll den Mittelwert der beiden zu bilden?

---

[6]Neben Zeitänderungen können alternativ auch Ortsänderungen verglichen werden. Außerdem gibt es diese Indices auch mit vertauschten Rollen von Mengen und Preisen. Diese werden dann als Mengenindex bezeichnet.

Genau dies tut der Preisindex von Fisher. Der **Preisindex von Fisher** verbindet die Preisindices von Laspeyres P^L und Paasche P^P durch Bestimmung des geometrischen Mittels der beiden:

$$P^F = \sqrt{P^L \cdot P^P}. \tag{2.20}$$

Da dieser Index oft relativ genau ist, wird er auch als **Idealindex** bezeichnet. Für die Party ergibt sich damit die folgende Preissteigerung:

$$P^F = \sqrt{P^L \cdot P^P} = \sqrt{1{,}36 \cdot 1{,}31} = 1{,}33.$$

Dieser Index wird in der Praxis nicht so häufig verwendet. Ein Grund hierfür könnte sein, dass der Index schwerer zu vermitteln ist.

2.6.6 Preisindices in Deutschland und Europa

„Es wird doch immer nur alles teurer!" Ihre Bekannten schimpfen mal wieder über die gefühlten Preissteigerungen der letzten Wochen. Mit Ihren Erfahrungen bei der Berechnung der Partypreise fragen Sie sich, was denn *alles* überhaupt bedeutet und wie das berechnet wird. Je länger Sie darüber grübeln, desto wichtiger scheint Ihnen eine Antwort auf diese Frage für zahlreiche Fragestellungen:

1. Wie hoch ist die Inflationsrate in Deutschland?

2. Wie hoch muss die Lohnerhöhung sein, damit ich mir real im nächsten Jahr gleich viel leisten kann?

3. Wieviel Geld muss ich für mein Alter ansparen und wie viel ist mein Erspartes real dann wert?

4. Wie kann ich Wertsicherungsklauseln (Absicherung gegen Inflation) in Verträge einbauen?

5. Wie hoch ist das *reale* Wirtschaftswachstum?

6. Die Europäische Zentralbank richtet ihre Geldpolitik anhand der Preisentwicklung in der Eurozone aus. Woran soll sie sich orientieren?

Das sind wirklich zentrale Fragestellungen! Um solche Fragen beantworten zu können, benötigen wir einen Maßstab für die Preisentwicklung in Deutschland und Europa. Dazu müsste die Preisentwicklung von allen Gütern erhoben werden, angefangen bei Fernsehern über Putzmittel bis hin zu Friseurbesuchen. Ein Riesenaufwand! Und in welchen Geschäften sollen die Preise ermittelt werden? Die Produkte sind nicht überall gleich teuer. Ein Luxusfriseur in der Stadt hat sicherlich andere Preise als ein einfacher Friseursalon auf dem Land. Und das ganze dann auch noch möglichst einheitlich für Europa? Das scheint ja sehr kompliziert zu sein.

Diese schwierige Aufgabe wird vom Statistischen Bundesamt durchgeführt. Die Statistiker aus Wiesbaden berechnen den Verbraucherpreisindex für Deutschland und einen Harmonisierten Verbraucherpreisindex nach EU-weit einheitlichen Regeln.

2.6.6.1   Verbraucherpreisindex in Deutschland

Sie machen eine faszinierende Entdeckung: Der Verbraucherpreisindex (VPI) wird im Wesentlichen als Preisindex von Laspeyres berechnet. Die Methode kennen Sie ja schon. Bei der Berechnung wird der Warenkorb aus der Basisperiode festgehalten und mit alten und neuen Preisen bewertet.

Bei der Party war klar, welche Produkte erhoben werden sollen, aber wie ist das bei dem VPI? Das Statistische Bundesamt hilft hier weiter: „Der **Verbraucherpreisindex** misst die durchschnittliche Preisentwicklung *aller* Waren und Dienstleistungen, die von privaten Haushalten für Konsumzwecke gekauft werden" (Statistisches Bundesamt, 2013e).

Abbildung 2.18   Wägungsschema des VPI (Basisjahr 2010);
Datenquelle: Statistisches Bundesamt (2013e)

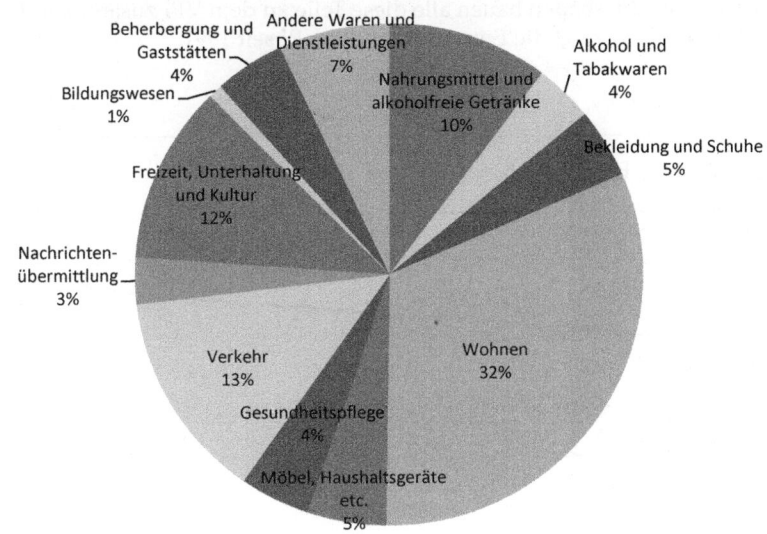

Aber was bedeutet denn *aller*? Um das zu bestimmen, werden laufend die am häufigsten verkauften Produkte in bestimmten erhobenen Geschäften ermittelt. Damit soll sichergestellt werden, dass immer die aktuell beliebtesten Güter in dem Warenkorb enthalten sind. Dieser Warenkorb wird permanent aktualisiert. Das ist sehr wichtig, weil zum Beispiel ein iPhone gerade sehr häufig gekauft wird, es dieses Produkt aber noch nicht so lange gibt (Statistisches Bundesamt, 2013e).

Sie sind trotzdem ein wenig verwundert darüber: Wird denn bei dem Preisindex von Laspeyres der Warenkorb der Basisperiode nicht festgehalten? Das Bundesamt für Statistik tut dies auch, indem zwar die Produkte aktualisiert werden, nicht aber die *Gewichte* mit denen die Produkte in die Berechnung eingehen. Das wird nur alle fünf Jahre getan. Diese Gewichte werden **Wägungsschema** genannt. Die ausgewählten Produkte werden in ungefähr 700 Güterarten eingeteilt und mit dem jeweiligen Anteil des Wägungsschemas gewichtet. Die Abbildung 2.18 zeigt das aktuelle Wägungsschema zum Basisjahr 2010. Das Wägungsschema wird aus Daten der Einkommens- und Verbrauchsstichprobe (EVZ) (Statistisches Bundesamt, 2012) ermittelt. Bei dieser wichtigen Stichprobe schreiben einige Haushalte einige Monate freiwillig auf, wie viel sie ein- und ausgeben.

Um den VPI zu bestimmen, laufen Monat für Monat Zähler durch zahlreiche Geschäfte und erheben dort Preise der immer gleichen Produkte. Zusätzlich werden noch Preise etwa im Internet erhoben. Dadurch werden monatlich über 300.000 Preise erfasst (Statistisches Bundesamt, 2013d). Das ist nicht immer so einfach. Bei Computern zum Beispiel verändert sich die Technik ständig. Man kann einen Computer von 2010 nicht mit einem Computer von heute vergleichen. Qualitätsverbesserungen müssen für einen repräsentativen Vergleich herausgerechnet werden. Manchmal tricksen Firmen auch. Der Preis bleibt zwar gleich, aber die Verpackungen werden kleiner. Auch das muss berücksichtigt werden.

Die Statistiker aus Wiesbaden bauen alle diese Teile zu dem VPI zusammen (Radermacher, 2008). Abbildung 2.19 zeigt die Entwicklung des VPI seit 1991.

Abbildung 2.19   Entwicklung des VPI von 1991 bis 2012

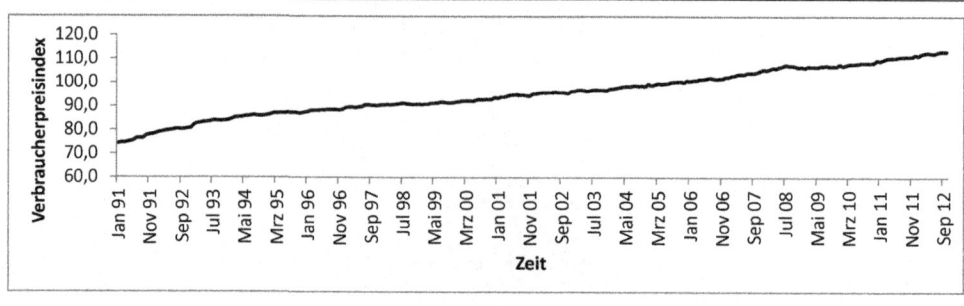

Nachdem Sie gelesen haben wie viel Aufwand hinter der Berechnung steckt, sind Sie schon ein wenig beeindruckt. Aber dieser Aufwand lohnt sich, denn der VPI ist der zentrale Indikator für die Inflationsrate in Deutschland. Daneben wird er vor allem bei der Deflationierung eingesetzt, zum Beispiel bei der Berechnung des realen Wirtschaftswachstums. Oft wird der VPI auch zur Berechnung von Preisanpassungen in Verträgen eingesetzt (Statistisches Bundesamt, 2013e). Das ist zum Beispiel bei Berufsunfähigkeitsversicherungen wichtig. Wenn Sie sich jetzt eine monatliche Absicherung von 1.000 Euro im Falle einer Berufsunfähigkeit sichern, dann können Sie davon in 20 Jahren wahrscheinlich nicht mehr leben. Eine Möglichkeit dem entgegenzuwirken ist etwa den Betrag mit der Inflationsrate steigen zu lassen.

2.6.6.2   Harmonisierter Verbraucherpreisindex

Die Zukunft des Euros ist in Gefahr! Wieder einmal dominieren negative Schlagzeilen die Nachrichten. Trotzdem gibt es Staaten, die dem Euro kürzlich noch beigetreten sind oder diesem beitreten möchten, wie etwa Lettland. In den Nachrichten hören Sie, dass diese Staaten dafür verschiedene Kriterien erfüllen müssen: Preisstabilität, Stabilität der öffentlichen Haushalte, Wechselkursstabilität und ein Kriterium über die Höhe der langfristigen Zinsen.

Als Sie das Wort Preisstabilität hören, fragen Sie genauer nach. Spielt da die Preismessung vielleicht auch eine Rolle? Sie informieren sich genauer. Um das Kriterium zu erfüllen, darf die Inflationsrate des Bewerbers um nicht mehr als 1,5% höher, als die Rate der drei besten Mitgliedsstaaten liegen[7].

Sie sind verblüfft: Auch hier ist die genaue Messung der Preisentwicklung von Bedeutung. Aber wenn die Inflationsrate über EU-Länder hinweg verglichen werden soll, sind dann nicht einheitliche Standards nötig?

In der Tat schreibt die Europäische Kommission vor, wie die Berechnung erfolgen soll[8]. In Deutschland wird dazu der sogenannte **Harmonisierte Verbraucherpreisindex (HVPI)** berechnet (Statistisches Bundesamt, 2013b). Die Berechnung wird vom VPI abgeleitet. Genau wie dieser ist auch der HVPI ein Preisindex nach Laspeyres. Es gibt ein paar Unterschiede zwischen den Indices, auf die wir hier nicht näher eingehen werden. Diese basieren vor allem auf einer unterschiedlichen Zielsetzung von VPI und HVPI. Der HVPI hat als Hauptziele neben der Inflationsmessung die Aggregierbarkeit zu Europäischen Indices. Diese werden dann von der Europäischen Zentralbank zur Geldpolitik verwendet.

2.6.7   Definition von Verhältnis- und Indexzahlen

Sie sind immer noch begeistert von den zahlreichen Möglichkeiten, Preisindices zu verwenden. Als Sie einer Freundin davon berichten, fragt diese interessiert nach: „Was genau ist denn ein Index bzw. eine Indexzahl?" Darüber haben Sie noch nicht nachgedacht.

Um das zu beantworten, müssen Sie noch einmal einen Schritt zurück gehen. Der Grundbaustein von Indices ist eine statistische Größe, wie etwa der Preis p_t zum Zeitpunkt t. Damit Sie einschätzen können wie sich der Preis über die Zeit entwickelt, können Sie diesen etwa durch den Preis zum Zeitpunkt 0 teilen und erhalten $\frac{p_t}{p_0}$. Da solche Quotienten ein Verhältnis angeben, werden diese als Verhältniszahlen bezeichnet. Allgemein ist eine **Verhältniszahl** definiert als Quotient zweier statistischer Größen.

Bei dem Quotienten aus zwei Preisen handelt es sich sogar um eine spezielle Verhältniszahl, eine sogenannte Messzahl. **Messzahlen** sind definiert als Quotient statistischer Größen mit sachlichem, räumlichem oder zeitlichem Bezug.

Sie grübeln über Messzahlen und Preisindices nach. Bei allen Preisindices wurde nicht nur das Verhältnis der Preise eines Gutes, sondern eines ganzen Warenkorbs untersucht. Und

---

[7]Siehe Einführung des Euro: Konvergenzkriterien: http://europa.eu/legislation_summaries/other/l25014_de.htm
[8]Dies geschieht etwa in der Verordnung (EG) Nr. 2494/95 des Rates vom 23. Oktober 1995 über harmonisierte Verbraucherpreisindices.

genau das macht einen Index bzw. eine Indexzahl aus. Eine **Indexzahl** ist definiert als spezieller Mittelwert von Messzahlen.

Sie wundern sich ein wenig darüber. Wieso ist dann der Preisindex von Laspeyres eine Indexzahl? Ist dieser auch ein Mittelwert?

Der Preisindex von Laspeyres ist definiert als (siehe Formel 2.18):

$$P^L = \frac{\sum_{i=1}^n p_{it} q_{i0}}{\sum_{i=1}^n p_{i0} q_{i0}}.$$

Diese Formel kann umgeformt werden zu:

$$P^L = \sum_{i=1}^n \underbrace{\frac{p_{it}}{p_{i0}}}_{\text{Messzahl}} \underbrace{\frac{p_{i0} q_{i0}}{\sum_{j=1}^n p_{j0} q_{j0}}}_{\text{Gewichte}}.$$

In dieser Form kann er als spezieller Mittelwert von Messzahlen dargestellt werden.

Neben Messzahlen gibt es weitere Verhältniszahlen wie Gliederungs- und Beziehungszahlen. Diese werden als Quotient von statistischen Größen ohne sachlichen, räumlichen oder zeitlichen Bezug gebildet, wie dies etwa bei dem Pro-Kopf-Einkommen (Bruttosozialprodukt pro Einwohner) der Fall ist. Diese Arten von Verhältniszahlen werden in Mosler und Schmid (2009) näher beschrieben.

2.7 Steckbrief

Gini-Koeffizient für gruppierte/klassierte Daten

- **Verwendung**: Berechnung der Disparität, als Maß der relativen Konzentration in den Daten.

- **Ergebnis**: Disparität als Zahl zwischen 0 und (fast) 1. Je größer der Gini-Koeffizient, desto größer die Disparität.

- **Vorsicht**: Die Disparität sagt nichts über absolute Größen, wie etwa Armut aus, denn wenn keiner etwas besitzt, sind auch alle gleich.

- **Durchführung**:

  1. Berechnen Sie für jede der m-Klassen die absolute Häufigkeit h_i.

  2. Berechnen Sie q_i, den i-ten kumulierten Anteil am Gesamtmerkmalsbetrag.

  3. Berechnen Sie $Q_i = \sum_{j=1}^i q_j$.

  4. Berechnen Sie
     $$G_{\text{Gruppiert}} = 1 - \sum_{i=1}^m h_i (Q_i + Q_{i-1}).$$

Umsatzindex

■ **Verwendung**: Berechnung von Umsatzänderungen über die Zeit. Keine Trennung zwischen Mengen- und Preisänderungen.

■ **Ergebnis**: Indexzahl

■ **Vorsicht**: Es werden Mengen- und Preisänderungen vermischt, deshalb ist diese Indexzahl nicht zur Berechnung von reinen Preisänderungen geeignet.

■ **Durchführung**:

1. Berechnen Sie das Produkt aus neuer Menge mal neuem Preis für jedes Produkt, also $p_{it}q_{it}$. Berechnen Sie die Summe.

2. Berechnen Sie das Produkt aus alter Menge mal altem Preis für jedes Produkt, also $p_{i0}q_{i0}$. Berechnen Sie die Summe.

3. Teilen Sie die beiden Summen durcheinander:

$$P^U = \frac{\sum_{i=1}^{n} p_{it}q_{it}}{\sum_{i=1}^{n} p_{i0}q_{i0}}$$

Preisindex von Laspeyres

■ **Verwendung**: Berechnung von Preisänderungen über die Zeit.

■ **Ergebnis**: Preisindex

■ **Vorsicht**: Der Preisindex überschätzt die Preisentwicklung tendenziell.

■ **Durchführung**:

1. Berechnen Sie das Produkt aus Menge der Basisperiode mal Preis der Berichtsperiode für jedes Produkt, also $p_{it}q_{i0}$. Berechnen Sie die Summe.

2. Berechnen Sie das Produkt aus Menge der Basisperiode mal Preis der Basisperiode für jedes Produkt, also $p_{i0}q_{i0}$. Berechnen Sie die Summe.

3. Teilen Sie die beiden Summen durcheinander:

$$P^L = \frac{\sum_{i=1}^{n} p_{it}q_{i0}}{\sum_{i=1}^{n} p_{i0}q_{i0}}$$

Preisindex von Paasche

■ **Verwendung**: Berechnung von Preisänderungen über die Zeit.

■ **Ergebnis**: Preisindex

■ **Vorsicht**: Der Preisindex unterschätzt die Preisentwicklung tendenziell.

■ **Durchführung**:

1. Berechnen Sie das Produkt aus Menge der Berichtsperiode mal Preis der Berichtsperiode für jedes Produkt, also $p_{it}q_{it}$. Berechnen Sie die Summe.
2. Berechnen Sie das Produkt aus Menge der Berichtsperiode mal Preis der Basisperiode für jedes Produkt, also $p_{i0}q_{it}$. Berechnen Sie die Summe.
3. Teilen Sie die beiden Summen durcheinander:

$$P^P = \frac{\sum_{i=1}^{n} p_{it}q_{it}}{\sum_{i=1}^{n} p_{i0}q_{it}}.$$

Preisindex von Fisher

■ **Verwendung**: Berechnung von Preisänderungen über die Zeit.

■ **Ergebnis**: Preisindex

■ **Vorsicht**: Der Preisindex gilt als Idealindex, ist aber schwierig zu erklären und wird deshalb nur selten in der amtlichen Statistik verwendet.

■ **Durchführung**:

1. Berechnen Sie den Index von Laspeyres.
2. Berechnen Sie den Index von Paasche.
3. Berechnen Sie das Produkt der beiden.
4. Berechnen Sie die Wurzel des Produktes:

$$P^F = \sqrt{P^L \cdot P^P}.$$

2.8   Fallstudien und Übungsaufgaben

2.8.1   Graphische Darstellung von Fondsdaten

Sie gehen der Frage nach, welchen der in Tabelle 2.1 vorgeschlagenen Fonds Sie kaufen sollen. Dazu haben Sie schon in Abbildung 2.1 den Fondstypen graphisch dargestellt.

Aufgabe

Zeichnen Sie für den Super Fonds Invest Classic und den Fonds Deutschland das Kreisdiagramm der Analysteneinschätzung mit Daten der Tabelle 2.1.

Lösung

Um die Kreisdiagramme zeichnen zu können, müssen Sie jeweils die Winkel berechnen. Für den Super Fonds Invest Classic gibt es 5 Analysteneinschätzungen: Je zweimal *Hold* und *Buy* sowie einmal *Sell*. Die Winkel ergeben sich demnach als $360° \cdot 2/5 = 144°$ und $360° \cdot 1/5 = 72°$. Für den Fonds Deutschland ergibt sich für *Sell* (zweimal): $360° \cdot 2/5 = 144°$, für *Hold* (dreimal): $360° \cdot 3/5 = 216°$ und für *Buy* (keinmal): $0°$.

Damit können Sie die Kreisdiagramme erstellen (siehe Abbildung 2.20).

Abbildung 2.20 Kreisdiagramme der Analysteneinschätzungen zweier Fonds

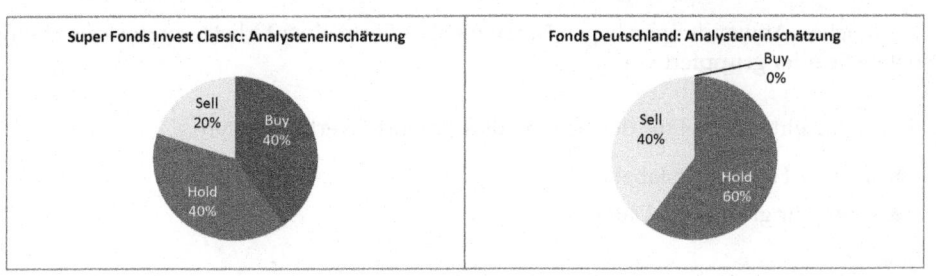

2.8.2 Lage- und Streuungsmaße für Umsatzdaten

Sie haben in Tabelle 2.15 die Umsatzdaten von 5 Unternehmen gesammelt.

Tabelle 2.15 Umsatzdaten für 5 Unternehmen

Unternehmen	Umsatz in Mio. Euro
1	20
2	50
3	15
4	15
5	20

Aufgabe

1. Verschaffen Sie sich einen Überblick über die Daten, indem Sie folgende Maße berechnen:

   (a) Modus, Median und Mittelwert

   (b) Varianz, Standardabweichung und Spannweite

2. Wieso ist die Berechnung aller genannten Maße zulässig? Nennen Sie eine Variable, für die Sie nicht alle Maße berechnen dürften.

Lösung

1. (a) Modi=15 und 20; Median=20 und arithmetischer Mittelwert=24

   (b) Varianz=174, Standardabweichung=13,2 und Spannweite=35

2. Da der Umsatz metrisch skaliert ist, dürfen Sie alle oben genannten Maße berechnen. Wenn nach dem nominal skalierten Merkmal *Haarfarbe des Firmenchefs* gefragt werden würde, wäre nur die Berechnung des *Modus* zulässig.

2.8.3   Risikomaße bei Häufigkeitstabellen und gruppierten Daten

Aufgabe

In zahlreichen Anwendungen liegen Daten nicht in Form einer Urliste, sondern als Häufigkeitstabelle oder gruppiert vor.

1. Leiten Sie eine Formel für den arithmetischen Mittelwert für Daten

   - in einer Häufigkeitstabelle

   - sowie für gruppierte Daten

   her.

2. Sie haben bei Freunden die monatlichen Mietpreise erfragt und die Angaben in Tabelle 2.16 erhalten.

Tabelle 2.16   Gruppierte monatliche Mietpreise

Miete (gruppiert)	Häufigkeit h_j	rel. Häufigkeit f_j
] 100,200]	1	10%
] 200,300]	5	50%
] 300,400]	4	40%

Für den Median in gruppierten Daten haben Sie noch keine Formel hergeleitet. Der Median teilt die Daten in zwei Gruppen ein, 50% sind kleiner oder gleich und 50% sind größer oder gleich dem Median. Um den Median zu errechnen, muss zunächst überprüft werden in welcher der Gruppen der Median liegt. Der Median liegt in der Gruppe i bei der gilt: $\sum_{j=1}^{i-1} f_j < 0{,}5$ und $\sum_{j=1}^{i} f_j \geq 0{,}5$. Jetzt muss noch bestimmt werden, wo genau in der ausgewählten Gruppe der Median liegt:

$$\text{Median} = x_i^u + \frac{0{,}5 - \sum_{j=1}^{i-1} f_j}{f_i}(x_i^o - x_i^u), \tag{2.21}$$

wobei x_i^u die untere und x_i^o die obere Gruppengrenze ist. Die Idee hinter der Formel ist, dass die Daten in der Gruppe gleichverteilt sind und deshalb eine lineare Interpolation angemessen ist.

Berechnen Sie für die Mieten aus Tabelle 2.16 den Median und den arithmetischen Mittelwert.

3. Leiten Sie eine Formel für die Varianz für Daten

   - in einer Häufigkeitstabelle

   - sowie für gruppierte Daten

   her.

4. Berechnen Sie für die Mieten aus Tabelle 2.16 die Varianz und die Standardabweichung.

Lösung

1. Formeln für den arithmetischen Mittelwert für Daten in einer Häufigkeitstabelle und gruppierte Daten:

   - Wenn die Daten in einer Häufigkeitstabelle mit k verschiedenen Ausprägungen vorliegen, dann müssen die einzelnen Beobachtungen noch mit der jeweiligen Häufigkeit multipliziert werden und es gilt:

   $$\text{MW}^{\text{Arithm}} := \bar{x} := \frac{1}{n} \sum_{i=1}^{k} x_i \cdot h_i = \sum_{i=1}^{k} x_i \cdot f_i, \qquad (2.22)$$

   wobei h_i die absoluten und f_i die relativen Häufigkeiten sind.

   - Für gruppierte Daten mit k Gruppen sind die einzelnen x_i unbekannt, weil nur die Klassengrenzen bekannt sind. In solchen Fällen muss statt x_i der Klassenmittelwert x_{i0} verwendet. Deshalb gilt:

   $$\text{MW}^{\text{Arithm}} := \bar{x} := \frac{1}{n} \sum_{i=1}^{k} x_{i0} \cdot h_i = \sum_{i=1}^{k} x_{i0} \cdot f_i. \qquad (2.23)$$

2. Die Gruppenmitten sind gegeben durch 150, 250, und 350. Damit ergibt sich der arithmetische Mittelwert als:

   $$\bar{x} = \frac{1}{10} \sum_{i=1}^{3} x_{i0} \cdot h_i = \frac{1}{10} \cdot (150 \cdot 1 + 250 \cdot 5 + 350 \cdot 4) = 280.$$

   Der Median ergibt sich als:

   $$200 + \frac{0{,}5 - 0{,}1}{0{,}5} \cdot (300 - 200) = 280.$$

   In diesem Fall stimmen also Median und arithmetischer Mittelwert überein.

3. Formeln für die Varianz für Daten in einer Häufigkeitstabelle und gruppierte Daten:

   - Wenn die Daten in einer Häufigkeitstabelle mit k verschiedenen Ausprägungen vorliegen, dann muss noch mit der jeweiligen Häufigkeit multipliziert werden und es gilt:

   $$\text{Varianz} := s^2 := \frac{1}{n} \sum_{i=1}^{k} (x_i - \bar{x})^2 \cdot h_i = \sum_{i=1}^{k} (x_i - \bar{x})^2 \cdot f_i, \qquad (2.24)$$

   wobei h_i die absoluten und f_i die relativen Häufigkeiten sind.

   - Für gruppierte Daten mit k Gruppen sind die einzelnen x_i unbekannt, weil nur die Klassengrenzen bekannt sind. In solchen Fällen muss statt x_i der Klassenmittelwert x_{i0} verwendet. Deshalb gilt:

   $$\text{Varianz} := s^2 := \frac{1}{n} \sum_{i=1}^{k} (x_{i0} - \bar{x})^2 \cdot h_i = \sum_{i=1}^{k} (x_{i0} - \bar{x})^2 \cdot f_i. \qquad (2.25)$$

4. Die Gruppenmitten sind gegeben durch 150, 250, und 350 und der arithmetische Mittelwert $\bar{x}$ ist gleich 280. Damit folgt:

$$
\begin{aligned}
s^2 &= \frac{1}{10} \sum_{i=1}^{3} (x_{i0} - 280)^2 \cdot h_i \\
&= \frac{1}{10} \cdot ((150 - 280)^2 \cdot 1 + (250 - 280)^2 \cdot 5 + (350 - 280)^2 \cdot 4) \\
&= 4100.
\end{aligned}
$$

Damit ist die Standardabweichung

$$
s = \sqrt{s^2} = 64{,}03.
$$

2.8.4 Ermittlung des durchschnittlichen Wachstums von Fonds

Aufgabe

Berechnen Sie mit Hilfe der Daten aus Tabelle 2.8 das durchschnittliche Wachstum der Fonds Super Fonds Invest, Super Fonds Invest Classic, Sicher Fonds Premium, Fonds Deutschland und Fonds Europa.

Lösung

Zur Lösung der Aufgabe ist der geometrische Mittelwert der Wachstumsraten zu berechnen. Anschließend wird von dem geometrischen Mittelwert 1 abgezogen, um das durchschnittliche Wachstum zu erhalten. Die Lösung ist in Tabelle 2.17 angegeben. Der Fonds Deutschland hat also das höchste durchschnittliche prozentuale Wachstum. Dies gilt zunächst nur für die Vergangenheit und kann auch Zufall bzw. Glück gewesen sein.

Tabelle 2.17   Durchschnittliches Wachstum der 5 Fonds

Wert		SFI	SFIC	SFP	Fonds D	Fonds E
Jahr 1						
Jahr 2	$100 + \frac{120 - 100}{100} = 1{,}2000$		1,0100	0,9900	0,9500	1,0500
Jahr 2		0,8333̄	1,0099	1,0202	1,1053	0,9619
MW^{Geom}	$\sqrt{1{,}2 \cdot 0{,}8333̄} = 1{,}00$		1,00995	1,00499	1,02470	1,00499
Durch. Wachstum		0,00%	1,00%	0,50%	2,47%	0,50%

2.8.5 Lineare Transformation und Auswirkungen auf Lagemaße

Sie möchten gerne überprüfen, wie sich Modus, Median und arithmetischer Mittelwert unter linearen Transformationen verhalten. Sie überlegen, dies am Beispiel des Fondsvermögens (siehe Tabelle 2.7).

Aufgabe

1. Berechnen Sie Modus, Median und arithmetischen Mittelwert des Fondsvermögens.

2. Verdoppeln Sie alle Fondsvermögen und berechnen Sie Modus, Median und arithmetischen Mittelwert erneut. Wie verändern sich diese?

3. Addieren Sie 100 Mio. Euro zu jedem Fondsvermögen und berechnen Sie wieder Modus, Median und arithmetischen Mittelwert. Wie verändern sich diese?

Tabelle 2.18   Fondsvermögen: normal und linear transformiert

Fondsname	Fondsvermögen	Fondsvermögen·2	Fondsvermögen+100
SFI	2.828 Mio. EUR	5.656	2.982
SFIC	2.480 Mio. EUR	4.960	2.580
SFP	2.703 Mio. EUR	5.406	2.803
Fonds D	2.954 Mio. EUR	5.908	3.054
Fonds E	520 Mio. EUR	1.040	620

Lösung

1. Modi: 2.828, 2.480, 2.703, 2.954, 520; Median: 2.703 : arithmetischer Mittelwert: 2.297

2. Modi: 5.656, 4.960, 5.406, 5.908, 1.040; Median: 5.406; arithmetischer Mittelwert: 4.594; Alle Werte haben sich verdoppelt.

3. Modi: 2.928, 2.580, 2.803, 3.054, 620; Median: 2.803; arithmetischer Mittelwert: 2.397; Zu allen Werten wurde 100 Mio. Euro addiert.

2.8.6   Berechnung der Streuungsmaße für den Fonds SFIC

Sie haben in Abschnitt 2.3 verschiedene Streuungsmaße der Log-Renditen (in %) für den Fonds Deutschland berechnet und möchten dies nun auch für den Super Fonds Invest Classic tun.

Aufgabe

1. Berechnen Sie mit Hilfe der Daten aus Tabelle 2.9 die Varianz und die Standardabweichung der Log-Renditen für den Fonds SFIC.

2. Berechnen Sie mit Hilfe der Daten aus Tabelle 2.9 den Interquartilsabstand der Log-Renditen für den Fonds SFIC.

Tabelle 2.19   Berechnung der Varianz und der Standardabweichung des Fonds
                        SFIC

Periode	SFIC	Log-Renditen x_i	$x_i - \bar{x}$	$(x_i - \bar{x})^2$
1	100,0			
2	100,5	0,50	0,28	0,00078
3	100,8	0,30	0,08	0,00006
4	100,6	−0,20	−0,42	0,00175
5	101,0	0,40	0,18	0,00031
6	100,9	−0,10	−0,32	0,00102
7	101,4	0,49	0,27	0,00075
8	101,6	0,20	−0,02	0,00001
9	101,7	0,10	−0,12	0,00015
10	102,0	0,29	0,07	0,00006
Summe			0,00	0,00488
	$\bar{x}$	0,22	Varianz	0,00054
			Standardabweichung	0,23

Lösung

1. Die Lösung ist in Tabelle 2.19 dargestellt. Die Varianz der Log-Renditen beträgt 0,00054 und ist somit wesentlich kleiner als die Varianz des Fonds Deutschland (siehe Tabelle 2.10). Die Standardabweichung beträgt 0,23%.

2. Zunächst sortieren Sie die Log-Renditen aufsteigend:

$$-0,20\%;\ -0,10\%;\ 0,10\%;\ 0,20\%;\ 0,29\%;\ 0,30\%;\ 0,40\%;\ 0,49\%;\ 0,50\%.$$

Der IQR ist bei 10 Beobachtungen gegeben durch

$$x_{(7)} - x_{(3)} = 0,40\% - 0,10\% = 0,30\%.$$

Damit liegen die 50% inneren Log-Renditen 0,30% auseinander.

2.8.7   Synthetic Risk and Reward Indicator

Viele Fonds müssen wesentliche Anlegerinformationen in einem sogenannten Key Investor Information Document (KIID oder KID) veröffentlichen[9]. Dieses Dokument enthält unter anderem auch eine Risikokennzahl: den Synthetic Risk and Reward Indicator (SRRI).

Zur Berechnung der Risikokennzahl hat die Europäische Wertpapier- und Marktaufsichtsbehörde die Richtlinie Nummer 10-673 veröffentlicht. Diese Richtlinie enthält die in Abbildung 2.21 ergänzt durch die in Tabelle 2.20 dargestellte Berechnungsmethode.

---

[9]Siehe CESR(ESMA)/09-949: `http://www.esma.europa.eu/system/files/09_949.pdf` (abgerufen am 20/02/2014)

Tabelle 2.20   Volatilitätsbuckets des Synthetic Risk and Reward Indicators;
Datenquelle: ESMA Guidelines 10-673

Risk Class	Volatility Intervals	
	equal or above	less than
1	0%	0.5%
2	0.5%	2%
3	2%	5%
4	5%	10%
5	10%	15%
6	15%	25%
7	25%	

Abbildung 2.21   Berechnungsformel des Synthetic Risk and Reward Indicators;
Quelle: ESMA Guidelines 10-673

General methodology   Box 1

1. The synthetic risk and reward indicator shall be based on the volatility of the fund.

2. Volatility shall be estimated using the weekly past returns of the fund or, if not otherwise possible, using the monthly returns of the fund.

3. The returns relevant for the computation of volatility shall be gathered from a sample period covering the last 5 years of the life of the fund and, in case of distribution of income, shall be measured taking into account the relevant earnings or dividend payoffs.

4. The volatility of the fund shall be computed, and then rescaled to a yearly basis, using the following standard method:

$$\text{volatility} = \sigma_f = \sqrt{\frac{m}{T-1}\sum_{t=1}^{T}(r_{f,t} - \bar{r}_f)^2}$$

where the returns of the fund $(r_{f,t})$ are measured over T non overlapping periods of the duration of 1/m years. This means m=52 and T= 260 for weekly returns, and m=12 and T=60 for monthly returns; and where $\bar{r}_f$ is the arithmetic mean of the returns of the fund over the T periods:

$$\bar{r}_f = \frac{1}{T}\sum_{t=1}^{T}r_{f,t}$$

5. The synthetic risk and reward indicator will correspond to an integer number designed to rank the fund over a scale from 1 to 7, according to its increasing level of volatility.

6. The illustration of the SRRI in the KID will take the following form:

Graphic or visual explanations	⇦ **Typically lower rewards** **Typically higher rewards** ⇨ ⇦ **Lower risk** **Higher risk** ⇨						

Example of a fund that would fall into category 2:

Risk and reward scale chart	1	2	3	4	5	6	7

Aufgabe

1. Suchen Sie im Internet KIIDs für verschiedene Fonds und machen Sie sich ein Bild des jeweiligen SRRIs.

2. Erläutern Sie die Grundidee der Formel zur Berechnung des SRRIs.

3. Wo sehen Sie Schwierigkeiten bei der Berechnung und Interpretation?

Lösung

1. Sie finden wesentliche Anlegerinformationen auf der Homepage vieler Fondsanbieter wie etwa der DWS oder Deka. Ein sehr gutes Suchportal für alle Anbieter ist die Webseite: http://www.fondsweb.de/kiid (abgerufen am 20/02/2014).

2. Der SRRI ist eine Risikokennzahl zwischen 1 und 7. Dabei bedeutet 1 ein geringes und 7 ein hohes Risiko. Die Zuordnung erfolgt über die Volatilität gemäß der Tabelle 2.20, welche mit den Regeln der Abbildung 2.21 berechnet wird. Die Volatilität ist im Wesentlichen die Standardabweichung der wöchentlichen Fondsrenditen, welche noch durch den Faktor m annualisiert wird. Bei der Berechnung wird eine fünfjährige Historie der Fondszeitreihe verwendet.

3. Bei der Berechnung des SRRI treten in der Praxis zahlreiche Schwierigkeiten auf, so besitzen etwa nicht alle Fonds eine fünfjährige Historie. In einem solchen Fall müssen laut Gesetz geeignete Vergleichszeitreihen gewählt werden und mit der Fondszeitreihe zu einer fünf Jahre langen Zeitreihe verknüpft werden. Ferner besitzen manche Fonds eine Strategie bei der sich die Fondszusammenstellung und damit gegebenenfalls das Risiko häufig ändern. Für solche Fonds ist die Historie nicht repräsentativ für das tatsächliche Risiko. In den Richtlinien werden deshalb verschiedene Fondstypen unterschieden, auf die wir hier nicht näher eingehen können.

Ferner kennen Anleger häufig die Berechnungsformel des SRRIs nicht. Aufgrund der oben dargestellten Berechnungsschwierigkeiten ist eine Zuordnung des Risikos auf Zahlen zwischen 1 und 7 eine starke Vereinfachung und kann nur eine grobe Einordnung des Risikos darstellen. Außerdem könnten die Grenzen bei der Auswahl des SRRIs in Tabelle 2.20 sicherlich auch anders gewählt werden. Diese Grenzen sind Investoren die nur die wesentlichen Anlegerinformationen kennen nicht klar.

Bitte beachten Sie, dass wir in diesem Buch nur die wesentliche Idee der Berechnung des SRRI darstellen. In der Praxis gibt es zahlreiche weitere Fragestellungen und Schwierigkeiten.

2.8.8 Berechnung des Variationskoeffizienten des BSP und der Lebenserwartung

Was schwankt stärker, die Lebenserwartung oder das Bruttosozialprodukt (BSP) (in $ pro Einwohner)? Um diese Frage zu beantworten, suchen Sie nach geeigneten Daten für ausgewählte Länder und tragen diese in eine Tabelle ein (Tabelle 2.21).

Tabelle 2.21 Lebenserwartung und BSP ($) je Einwohner;
Datenquelle: Welt-in-Zahlen (2006)

Land	Lebenserwartung Männer (Jahre)	BSP ($) je Einwohner
Singapur	79,13	25.876
Japan	77,96	44.048
Schweiz	77,69	50.326
Deutschland	75,81	36.233
Vereinigte Staaten von Amerika	75,02	48.437
Kuwait	73,13	26.977
Indien	63,90	749
Russland	60,45	4.595
Madagaskar	54,93	389
Namibia	44,46	2.464

Aufgabe

1. Berechnen Sie den Variationskoeffizienten der Lebenserwartung und des BSP.

2. Vergleichen und interpretieren Sie die Variationskoeffizienten.

Lösung

1. Der arithmetische Mittelwert der Lebenserwartung beträgt 68,248 Jahre und der des BIP 24.009,40$. Die Standardabweichung beträgt 11,19 Jahre bzw. 19.474,64$. Damit erhalten Sie die Variationskoeffizienten 16,39% für die Lebenserwartung und 81,11% für das BSP.

2. Damit schwankt das Bruttosozialprodukt relativ zum Mittelwert wesentlich stärker als die Lebenserwartung. Das ist auch an den Daten zu erkennen. Das Bruttosozialprodukt unterscheidet sich zwischen den Ländern teilweise um mehr als den Faktor 100. Ein so großer Unterschied ist bei der Lebenserwartung nicht möglich, da nur sehr wenige Menschen 100 Jahre oder älter werden.

2.8.9 Analyse von Gini-Koeffizient und Lorenzkurve

Sie haben in den Abschnitten 2.5.1 und 2.5.2 die Lorenzkurve und den Gini-Koeffizienten kennengelernt. Sie beschließen, diese näher zu analysieren, um sie noch besser zu verstehen.

Aufgabe

1. Überlegen Sie sich jeweils einen Datensatz, für den der Gini-Koeffizient den Wert 0 bzw. 0,75 annimmt.

2. Können sich Lorenzkurven schneiden? Überlegen Sie sich, ob dies möglich ist.

3. Welche allgemeinen Aussagen über die Form der Lorenzkurve können Sie treffen?

Lösung

1. Die Tabelle 2.22 enthält die Umsatzdaten für Unternehmen auf verschiedenen Märkten. Auf dem Markt 1 ist der Gini-Koeffizient 0, da dort jedes Unternehmen den gleichen Umsatz macht. Die Lorenzkurve entspricht somit der Winkelhalbierenden und deshalb ist die eingeschlossene Fläche 0. Auf dem zweiten Markt hingegen herrscht vollständige Konzentration und der Gini-Koeffizient ist somit maximal groß. Da es vier Unternehmen gibt (n=4) gilt im Einklang mit der Formel 2.16: $G_{max} = 0{,}75 = \frac{n-1}{n}$.

2. Ja, Lorenzkurven können sich schneiden! Ein Beispiel für sich schneidende Lorenzkurven ergibt sich mit den Daten der Märkte 3 und 4 in Tabelle 2.22.

Tabelle 2.22   Lösungstabelle zur Aufgabe: Analyse von Gini-Koeffizient und Lorenzkurve

Unternehmen	Markt 1	Markt 2	Markt 3	Markt 4
Unternehmen 1	1.000	0	1.000	500
Unternehmen 2	1.000	0	2.000	3.000
Unternehmen 3	1.000	0	3.000	3.200
Unternehmen 4	1.000	1.000	4.000	3.300

3. Die Lorenzkurve ist immer monoton wachsend mit linearen (geraden) Verbindungen zwischen den einzelnen Punkten. Weil die Anteile auf der y-Achse aufsteigend sortiert sind, nimmt zudem die Steigung zu. Deshalb ist die Lorenzkurve konvex, was bedeutet, dass wenn Sie sich die Kurve als Autobahn vorstellen, Sie sich immer in einer Linkskurve befinden (oder geradeaus fahren) (Mosler und Schmid, 2009, S. 91).

2.8.10   Gini-Koeffizient in der Mobilfunkbranche

Die Tabelle 2.23 gibt die Mobilfunkanbieter in Deutschland mit ihren Marktanteilen im dritten Quartal 2012 an.

Tabelle 2.23   Mobilfunkanbieter und Marktanteile im 3. Quartal 2012 in Deutschland; Datenquelle: Bundesnetzagentur (2013)

Anbieter	Anzahl	Marktanteil
O2	19.114.000	16,74%
E-plus	23.998.000	21,01%
Vodafone	35.097.000	30,73%
Telekom	35.994.000	31,52%

Aufgabe

1. Zeichnen Sie die Lorenzkurve.

2. Berechnen Sie den Gini-Koeffizienten mit der Formel für Einzeldaten.

3. Interpretieren Sie die Ergebnisse der Lorenzkurve und des Gini-Koeffizienten.

Lösung

1. Zunächst sortieren Sie die Daten aufsteigend nach dem Marktanteil (der kleinste Wert oben). Anschließend berechnen Sie den kumulierten Anteil der Marktteilnehmer und des Marktanteils und tragen diese jeweils in die Tabelle 2.24 ein.

Tabelle 2.24　　　Hilfstabelle zur Zeichnung der Lorenzkurve der Mobilfunkanbieter

Anbieter	Ant. Marktteiln.	Kum. Ant. Marktteiln.	Marktanteil	Kum. Marktanteil
O2	25%	25%	16,74%	16,74%
E-plus	25%	50%	21,01%	37,75%
Vodafone	25%	75%	30,73%	68,48%
Telekom	25%	100%	31,52%	100,00%

Nun können Sie die Lorenzkurve mit den Daten der Spalten 3 und 5 zeichnen (inklusive des Wertes (0,0)). Sie erhalten die in Abbildung 2.22 dargestellte Kurve.

Abbildung 2.22　　Lorenzkurve der Mobilfunkanbieter

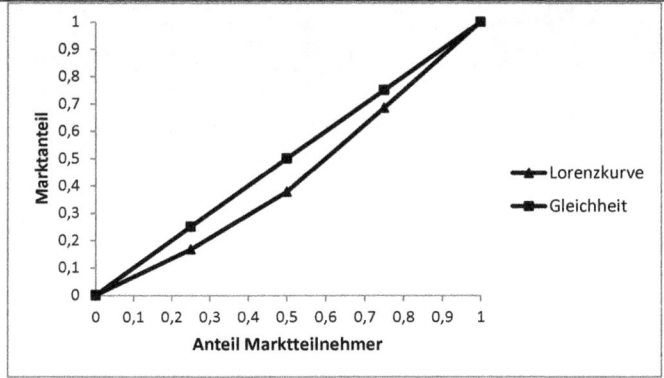

2. Um den Gini-Koeffizienten mit Hilfe der Formel 2.15 zu berechnen, benötigen Sie nur die Daten aus Spalte 2 der Tabelle 2.23. Damit erstellen Sie die Tabelle 2.25 und erhalten einen Gini-Koeffizienten von ungefähr 0,138.

Tabelle 2.25   Berechnung des Gini-Koeffizienten der Mobilfunkanbieter

		19.114.000	23.998.000	35.097.000	35.994.000
	19.114.000	0	23.998.000	11.099.000	24.895.000
	23.998.000	23.998.000	0	11.099.000	13.796.000
	35.097.000	11.099.000	11.099.000	0	13.796.000
	35.994.000	24.895.000	13.796.000	13.796.000	0
arithm. MW	28.550.750			Summe	197.366.000
n^2	25			Gini	0,138256263

3. Sowohl die Lorenzkurve als auch der Gini-Koeffizient zeigen nur eine kleine Disparität
an.

2.8.11   Vergleich der Gini-Koeffizienten in der Welt

In den Abschnitten 2.2 und 2.3 haben Sie sich mit der Geldanlage in Fonds beschäftigt,
unter anderem auch mit dem international agierenden Fonds Europa (siehe Tabelle 2.7).

Als Sie darüber nachdenken, fragen Sie sich wie denn Geld und Einkommen in der Welt
verteilt sind. Zufällig stoßen Sie während der morgendlichen Zeitungslektüre auf eine Abbildung der Gini-Koeffizienten der Einkommen in der Welt (siehe Abbildung 2.23). Grundlage der Daten ist das CIA World Factbook 2009 (CIA, 2009) und eine ähnliche Abbildung
findet sich in Wikipedia (2013).

Abbildung 2.23   Gini-Koeffizienten der Einkommen in der Welt; Datenquelle: CIA (2009)

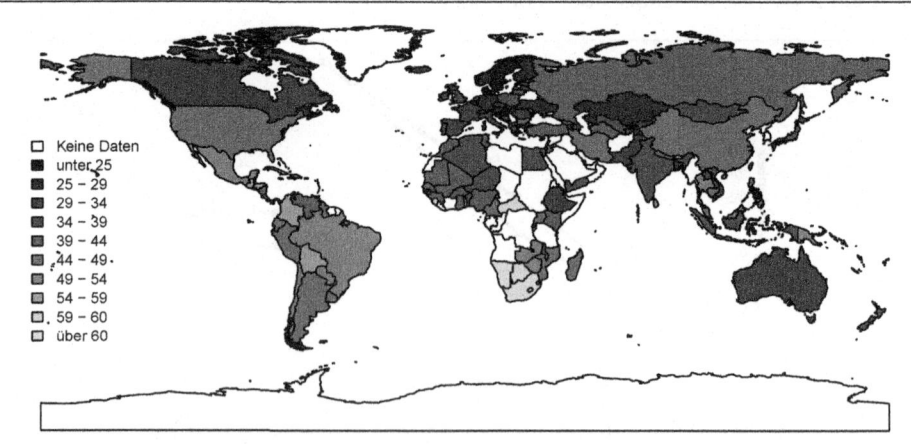

Aufgabe

1. Machen Sie sich mit der Abbildung vertraut. Gibt es Unterschiede zwischen den Kontinenten?

2. Wo steht Deutschland in der Welt?

3. Wo sehen Sie Schwierigkeiten bei der Interpretation der Daten?

Lösung

1. Die Abbildung zeigt den Gini-Koeffizienten auf Länderebene basierend auf Daten des CIA World Reports. Deutlich zu erkennen sind Unterschiede zwischen den Kontinenten: Westlich geprägte Länder in Europa, sowie Australien und Kanada haben im Schnitt einen niedrigeren Gini-Koeffizienten als die Länder Afrikas, Asiens und Südamerikas. Die Länder im Süden Afrikas, sowie die meisten Länder Südamerikas haben einen sehr hohen Gini-Koeffizienten.

2. In Deutschland ist die Disparität im Vergleich zu den meisten anderen Ländern eher gering. Den niedrigsten Gini-Koeffizienten in der Welt besitzt Schweden.

3. Die Datenverfügbarkeit unterscheidet sich zwischen den einzelnen Ländern und Regionen. In der Grafik ist zu erkennen, dass etwa keine Daten von einigen afrikanischen Ländern verfügbar sind. Neben der Datenverfügbarkeit und der wahrscheinlich unterschiedlichen Datenqualität könnte eine weitere Schwierigkeit in der uneinheitlichen Definition und Erfassung des Einkommens liegen, was einen Vergleich der Gini-Koeffizienten zusätzlich erschwert.

2.8.12 Berechnung der Entwicklung der Partypreise

Es hat sich herumgesprochen, dass Sie Preissteigerungen für Partys sehr gut abschätzen können. Sie werden deshalb kontaktiert, ob Sie bei einer anderen Party behilflich sein können. In der Tabelle 2.26 finden Sie die Mengen und Preise der benötigten Speisen, Getränke sowie der Einrichtung.

Aufgabe

Berechnen Sie die Preisindices von Laspeyres, Paasche und Fisher.

Lösung

Als Erstes tragen Sie das Produkt aus Mengen und Preisen für alle Güter und alle benötigten Kombinationen aus Berichts- und Basisperiode in die Tabelle 2.27 ein. Damit ergibt sich für den Preisindex von Laspeyres $P^L = \frac{\sum_{i=1}^{n} p_{it} q_{i0}}{\sum_{i=1}^{n} p_{i0} q_{i0}} = \frac{215}{198} = 1{,}0859$, für den Preisindex von Paasche $\frac{236}{217{,}5} = 1{,}0850$ und für den Preisindex von Fisher $\sqrt{1{,}0859 \cdot 1{,}0850} = 1{,}0855$.

Tabelle 2.26   Warenkorb einer Party

Produkt	p_0	q_0	p_t	q_t
Würstchen (Stück)	1,50	40	1,80	45
Bier (Kasten)	5	10	5	12
Apfelschorle (Kasten)	1	8	1	10
Tische (Stück)	4	5	5	5
Stühle (Stück)	2	30	2	30

Tabelle 2.27   Hilfstabelle zur Berechnung der Preisindices einer Party

Produkt	$p_0 \cdot q_0$	$p_0 \cdot q_t$	$p_t \cdot q_t$	$p_t \cdot q_0$
Würstchen (Stück)	60	67,5	81	72
Bier (Kasten)	50	60	60	50
Apfelschorle (Kasten)	8	10	10	8
Tische (Stück)	20	20	25	25
Stühle (Stück)	60	60	60	60
Summe	198	217,5	236	215

2.8.13   Gefühlte Inflation

„Es wird doch eh alles teurer! Und mit dem TEuro hat das angefangen!" Das haben Sie heute schon einmal so ähnlich gehört, gleichzeitig widerspricht das aber der durch den VPI gemessenen Inflation. Diese war in den Jahren von 2000 bis 2012 eher moderat (siehe Abbildung 2.19). Wie passt das zusammen?

Aufgabe

1. Überlegen Sie sich, warum wahrgenommene und gemessene Inflation nicht übereinstimmen könnten?

2. Was ist *wichtiger*, gemessene oder wahrgenommene Inflation? Überlegen Sie sich welche Auswirkungen Unterschiede haben könnten.

3. Überlegen Sie sich wie der VPI Ihre persönliche Inflation misst. Wird diese akkurat wiedergegeben?

Antworten

1. Zunächst ist festzuhalten, dass es die *wahre* Inflationsrate nicht gibt. Jeder Einzelne ist von Preissteigerungen unterschiedlich stark betroffen und besitzt auch eine andere Wahrnehmung der Preissteigerungen. Das ist ein Grund für die Abweichungen. Jeden Einzelnen interessiert vor allem wie stark er persönlich von Preissteigerungen betroffen ist. Zusätzlich spielen psychologische Effekte eine Rolle. Wann stellen wir fest, dass

ein Produkt teurer geworden ist? Vor allem wenn wir es kaufen! Deshalb spielen Preissteigerungen bei häufig gekauften Gütern in unserer Wahrnehmung eine viel größere Rolle als von selten gekauften Gütern. Wenn etwa der Preis für Milch um 20% steigt, dann merken wir das sehr oft und deutlich, auch wenn wir im Monat dafür eventuell nur 2 Euro mehr ausgeben. Das gleichzeitig die Preise für etwa Computer gefallen sind, merken wir kaum. Ein anderer Grund ist, dass uns Preissteigerungen (Verluste) stärker ärgern als Preissenkungen (Gewinne). Diese Asymmetrie wird von der amtlichen Statistik nicht berücksichtigt: Der Preisindex von Laspeyres ist symmetrisch: Preissenkungen und Preissteigerungen gehen in gleichem Umfang in den Preisindex ein. Weitere Details hierzu finden Sie etwa in Brachinger (2005) oder in Statistisches Bundesamt (2013d).

2. Für verschiedene Fragestellungen, wie etwa Lohnverhandlungen oder zur Geldpolitik der Europäischen Zentralbank, wird ein gemeinsamer Indikator für Inflation benötigt. Gefühlte Inflation ist hier nicht eindeutig genug. In der Praxis haben sich hierzu der VPI oder der HVPI durchgesetzt. Schwierig ist es aber, wenn gefühlte und gemessene Inflation sehr weit voneinander abweichen, weil dies zu Akzeptanzproblemen der amtlichen Statistik führen kann. Zudem spielen Erwartungen in der Volkswirtschaft eine entscheidende Rolle. Hohe Inflationserwartungen können etwa zu höheren Lohnerwartungen führen (Brachinger, 2005).

3. Der Verbraucherpreisindex soll die Preisentwicklung aller Waren und Dienstleistungen messen. Dabei wird nicht nach Alter, Region oder Vorlieben unterschieden. Ob etwa die Preise für Windeln gestiegen sind, spielt für Sie persönlich meistens nur dann eine Rolle, wenn Sie ein kleines Kind haben. Deshalb kann Ihre persönliche, von der durch den VPI gemessenen Inflation, abweichen.

2.8.14 Preisentwicklungen verschiedener Güter

Abbildung 2.24 zeigt die Preisentwicklung verschiedener Produkte basierend auf dem VPI. Das Basisjahr 2005 ist gleich 100. Deutlich erkennen Sie unterschiedliche Eigenschaften der Preisentwicklungen der verschiedenen Güter.

Aufgabe

1. Welche unterschiedlichen Eigenschaften haben die in Abbildung 2.24 dargestellten Preisentwicklungen? Notieren Sie bitte mögliche Gründe für die unterschiedlichen Verläufe.

2. Gehen Sie nun davon aus, dass die Preise von Apfelsinen, Brot, Computern und Rundfunkgebühren dargestellt sind. Welche Preisentwicklung gehört zu welchem Produkt?

Lösung

1. Die Kurven zeigen ein unterschiedliches Verhalten. Die Kurve 1 ist eine Kurve ohne große Ausschläge mit leichtem Preisanstieg. Das ist typisch für Produkte ohne technische Innovationen und ohne Saisonabhängigkeiten wie etwa Brot. Die Kurve 2 zeigt ein alternierendes Verhalten, was typisch für saisonabhängige Produkte ist, etwa Früchte welche nur zu einer bestimmten Jahreszeit in der Region wachsen. Die Kurve 3 besitzt fallende Preise. Das ist typisch für neue Produkte, welche permanent weiterentwickelt

Abbildung 2.24   Preisentwicklung verschiedener Güter; Datenquelle: Statistisches Bundesamt (2013e)

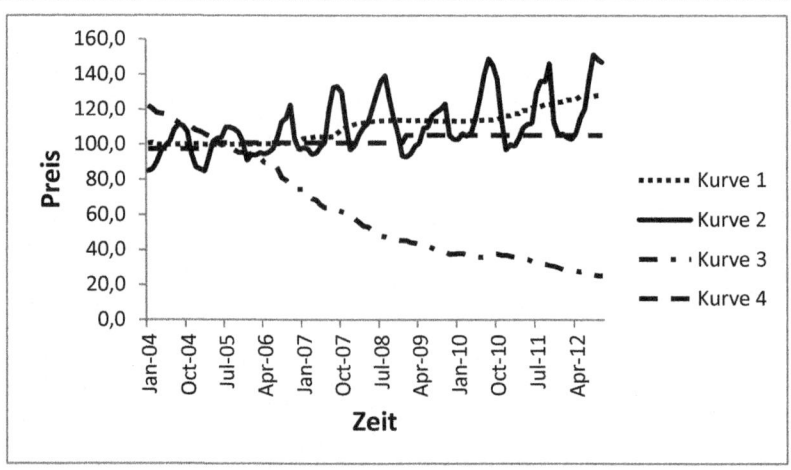

werden, wie etwa Computer. Die Kurve 4 ist über einen längeren Zeitraum hin konstant und besitzt zudem Preissprünge. Das ist etwa der Fall bei regulierten Gütern, wie etwa einer Steuer oder Gebühr.

2. Die Abbildung 2.25 zeigt die Preisentwicklungen und die dazugehörigen Produkte.

2.9   Literatur- und Softwarehinweise

Die Datendarstellung sowie Lage- und Streuungsmaße werden in fast jedem Statistiklehrbuch behandelt. Stellvertretend seien hier die Bücher von Krämer (1992), Mosler und Schmid (2009) oder Schlittgen (2012) genannt. Erwähnenswert ist auch das sehr interessante Buch *So lügt man mit Statistik* (Krämer, 2012). Disparitäts- bzw. Konzentrationsmessung wird z. B. in Lippe (2006) oder Mosler und Schmid (2009) dargestellt. Diese beiden Bücher behandeln zudem Indexzahlen.

Excel bietet sehr gute Möglichkeiten Daten über verschiedene Diagrammtypen, wie etwa das Kreisdiagramm, darzustellen. Diese können über den Menüpunkt *Einfügen* ausgewählt werden. Weitere Abbildungen können über Add-Ins erzeugt werden, wie etwa Histogramme über das Add-In `Analyse-Funktionen`. Für Lagemaße gibt es in Excel eingebaute Funktionen wie etwa `Mittelwert` für den arithmetischen Mittelwert, `Median` für den Median, `Modus.Einf` für den Modus oder `Geomittel` für den geometrischen Mittelwert. Ähnliches gilt für Streuungsmaße. So kann die Varianz etwa über den Befehl `Var.P` berechnet werden. Für den Gini-Koeffizienten, sowie die vorgestellten Indexzahlen gibt es keine eingebauten Funktionen in Excel. Diese können aber leicht in Excel selber umgesetzt werden.

Abbildung 2.25 Preisentwicklung verschiedener Güter mit Beschriftung; Datenquelle Statistisches Bundesamt (2013e)

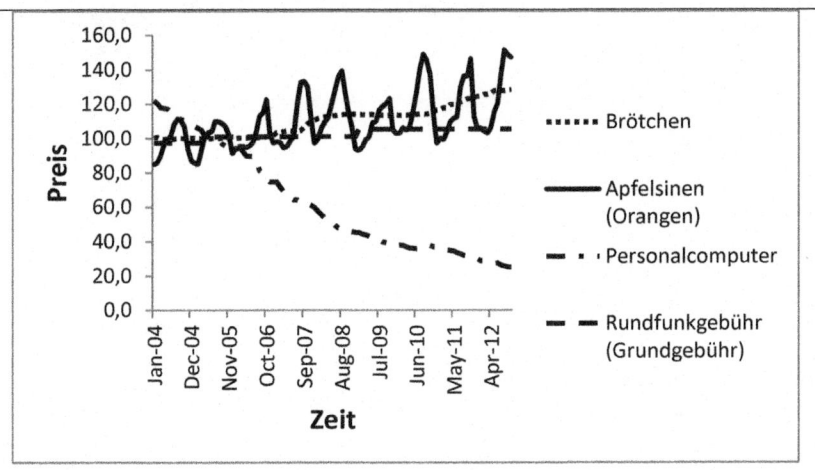

Für zahlreiche Abbildungen gibt es in R eingebaute Funktionen. Histogramme können etwa über den Befehl hist, ein Stamm-Blatt-Diagramm über den Befehl stem, oder ein Boxplot über den Befehl boxplot dargestellt werden. Ein weiterer nützlicher Befehl ist plot über welchen etwa Polygonzüge gezeichnet werden können. Daneben bietet R über diverse Pakete, wie etwa das Paket lattice die Möglichkeit, eine große Anzahl verschiedener Abbildungen zu erzeugen. In R kann der arithmetische Mittelwert über den Befehl mean und der Median über den Befehl median aufgerufen werden. Der Befehl quantile berechnet die Quantile. Hilfreich ist zudem die Funktion summary, welche einen guten Überblick über die Daten ermöglicht. Für den Modus und den geometrischen Mittelwert gibt es keinen direkt eingebauten Befehl. Häufig können aber Pakete geladen werden, welche solche Funktionen enthalten. Die Spannweite kann über eine Kombination der Befehle range, welches das Maximum und das Minimum angibt und den Befehl diff, welcher die Differenz berechnet, ausgerechnet werden. Der IQR kann über den Befehl IQR, die Varianz über den Befehl var und die Standardabweichung über den Befehl sd berechnet werden. Dabei wird aber anstelle der Division durch n durch $n - 1$ dividiert. Warum das sinnvoll sein kann, erfahren Sie auf S. 149. Das Paket ineq beinhaltet Funktionen zur Berechnung des Gini-Koeffizienten und zur Zeichnung der Lorenzkurve. Schließlich enthält das Paket micEcon Funktionen zur Berechnung von Preisindices.

3 Datenzusammenhang

Schadet Rauchen der Gesundheit? Sind zufriedene Mitarbeiterinnen produktiver? Haben Schüler mit guten Mathenoten auch gute Noten in Physik? In unser komplexen Welt hängen viele Dinge irgendwie zusammen, manchmal sind diese Zusammenhänge offensichtlich, manchmal existieren sie nur indirekt und manchmal sind sie schwer zu erkennen oder gar zufällig.

In diesem Kapitel wollen wir (einfache) Zusammenhänge untersuchen, beschreiben und ausnutzen. Fortgeschrittenere Verfahren werden in Kapitel 5 näher beleuchtet. Während wir in Abschnitt 3.1 (Zusammenhangsmaße) die Zusammenhänge nur erkennen wollen, werden wir Sie in den Abschnitten 3.2 und 3.3 (Regressions-und Zeitreihenanalyse) zur Erklärung und Prognose heranziehen.

3.1 Zusammenhangsmaße

Wie können wir Zusammenhänge messen? Was für Kennzahlen können berechnet werden? Dies hängt, ähnlich wie bei den Lage- und Streuungsmaßen, maßgeblich vom Skalenniveau ab. Deshalb werden wir in den folgenden Abschnitten Zusammenhangsmaße für metrisch (Kovarianz und Korrelation), für ordinal (Rangkorrelation) und für nominal skalierte Merkmale (Kontingenz) einführen.

3.1.1 Kovarianz und Korrelation

Die Optimierung von Gewinnen zählt zu den herausragenden Aufgaben einer Geschäftsleitung. Allerdings ist das Ziel *Gewinn steigern* leichter formuliert als erreicht. Bücher zur Unternehmensführung sind voll von guten und fundierten Hilfen – und vielen Dingen die dabei sonst noch beachtet werden sollten. Neben der eigentlichen Definition und Berechnung des Unternehmensgewinns gibt es in der komplexen Wirklichkeit vermutlich viele Faktoren, die irgendwie mit dem Gewinn zusammenhängen. Nehmen wir an, Sie haben die Aufgabe übernommen als Beraterin bzw. Berater die Geschäftsführung eines Babyartikelhändlers zu unterstützen. Dieser betreibt 5 Filialen in einer Region, die unterschiedlich geführt werden und unterschiedlich viele Serviceleistungen (z. B. Einpackservice, Windelservice, Kinderwagenreinigung usw.) anbieten. Lohnen sich die Serviceleistungen? Oder verursachen diese nur Kosten? Hängen vielleicht Service und Gewinn zusammen, oder hat das eine nichts mit dem anderen zu tun? Um das zu analysieren, brauchen Sie zunächst Daten und Fakten, schließlich wollen Sie ja nicht unfundiert argumentieren, wenn Sie den Aus- oder Abbau von Serviceleistungen empfehlen. Sie benötigen beide Merkmale: Anzahl Serviceleistungen und Gewinn, genau wie in Tabelle 3.1.

Beim Nachdenken über eine Möglichkeit, einen Zusammenhang zwischen der Anzahl der Serviceleistungen und dem Gewinn in Tabelle 3.1 zu entdecken, schweifen Ihre Gedanken ab und Sie denken zunächst an den Menschen. Wann gilt ein Mensch als *schwer*? Wie kommen Sie darauf, einen Menschen als schwer einzuschätzen? Das hängt natürlich von seiner Größe ab. Aber abgesehen davon? Ganz intuitiv ordnen Sie Zahlen häufig relativ zum Durchschnitt ein. Ein Mensch ist also erst mal dann schwer, wenn er mehr wiegt als

Tabelle 3.1   Anzahl Serviceleistungen und Gewinn des Babyartikelhändlers

Filiale	Service	Gewinn (in tausend Euro)
1	3	56
2	5	63
3	4	48
4	8	74
5	5	59

der Durchschnitt. Damit wir diese Einordnung vornehmen können, brauchen wir also zunächst einmal ein metrisches Merkmal, um den arithmetischen Mittelwert berechnen zu können. Ein Mensch ist also umso schwerer, je mehr sein Gewicht über dem Mittelwert liegt. Das Gegenteil gilt aber auch: ein Mensch ist umso leichter, je mehr sein Gewicht unter dem Mittelwert liegt. Wenn also x das Gewicht ist, dann ist x_i das Gewicht der i-ten Beobachtung, z. B. das von Klaus. Die Einordnung des Gewichtes erfolgt dann über die Formel:

$$x_i - \bar{x}.$$

Nehmen wir nun die Größe eines Menschen. Dann gilt gleiches: Er (oder sie) gilt als groß bzw. klein, je nachdem, ob er (oder sie) größer bzw. kleiner als der Durchschnitt ist. Wenn also y die Größe ist, dann verwenden wir die Formel:

$$y_i - \bar{y}.$$

Wenn Sie sowohl leicht als auch klein sind, haben beide Formeln das gleiche Vorzeichen (minus). Und da bekanntermaßen gilt *Minus mal Minus ergibt Plus* folgt für das Produkt,

$$(x_i - \bar{x}) \cdot (y_i - \bar{y}),$$

dass es positiv ist. Insgesamt wird es größer, je größer die jeweiligen Abweichungen zum Mittelwert sind. Ihr Freund j ist sowohl schwer als auch groß, also gilt sowohl:

$$x_j > \bar{x},$$

als auch:

$$y_j > \bar{y}.$$

Damit ist das Produkt aus beiden Abweichungen ebenfalls wieder positiv und es ist umso größer, je größer die jeweiligen Abweichungen sind.

Angenommen, Sie haben insgesamt n Beobachtungen der Wertepaare x_i, y_i. Diese können Sie in einem **Streudiagramm** (engl.: Scatterplot) auch wunderbar graphisch darstellen (siehe Abbildung 3.1 auf Seite 83): Auf der horizontalen Achse z. B. die jeweiligen Werte für x, auf der vertikalen Achse die anderen, also z. B. die y-Werte. Mit Hilfe des Streudiagramms können Sie optisch recht gut erkennen, ob große Werte von x tendenziell mit großen Werten von y oder eher mit kleinen Werten oder ohne erkennbares Muster zusammenhängen.

Diese Überlegungen möchten Sie auf den zu beratenden Babyartikelhändler anwenden. Dazu berechnen Sie in Tabelle 3.2 den Mittelwert der Merkmale sowie die jeweiligen Abweichungen vom Mittelwert.

Tabelle 3.2   Serviceleistungen und Gewinn sowie Abweichungen zum Mittelwert des Babyartikelhändlers

Filiale i	Service x_i	Gewinn y_i	$x_i - \bar{x}$	$y_i - \bar{y}$	$(x_i - \bar{x}) \cdot (y_i - \bar{y})$
1	3	56	-2	-4	8
2	5	63	0	3	0
3	4	48	-1	-12	12
4	8	74	3	14	42
5	5	59	0	-1	-0
Summe	25	300	0	0	62
Mittelwert	5	60	0	0	12,40

So ist z. B. für Filiale 4 sowohl die Anzahl Serviceleistungen als auch der Gewinn größer als der Durchschnitt, daher natürlich auch das Produkt $(x_i - \bar{x}) \cdot (y_i - \bar{y})$.

3.1.1.1 Kovarianz

Wenn Sie insgesamt den Zusammenhang zwischen zwei metrischen Merkmalen betrachten wollen, nehmen Sie also einfach den Mittelwert des Produktes der jeweiligen Abweichungen, also:

$$s_{xy} = \frac{1}{n} \sum_{i=1}^{n} (x_i - \bar{x}) \cdot (y_i - \bar{y}). \tag{3.1}$$

Die Ähnlichkeit dieser Formel mit der Formel für die Varianz eines Merkmals (siehe Seite 37) ist übrigens nicht zufällig, denn diese gibt die sogenannte Kovarianz an. Die **Kovarianz** misst lineare Zusammenhänge zwischen (zwei) metrischen Merkmalen. Sie ist positiv, wenn große (relativ zum Mittelwert) Werte des einen Merkmals häufig zusammen mit großen (relativ zum Mittelwert) des anderen Merkmals auftreten, oder eben auch kleine Werte des einen zusammen mit kleinen Werten des anderen. Die Kovarianz ist negativ, wenn hohe Werte des einen häufig zusammen mit niedrigen Werten des anderen Merkmals auftreten bzw. umgekehrt.

Die Kovarianz zwischen Service und Gewinn haben Sie in Tabelle 3.2 sogar schon berechnet: Sie steht rechts unten: $s_{xy} = 12,4$. Nur was fangen Sie damit an?

Dummerweise hängt die absolute Größe der Kovarianz von mehreren Faktoren ab. Neben der Stärke des Zusammenhangs hängt sie auch von den verwendeten Einheiten (z. B. *gr* oder *kg*) ab. Wir brauchen also eine Normierung, eine Standardisierung.

3.1.1.2 Korrelation

Der **Abstand** zum jeweiligen Mittelwert ist in gewisser Hinsicht relativ: mal kann eine Differenz von 1 groß sein, mal eine von 1.000 klein. Das hängt von der Streuung des Merkmals ab (siehe Abschnitt 2.3). Dieses Problem können wir umgehen, indem wir die Streuung normalisieren bzw. standardisieren, indem wir durch die Standardabweichung (also die Wurzel der Varianz, siehe Seite 38) dividieren. Man kann nämlich zeigen, dass das Merkmal z, welches entsteht wenn man das Merkmal x standardisiert, einen Mittelwert von 0 und eine Varianz von 1 hat:

$$z_i = \frac{x_i - \bar{x}}{s_x}$$

Die Standardabweichung liegt dann natürlich auch bei 1. Damit können Sie die Abweichung vom Mittelwert relativ zur Standardabweichung betrachten. Wenn Sie dies für die Kovarianz (3.1) durchführen, landen Sie direkt beim **Korrelationskoeffizienten** nach Bravais-Pearson:

$$r_{xy} = \frac{s_{xy}}{s_x \cdot s_y} = \frac{\frac{1}{n} \sum_i^n (x_i - \bar{x}) \cdot (y_i - \bar{y})}{\sqrt{\frac{1}{n} \sum_i^n (x_i - \bar{x})^2} \cdot \sqrt{\frac{1}{n} \sum_i^n (y_i - \bar{y})^2}}. \tag{3.2}$$

Um den Korrelationskoeffizienten zu berechnen müssen Sie die Tabelle 3.2 also nur um die entsprechenden Spalten zur Berechnung der Varianz erweitern (siehe Tabelle 3.3).

Tabelle 3.3   Hilfstabelle zur Berechnung des Korrelationskoeffizienten zwischen Serviceleistungen und Gewinn des Babyartikelhändlers

Filiale i	Service x_i	Gewinn y_i	$x_i - \bar{x}$	$y_i - \bar{y}$	$(x_i - \bar{x})^2$	$(y_i - \bar{y})^2$	$(x_i - \bar{x}) \cdot (y_i - \bar{y})$
1	3	56	-2	-4	4	16	8
2	5	63	0	3	0	9	0
3	4	48	-1	-12	1	144	12
4	8	74	3	14	9	196	42
5	5	59	0	-1	0	1	0
Summe	25	300	0	0	14	366	62
Mittelwert	$\bar{x} = 5$	$\bar{y} = 60$	0	0	$s_x^2 = 2{,}80$	$s_y^2 = 73{,}20$	$s_{xy} = 12{,}40$

Es ergibt sich:

$$r_{xy} = \frac{12{,}4}{\sqrt{2{,}8} \cdot \sqrt{73{,}2}} = 0{,}866.$$

Für diesen Korrelationskoeffizienten gelten ein paar interessante Eigenschaften:

- Er nimmt nur Werte zwischen -1 und $+1$ an: $-1 \leq r_{xy} \leq +1$.

- Er ist symmetrisch, d. h., x und y können vertauscht werden: $r_{xy} = r_{yx} = r$.

- Der Korrelationskoeffizient ist positiv, wenn die Kovarianz positiv ist, und negativ, wenn die Kovarianz negativ ist. Bei einer positiven Korrelation ist der (lineare) Zusammenhang positiv (gleiche Richtung), bei einer negativen Korrelation ist der Zusammenhang negativ (unterschiedliche Richtung).

Sie erkennen in Abbildung 3.1 sofort: Ist der Zusammenhang stark positiv, so ist der Korrelationskoeffizient groß (3.1a). Ist der Zusammenhang stark negativ, so ist der Korrelationskoeffizient klein (3.1b), aber absolut groß $|-0{,}95| = 0.95$. In Bild 3.1c kann man keinen wirklichen Zusammenhang erkennen, der Korrelationskoeffizient ist nahe bei 0, aber in 3.1d? Hier ist der Korrelationskoeffizient auch fast 0, es gibt aber einen Zusammenhang. Die Punkte liegen auf einer Parabel! Daher merke: Der Korrelationskoeffizient misst nur *lineare* Zusammenhänge. Ein Korrelationskoeffizient nahe Null heißt nicht, dass es keinen Zusammenhang gibt.

Aber Achtung: Weder Mittelwert noch Standardabweichung sind robust gegen Ausreißer, gleiches gilt natürlich auch für den Korrelationskoeffizienten. Gegebenenfalls genügt ein einziger Datenpunkt um einen vermeintlichen linearen Zusammenhang beim Korrelationskoeffizienten zu erzeugen oder zu zerstören (siehe Abbildung 3.2). Ein Blick auf das Streudiagramm kann helfen, hier Trugschlüssen vorzubeugen.

Wir sehen: Korrelationskoeffizienten müssen mit Vorsicht betrachtet werden. Insbesondere bedeutet ein großer absoluter Korrelationskoeffizient *nicht*, dass das Merkmal x das Merkmal y beeinflusst. Es kann genau umgekehrt sein, oder es kann noch einen ganz anderen Zusammenhang geben. Als Daumenregel spricht man bei Korrelationen zwischen $-0,5$ und $+0,5$ von einer geringen Korrelation, wenn $r < -0,7$ oder $r > 0,7$ ist, spricht man von einer hohen Korrelation. Aber auch hier gilt zunächst, dass Korrelation alleine keine Kausalität bedeutet!

Für Ihre fiktiven Filialen mit Babyartikeln heißt das, dass es eine hohe, positive Korrelation gibt. Heißt das aber auch, dass die Anzahl Serviceleistungen den Gewinn beeinflusst? Oder kann sich eine Filiale mit mehr Gewinn mehr Service leisten? Bestimmt gibt es noch weitere Erklärungsansätze.

Abbildung 3.1 Streudiagramme für verschiedene Korrelationskoeffizienten

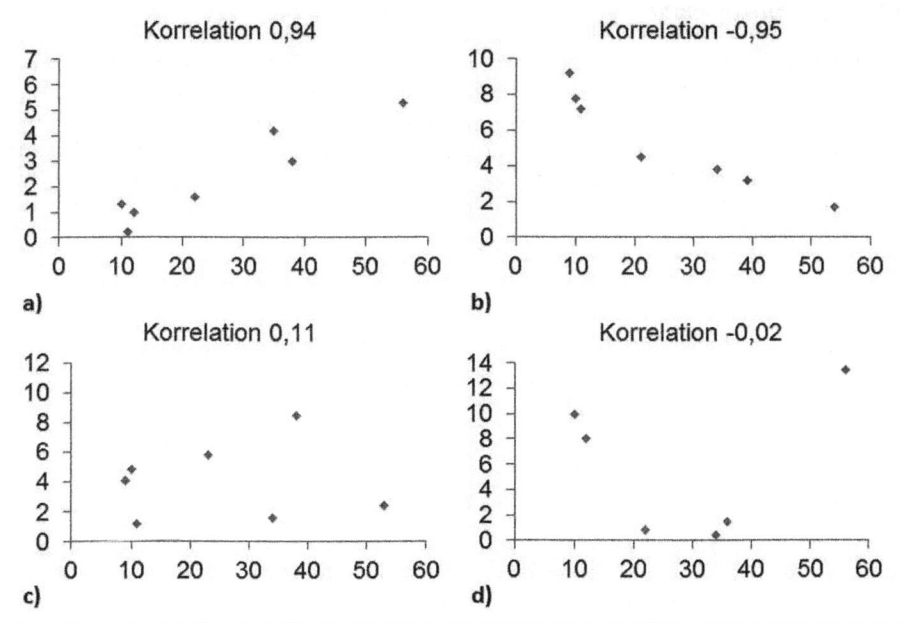

Abbildung 3.2   Korrelationskoeffizient mit Ausreißer

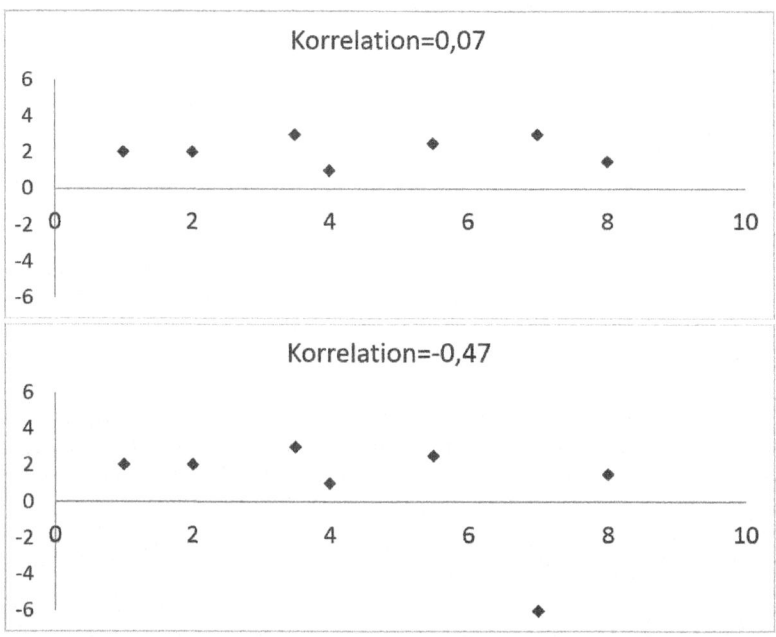

3.1.1.3   Scheinkorrelation

Sie beschließen noch ein wenig mehr über Korrelation und Zusammenhänge nachzuden-ken. Es ist klar, dass sich die Größe nicht nach dem Gewicht richtet (*Ich bin nicht schwer, sondern nur zu klein für mein Gewicht*), wohl aber, dass die Größe das Gewicht beeinflusst. Es gibt also eine Richtung, eine Ursache und eine Wirkung. Diese *Kausalität* ist nicht immer einfach zu erkennen und kann schon gar nicht aus den Korrelationskoeffizienten direkt ab-geleitet werden. Wie in Abbildung 3.3 zu erkennen ist, kann ja beides gelten: x beeinflusst y und/oder y beeinflusst x.

Abbildung 3.3   Zusammenhangsrichtung: Ursache und Wirkung

Im Rahmen des Beratungsprojektes des Babyartikelherstellers sind Sie über eine Studie gestolpert, welche einen Korrelationskoeffizienten von $r = 0,62$ zwischen den Merkmalen

Störchen und Geburtenrate von 17 europäischen Ländern ermittelt hat (Matthews, 2001). Wie kann das sein? Bringen Störche also doch die Babys? Hier liegt ganz offensichtlich eine Scheinkorrelation, z. B. eine gemeinsame verursachende Größe, vor (siehe Abbildung 3.4). Zum Beispiel könnte z in diesem Beispiel die Industrialisierung oder ähnliches sein.

Abbildung 3.4   Beispiel einer Scheinkorrelation

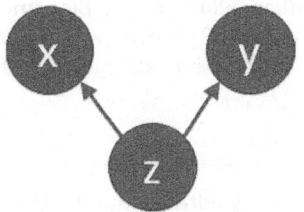

Bei den Störchen und den Babys ist das noch einfach, versuchen Sie das aber einmal bei komplizierteren, komplexen Fragestellungen.

In Ihrem Beratungsprojekt haben Sie also nicht nur die Frage, ob mehr Service zu mehr Gewinn führt zu beantworten, sondern zudem ob nicht eher ein höherer Gewinn dazu führt, dass mehr Serviceleistungen angeboten werden können. Oder hängt beides von der Filialgröße ab? Hier sind Sie schnell wieder bei den Daten, deren Aussagekraft und den möglichen Verzerrungen (siehe Seite 4).

3.1.2   Rangkorrelation

Abstände zum Mittelwert ergeben nur bei metrischen Daten Sinn. Was tun Sie also, wenn Ihre Daten ordinales Skalenniveau haben (siehe Tabelle 1.1)? Sie nehmen einfach die jeweiligen Ränge. Sie gucken, ob die Merkmalsausprägung des einen Merkmals oben oder unten in der sortierten Datenreihe steht und vergleichen dies mit der Position des anderen Merkmals. Wenn Sie also anstelle der Werte x_i, y_i die jeweiligen Ränge R_{x_i} und R_{y_i} verwenden und diese in die Formel für den Korrelationskoeffizienten (3.2) einsetzen, erhalten Sie den **Rangkorrelationskoeffizienten** nach Spearman:

$$r_{sp} == \frac{\sum_{i=1}^{n}(R_{x_i} - \bar{R}_x) \cdot (R_{y_i} - \bar{R}_y)}{\sqrt{\sum_{i=1}^{n}(R_{x_i} - \bar{R}_x)^2} \cdot \sqrt{\sum_{i=1}^{n}(R_{y_i} - \bar{R}_y)^2}}. \tag{3.3}$$

Der Rangkorrelationskoeffizient nach Spearman kann auch bei Ausreißern verwendet werden. Da nicht die Originaldaten, sondern nur die Ränge in die Berechnung einfließen, stört ein extremer Wert weniger.

Gleichung 3.3 kann, sofern keine Bindungen vorliegen, d. h., kein Rang wurde doppelt oder mehr vergeben, umgeformt und vereinfacht werden zu:

$$r_{sp} = 1 - \frac{6 \cdot \sum_{i=1}^{n}(R_{x_i} - R_{y_i})^2}{n \cdot (n^2 - 1)}. \tag{3.4}$$

Am Zähler können Sie gut erkennen, dass für den Zusammenhang bei ordinalen Daten der Vergleich der Ränge die zentrale Rolle spielt. Da der Rangkorrelationskoeffizient nach Spearman auch mathematisch dem Korrelationskoeffizienten nach Bravais-Pearson ähnelt, gelten für ihn die gleichen Eigenschaften, d. h. $-1 \leq r_{sp} \leq +1$.

3.1.3 Kontingenz

Sie wurden zu der Betriebsfeier des Babyartikelherstellers eingeladen. Dort hat sich eine hitzige Debatte entwickelt: Trinken Männer eher Bier und Frauen eher Sekt? Gibt es geschlechtsspezifische Getränkevorlieben? Selbstbewusst durch ihre Statistikkenntnisse bieten Sie an, das herauszufinden. Deshalb fertigen Sie eine einfache Strichliste an. Das Ergebnis halten Sie in Tabelle 3.4 fest.

Tabelle 3.4   Kreuztabelle der Getränke auf der Betriebsfeier

		Getränk	
		Sekt	Bier
Geschlecht	Frau	50	20
	Mann	10	20

Sie wissen jetzt schon eine Menge: Es gab mehr Frauen auf der Feier als Männer (70 Damen und 30 Herren) und es wurde mehr Sekt als Bier getrunken (60 Sekt gegenüber 40 Bier). Sie haben gerade eine **Kreuztabelle** erstellt und die **Zeilen-** und **Spaltensummen** berechnet. Die Gesamtsumme beläuft sich übrigens auf 100:

$$100 = 50 + 20 + 10 + 20 = 70 + 30 = 60 + 40.$$

Sie fügen diese Werte zusätzlich in die Tabelle ein (siehe Tabelle 3.5).

Tabelle 3.5   Kreuztabelle der Getränke auf der Betriebsfeier mit Summen

		Getränk		
		Sekt	Bier	Summe
	Frau	50	20	70
Geschlecht	Mann	10	20	30
	Summe	60	40	100

Die relative Häufigkeit für Sekt bei den Frauen ist $\frac{50}{70} = 0,71$, während sie bei den Männern bei $\frac{10}{30} = 0,33$ liegt. Da 50 der Personen mit Sekt Frauen sind, liegt die relative Häufigkeit für Frauen bei Sekt bei $\frac{50}{60} = 0,83$, während die für Männer bei Bier bei $\frac{20}{40} = 0,5$ liegt.

Das ist schon einmal ein ermutigender Anfang. Nur, sind die Unterschiede in den relativen Häufigkeiten vielleicht zufällig? Wie stark ist der Zusammenhang zwischen diesen beiden **nominalen** Merkmalen ausgeprägt?

Um das herauszufinden, fragen Sie sich zunächst: *Was wäre wenn?* Was wäre, wenn es keinen Zusammenhang zwischen Getränkewunsch und Geschlecht gäbe? Dann wäre der Anteil der Männer, die Sekt trinken, genau so groß wie dieser Anteil bei den Frauen. Insgesamt liegt der Anteil der Sekttrinkerinnen und -trinker bei 60% ($= \frac{60}{100}$), der der Biertrinker liegt bei 40%. Andersherum betrachtet liegt der Anteil der Frauen bei 70% ($\frac{70}{100}$) und der der Männer bei 30%. Wenn es keinen Zusammenhang gäbe, dann würden also 60% der Frauen Sekt trinken, bzw. 70% der Sektkonsumenten wären Frauen. Da wir aber nun einmal 70 Frauen, 30 Männer, 60 Sekttrinker(innen) und 40 Biertrinker(innen) haben, müssen wir diese entsprechend wie in Tabelle 3.6 dargestellt aufteilen.

Tabelle 3.6   Kreuztabelle der erwarteten Häufigkeiten der Getränke auf der Betriebsfeier, wenn es keinen Zusammenhang gibt

		Getränk		
		Sekt	Bier	Summe
	Frau	$\frac{70 \cdot 60}{100} = 42$	$\frac{70 \cdot 40}{100} = 28$	70
Geschlecht	Mann	$\frac{30 \cdot 60}{100} = 18$	$\frac{30 \cdot 40}{100} = 12$	30
	Summe	60	40	100

Wenn es keinen Zusammenhang gibt, würden wir also erwarten, dass 60% der 70 Frauen, also 42, Sekt trinken. Genauso würden Sie erwarten, dass 70% der 60 Sekttrinker(innen), also 42, Frauen sind. Auf diese Weise können Sie die anderen Felder der Kreuztabelle füllen. Dabei müssen natürlich wieder die selben Zeilen- und Spaltensummen entstehen. Diese Zahlen nennt man **erwartete Häufigkeiten**. Die Erwartung bezieht sich dabei auf das *Was wäre, wenn* es keinen Zusammenhang gäbe.

Jetzt müssen Sie nur noch diese *erwarteten* Häufigkeiten (Tabelle 3.6) mit den *beobachteten* (Tabelle 3.5) vergleichen. Da natürlich manchmal die erwarteten über den beobachteten Häufigkeiten liegen und mal umgekehrt, sollte zunächst das Vorzeichen z. B. durch quadrieren eliminiert werden. Außerdem sollte die Abweichung relativiert werden. Die (quadrierte) Differenz zwischen beobachteter und erwarteter Häufigkeit wird demnach durch Division mit der erwarteten Häufigkeit normiert. Sie erhalten die Tabelle der relativen quadratischen Abweichungen (Tabelle 3.7).

Der Wert, der jetzt als Ergebnis unten rechts steht (12,7), wird **Pearsonsches** χ^2 (griechisch: chi-Quadrat) genannt. Die Größe dieses Wertes hängt dummerweise nicht nur von der Stärke des Zusammenhangs, sondern auch von der Anzahl der Beobachtungen sowie von der Anzahl der Zeilen und Spalten der Kreuztabelle ab. Daher wird noch ein letztes Mal weiter gerechnet:

$$C = \sqrt{\frac{\chi^2}{n + \chi^2}}. \tag{3.5}$$

Tabelle 3.7   Kreuztabelle der relativen quadratischen Abweichungen

		Getränk		
		Sekt	Bier	Summe
Geschlecht	Frau	$\frac{(50-42)^2}{42}=\frac{32}{21}$	$\frac{(20-28)^2}{28}=\frac{16}{7}$	$\frac{80}{21}$
	Mann	$\frac{(10-18)^2}{18}=\frac{32}{9}$	$\frac{(20-12)^2}{12}=\frac{16}{3}$	$\frac{80}{9}$
	Summe	$\frac{320}{63}$	$\frac{160}{21}$	$\frac{800}{63}=12{,}7$

Damit haben Sie den **Kontingenzkoeffizienten C** berechnet. In unserem Fall ergibt sich:

$$C = \sqrt{\frac{12{,}7}{100 + 12{,}7}} = 0{,}33.$$

Der Kontingenzkoeffizient C nimmt Werte zwischen 0 und 1 an und ist umso größer, je stärker der Zusammenhang ist. Als Faustegel spricht man bei Werten $C < 0{,}2$ von einem geringen und bei Werten $C > 0{,}6$ von einem starken Zusammenhang. Mit einem Wert von $C = 0{,}33$ sind wir also eher im mittleren Bereich.

Formal ist die Analyse des Zusammenhangs zweier nominaler Merkmale gar nicht so einfach. Sei dazu k die Anzahl der Merkmalsausprägungen des einen, m die Anzahl der Merkmalsausprägungen des anderen Merkmals – unsere Kreuztabelle hat also k Zeilen und m Spalten. Dann ist h_{ij} die absolute Häufigkeit der Kombination i und j, d. h. die Anzahl Beobachtungen, die in die i-ten Zeile und j-ten Spalte der Kreuztabelle fallen. Dann gilt für die jeweiligen Zeilen- und Spaltensummen:

$$h_{i.} = \sum_{j=1}^{m} h_{ij}, \quad i = 1,2,\ldots,k, \tag{3.6}$$

sowie

$$h_{.j} = \sum_{i=1}^{k} h_{ij}, \quad j = 1,2,\ldots,m. \tag{3.7}$$

Mit diesen Zeilen- und Spaltensummen lassen sich die erwarteten Häufigkeiten der Kombination i, j berechnen als:

$$e_{ij} = \frac{h_{i.} \cdot h_{.j}}{n}, \quad i = 1,2,\ldots,k \quad j = 1,2,\ldots,m. \tag{3.8}$$

Dann ist der Wert des Pearsonschen Chi-Quadrats definiert als:

$$\chi^2 = \sum_{i=1}^{k} \sum_{j=1}^{m} \frac{(h_{ij} - e_{ij})^2}{e_{ij}}. \tag{3.9}$$

Dieser Wert ist auch der Wert einer Teststatistik für einen Test auf Unabhängigkeit zweier Merkmale (siehe Seite 158). Für den Augenblick ist er für uns aber nur die Basis, die schließlich in Gleichung 3.5 eingesetzt wird, um die Stärke des Zusammenhangs zweier nominaler Merkmale zu analysieren.

3.2   Regressionsanalyse

Was aber, wenn Sie einen funktionalen Zusammenhang vermuten? Wenn es eine unabhängige, erklärende Variable x und eine abhängige, erklärte Variable y gibt? Vielleicht ist x eine Variable, die Sie steuern können (z. B. Serviceleistungen) und y eine Variable die Sie beeinflussen möchten (z. B. Gewinn). Dann sind wir bei der guten alten mathematischen Funktion:

$$y = f(x). \tag{3.10}$$

Dummerweise gibt es im wirklichen Leben – und insbesondere auch in der Wirtschaft – immer eine mehr oder weniger zufällige Komponente (mehr dazu im Kapitel 4.1), so dass bei ein und demselben x auch mal unterschiedliche Werte für y herauskommen. In der Statistik kommt also noch ein **Fehler**, ein sogenanntes **Residuum**, als Symbol ϵ (gr.: epsilon) dazu, also

$$y = f(x) + \epsilon. \tag{3.11}$$

Nun gibt es natürlich unendlich viele Möglichkeiten für Funktionen f. Eine der einfachsten ist sicherlich die **lineare** Funktion, bei zwei Variablen die einfache Gerade,

$$y = a + b \cdot x + \epsilon, \tag{3.12}$$

wobei b die Steigung und a der Achsenabschnitt der Regressionsgerade ist. Mit Hilfe der Regressionsgeraden erklären Sie den Wert von y durch den Wert von x. Wenn wir a und b kennen würden, könnten wir also das bekannte Spiel spielen: Welches y kommt bei welchem x heraus? Wie muss x sein, damit ein bestimmtes y herauskommt – insofern unser Fehler $\epsilon = 0$ ist.

3.2.1   Kleinste-Quadrate-Kriterium, Parameterschätzung und Prognose

Nun wollen wir natürlich, dass unsere lineare Funktion, d.h unsere Gerade $y = a + b \cdot x$, möglichst gut die Daten trifft. Da wie oben erwähnt die Daten selten genau auf einer Gerade liegen, wollen wir also unsere Fehler ϵ möglichst klein haben. Wenn wir einen Wert x_i in die Geradengleichung einsetzen, erhalten wir als Wert $\hat{y}_i$ (sprich: y_i *Dach*)

$$\hat{y}_i = a + b \cdot x_i. \tag{3.13}$$

Das Dach soll symbolisieren, dass wir y *schätzen*, d. h., wir berechnen es innerhalb des Modells, aber es ist nicht das *wahre, beobachtete y*. Wir haben dabei einen mehr oder weniger großen Fehler, das Residuum:

$$\hat{\epsilon}_i = y_i - \hat{y}_i. \tag{3.14}$$

Wieder soll das $\hat{\epsilon}$ zeigen, dass wir das Residuum ϵ *schätzen*. Aufgrund von Formel 3.13 hängt $\hat{y}_i$ und damit auch $\hat{\epsilon}_i$ von der Größe der Steigung b und des Achsenabschnitts a ab: Werte die wir auch nicht kennen und daher erst noch schätzen müssen. Aber wie?

Aus Abbildung 3.5 kann man erkennen, dass sich die Residuen bei unterschiedlichen Werten für Steigung und Achsenabschnitt ändern. Da uns einerseits das Vorzeichen des Residuums nicht interessiert (es ist uns zunächst egal, ob wir den *wahren* Wert über- oder unterschätzen) und für uns alle Beobachtungen gleich wichtig sind, können wir jetzt ein

Kriterium entwickeln, um die Steigung b und den Achsenabschnitt a in diesem Sinne optimal zu schätzen: die **Fehlerquadratsumme**, also die Summe aller quadrierten Residuen:

$$\sum_{i=1}^{n} \hat{\epsilon}_i^2 = \sum_{i=1}^{n}(y_i - \hat{y}_i)^2$$
$$= \sum_{i=1}^{n}(y_i - (a + b \cdot x_i))^2. \tag{3.15}$$

Gleichung 3.15 liefert uns eine Funktion die wir über a und b optimieren (hier: minimieren) können. Dazu können z. B. die partiellen Ableitungen nach a und b bestimmt werden. Diese werden gleich 0 gesetzt (notwendige Bedingung) und anschließend wird die hinreichende Bedingung überprüft.

Wenn Sie dies gemacht haben, stellen Sie fest, dass die optimalen Schätzer wie folgt aussehen

$$\hat{b} = \frac{s_{xy}}{s_x^2} \tag{3.16}$$

und

$$\hat{a} = \bar{y} - \hat{b} \cdot \bar{x}. \tag{3.17}$$

Wir können also die Steigung b der Regressionsgerade als Quotient der Kovarianz von x und y (siehe Gleichung 3.1) und der Varianz (2.6) schätzen. Der geschätzte Achsenabschnitt a ist dann der arithmetische Mittelwert von y vermindert um $\hat{b}$ mal den arithmetischen Mittelwert von x.

Für die Beratung der Geschäftsleitung des Händlers mit Babyartikeln können Sie deshalb, wenn Sie davon ausgehen, dass die Anzahl der Serviceleistungen den Gewinn beeinflusst,

Abbildung 3.5   Lineare Regression: Wahrer Wert, geschätzter Wert und Residuum

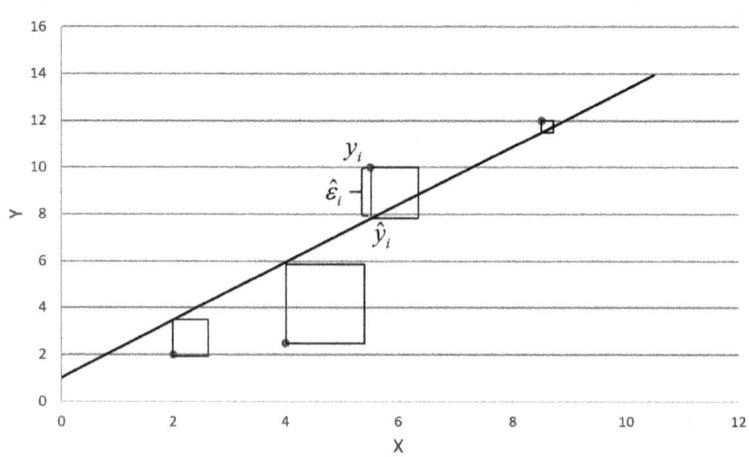

a ist dann der arithmetische Mittelwert von y vermindert um $\hat{b}$ mal den arithmetischen Mittelwert von x.

Für die Beratung der Geschäftsleitung des Händlers mit Babyartikeln können Sie deshalb, wenn Sie davon ausgehen, dass die Anzahl der Serviceleistungen den Gewinn beeinflusst, einfach analog zu Tabelle 3.3 vorgehen, wobei Sie sich die Varianz des Gewinns sogar sparen können (siehe Tabelle 3.8).

Tabelle 3.8   Hilfstabelle der Regressionsgerade des Gewinns auf die Anzahl Serviceleistungen des Babyartikelhändlers

Filiale i	Service x_i	Gewinn y_i	$x_i - \bar{x}$	$y_i - \bar{y}$	$(x_i - \bar{x})^2$	$(x_i - \bar{x}) \cdot (y_I - \bar{y})$
1	3	56	-2	-4	4	8
2	5	63	0	3	0	0
3	4	48	-1	-12	1	12
4	8	74	3	14	9	42
5	5	59	0	-1	0	0
Summe	25	300	0	0	14	62
Mittelwert	$\bar{x} = 5$	$\bar{y} = 60$	0	0	$s_x^2 = 2{,}80$	$s_{xy} = 12{,}40$

Damit ergibt sich:

$$\hat{b} = \frac{s_{xy}}{s_x^2} = \frac{12{,}4}{2{,}8} = 4{,}4286.$$

Mit jeder zusätzlichen Serviceleistung steigt der Gewinn um 4,4286 (gemessen in tausend Euro). Außerdem gilt:

$$\hat{a} = \bar{y} - \hat{b} \cdot \bar{x} = 60 - 4{,}4286 \cdot 55 = 37{,}857.$$

Mit den geschätzten Parametern ergibt sich in folgender Regressionsgleichung

$$\hat{y} = \hat{a} + \hat{b} \cdot x$$

letztendlich für unseren Babyartikelhändler

$$\hat{y} = 37{,}857 + 4{,}4286 \cdot x.$$

Wenn jetzt also ein neuer Wert x_0 für die erklärende, unabhängige Variable x vorliegt, so lautet die **Punktprognose** für die erklärte, abhängige Variable y:

$$\hat{y}_0 = \hat{a} + \hat{b} \cdot x_0,$$

also z. B. für $x_0 = 7$ Serviceleistungen würden Sie einen Gewinn von

$$\hat{y}_0 = 37{,}857 + 4{,}4286 \cdot 7 = 68{,}8572$$

prognostizieren.

Beachten Sie, dass in der Punktprognose für y kein Fehler bzw. Residuum vorkommt. Dieser hat – wenn alles gut läuft – einen Mittelwert von 0. Im wirklichen Leben kann ein Residuum $\neq 0$ aber natürlich auftreten, so dass das *wahre, beobachtete* y_0 von dem *geschätzten* $\hat{y}_0$ abweicht.

3.2.2   Bestimmtheitsmaß, Modellgüte

Wie gut ist unser lineares Regressionsmodell? Können Sie damit etwas Sinnvolles anfangen, kann es die Daten erklären und kann es zur Prognose verwendet werden? Bevor Sie eventuell viel Geld auf Ihr Modell setzen, sollten Sie die **Modellgüte** überprüfen. Wie gut ist Ihr Modell? Können Sie die Funktionswerte y durch die Funktionsargumente x linear bestimmen? Die Parameterschätzer der linearen Regression basieren auf Mittelwert, Varianz und Kovarianz und sind deshalb z. B. nicht robust gegen Ausreißer. Die Frage ist also, wie viel der Streuung der abhängigen Variable y kann durch das Modell, also durch die unabhängige Variable x erklärt werden. Dazu betrachten wir das **Bestimmtheitsmaß** R^2:

$$R^2 \;=\; 1 - \frac{\sum_{i=1}^{n}(y_i - \hat{y}_i)^2}{\sum_{i=1}^{n}(y_i - \bar{y})^2} \tag{3.18}$$

$$\;=\; r_{xy}^2. \tag{3.19}$$

Für unseren Babymarkt ergibt sich (siehe Seite 82):

$$R^2 = r_{xy}^2 = 0{,}866^2 = 0{,}75.$$

Die berechnete Regressionsgleichung (siehe Seite 91) kann also 75% der Streuung des Gewinns durch die Serviceleistungen erklären.

Die Abbildung 3.6 verdeutlicht das Bestimmtheitsmaß. Während in Abbildung 3.6a die Beobachtungen recht nahe an der Regressionsgerade liegen, weichen sie in Abbildung 3.6b doch recht deutlich davon ab. Während im linken Bild die Anpassung relativ gut ist, ist sie im rechten Bild relativ schlecht.

Abbildung 3.6   Lineare Regression: Bestimmtheitsmaß

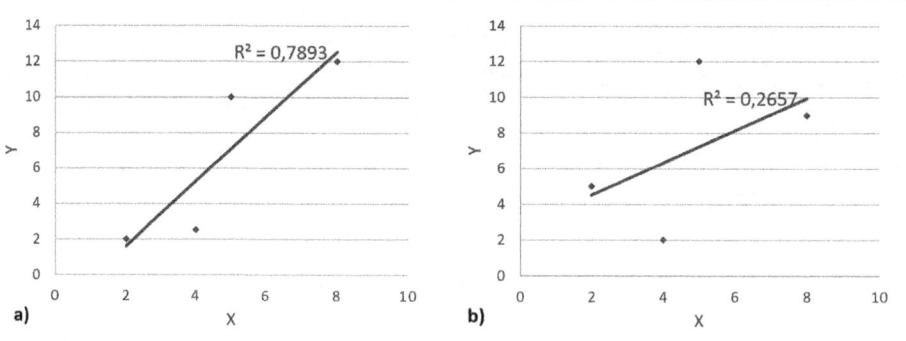

Mit Gleichung 3.19 erkennen wir auch: Das Bestimmtheitsmaß R^2 ist (im Falle von einer abhängigen und einer unabhängigen Variable) das Quadrat des Korrelationskoeffizienten r_{xy} (Formel 3.2). Da dieser Werte zwischen -1 und $+1$ annehmen kann, nimmt R^2 Werte zwischen 0 und 1 an. Je höher R^2, desto besser ist unsere lineare Modellanpassung. In

Gleichung 3.18 steht im Zähler die Quadratsumme der Residuen, im Nenner die Quadratsumme von y. Je kleiner die (quadratische) Abweichung der Residuen im Verhältnis zur (quadratischen) Abweichung der Beobachtungen vom Mittelwert ist, desto größer ist R^2.

3.2.3 Nicht-lineare Zusammenhänge, Regression zur Mitte

Man kann – mit Recht – einwenden, dass die Einschränkung auf lineare Funktionen, also auf Geraden, doch recht eng ist. Sie kennen viele andere Funktionen, z. B. quadratische Funktionen (Parabeln), aber auch Potenz- und Logarithmusfunktionen, und alle spielen in der Ökonomie eine wichtige Rolle. Aber die gute Nachricht ist, dass man einerseits in einer ersten Näherung mit einer Geraden häufig gar nicht so schlecht ist, d. h. den Zusammenhang einigermaßen trifft (was man mathematisch auch zeigen kann), andererseits man viele andere Funktionen *linearisieren* kann. Einerseits ist es möglich eine oder beide Variablen zu transformieren (z. B. im Falle von x^2 durch das Ziehen der Quadratwurzel) und dann mit den transformierten Variablen die lineare Regression zu rechnen. Aber auch ganze Gleichungen können umgeformt werden, z. B.:

$$y \quad = \quad a \cdot x^b \qquad \| \ln(\cdot) \tag{3.20}$$
$$\Leftrightarrow \ln(y) \quad = \quad \ln(a) + b \cdot \ln(x). \tag{3.21}$$

Daher ist es fast immer sinnvoll sich zunächst über ein Streudiagramm (siehe Seite 83) einen ersten Eindruck zu verschaffen.

Im Zusammenhang mit dem Begriff der Regression wird gelegentlich auch der Begriff **Regression zur Mitte** verwendet. Dabei wird aber nicht wie bei der linearen Regression ein Wert (y) durch einen anderen (x) erklärt, sondern das Phänomen beschrieben, dass auf einen (zufällig) außergewöhnlichen Wert tendenziell bei erneuter Messung ein weniger außergewöhnlicher Wert folgt. Mathematisch-statistisch formuliert bedeutet dies:

$$x_i = \bar{x} + \epsilon_i. \tag{3.22}$$

Mal ist ϵ_i groß, ein anderes mal klein. Diesen *Zufall* werden wir in Abschnitt 4.1 genauer beleuchten. Ökonomisch sei hier nur darauf hingewiesen, dass es diese Streuung gibt und außergewöhnliche Erfolge nicht immer wiederholt werden können – gleiches gilt aber auch für Misserfolge!

3.3 Zeitreihenanalyse

Nach dem erfolgreichen Abschluss des Beratungsprojektes für Babyartikel entspannen Sie abends auf der Couch und schauen sich die Nachrichten an. Interessiert lauschen Sie der Schlagzeile: „Der positive Trend auf dem Arbeitsmarkt setzt sich fort. Die Arbeitslosenzahlen fallen saisonbereinigt weiter, auch wenn diese im Vergleich zum Vormonat leicht angestiegen sind." In den Nachrichten wird selten von positiven Entwicklungen berichtet, deshalb fällt Ihnen die heutige Schlagzeile besonders auf. Nachdem Sie das Beratungsprojekt für den Babyartikelhändler erfolgreich abgeschlossen haben und Ihre Analysen zu erfolgreichen, unternehmerischen Handlungen geführt haben, sollten Sie ja eigentlich auf der sicheren Seite sein.

Trotzdem freuen Sie sich zunächst über diese Nachricht, aber dann kommen Zweifel auf: „Wieso ist das eine positive Nachricht, wenn die Arbeitslosenzahlen im Vergleich zum Vormonat angestiegen sind?"

Sie beschließen, sich näher mit dem Thema zu beschäftigen und besorgen sich Daten über die registrierten Arbeitslosen in Deutschland und zeichnen diese in die Abbildung 3.7 ein.

Abbildung 3.7   Registrierte Arbeitslose (1.000) in Deutschland;
                       Datenquelle: Statistisches Bundesamt (2013c)

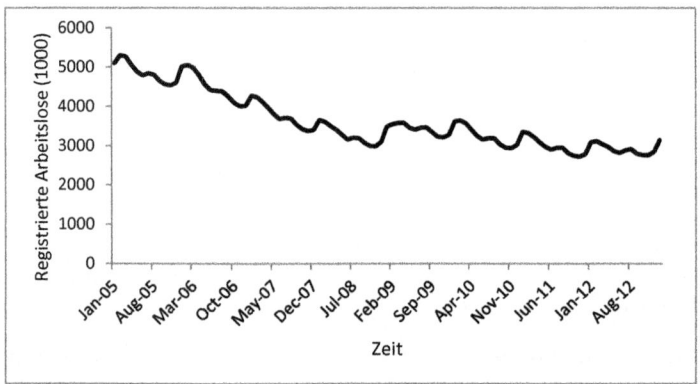

Die Daten liegen in Form einer **Zeitreihe** vor. Das bedeutet, dass die Beobachtungswerte y_t mit $t = 1, 2, \cdots, n$ in der (natürlichen) Reihenfolge $y_1, y_2, \cdots$ erhoben wurden.

Wie kann diese Zeitreihe nun statistisch beschrieben werden und was hat es mit der Meldung in den Nachrichten auf sich?

3.3.1   Trendberechnung

In den Nachrichten wurde von einem positiven **Trend** gesprochen. Aber was bedeutet das eigentlich? Sie überlegen: „Ein Trend ist die allgemeine Richtung bzw. Entwicklung. Wie kann ein solcher Trend ermittelt werden?" Das möchten Sie herausfinden.

3.3.1.1   Linearer Trend

Wie könnte ein Trend aussehen? Der Trend soll die allgemeine Entwicklung widerspiegeln, warum nicht in Form einer Geraden? Diese Idee gefällt Ihnen. Motiviert durch Ihre Kenntnisse der linearen Regression (siehe Abschnitt 3.2) beschließen Sie deshalb, eine Regressionsgerade g_t an die Zeitreihe y_t anzupassen:

$$g_t = a + b \cdot t, \quad t = 1, \ldots, n. \tag{3.23}$$

Dabei verwenden Sie als unabhängige Variable die Zeit t, wobei die Zeit fortlaufend von 1 bis n nummeriert wird und als abhängige Variable die Werte der Zeitreihe y_t, welche in diesem Zusammenhang den registrierten Arbeitslosen (in 1.000) entsprechen. Der Buchstabe g_t soll dabei verdeutlichen, dass der Trend eine glatte Komponente ist. Sie können nun die Regressionsgerade mit den Formeln 3.16 und 3.17 berechnen. Aufgrund der besonderen Form der unabhängigen Variable $t = 1, \ldots, n$ können die Formeln der Steigung $\hat{b}$ und des Achsenabschnittes $\hat{a}$ noch vereinfacht werden:

$$\hat{b} = \frac{\frac{1}{n} \sum_{t=1}^{n} t(y_t - \bar{y})}{\frac{n^2-1}{12}} \tag{3.24}$$

und

$$\hat{a} = \bar{y} - \frac{n+1}{2}\hat{b}. \tag{3.25}$$

Jetzt können Sie den linearen Trend mit $n = 97$ berechnen (siehe Tabelle 3.9) und erhalten $\hat{a} = 4.721{,}38$ und $\hat{b} = -22{,}75$. Sie zeichnen den Trend zusätzlich zu den Arbeitslosenzahlen in die Abbildung 3.8 ein.

Abbildung 3.8   Registrierte Arbeitslose (1.000) in Deutschland mit linearem Trend

---

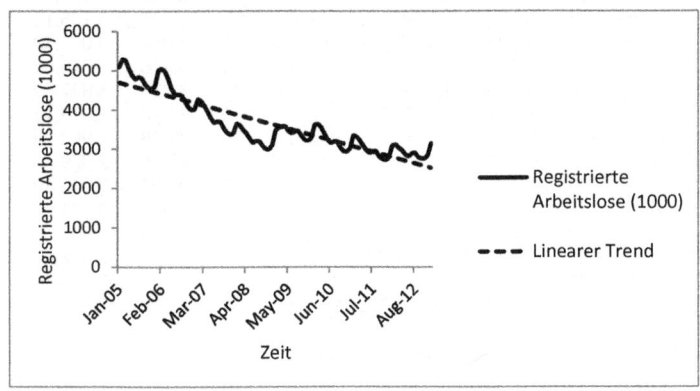

In der Tat weist der Trend wie in den Nachrichten erwähnt auf eine sinkende Anzahl der registrierten Arbeitslosen hin!

Tabelle 3.9   Registrierte Arbeitslose (1.000) sowie linearer Trend

Datum	t	y	Trend	Datum	t	y	Trend
Jan-05	1	5.087	4.698,62	Jan-09	49	3.480	3.606,63
Feb-05	2	5.288	4.675,87	Feb-09	50	3.542	3.583,88
Mar-05	3	5.266	4.653,12	Mar-09	51	3.576	3.561,13
Apr-05	4	5.052	4.630,37	Apr-09	52	3.575	3.538,38
May-05	5	4.884	4.607,62	Mai-09	53	3.449	3.515,64
Jun-05	6	4.781	4.584,88	Jun-09	54	3.401	3.492,89
Jul-05	7	4.837	4.562,13	Jul-09	55	3.454	3.470,14
Aug-05	8	4.798	4.539,38	Aug-09	56	3.463	3.447,39
Sep-05	9	4.647	4.516,63	Sep-09	57	3.338	3.424,64
Okt-05	10	4.555	4.493,88	Oct-09	58	3.221	3.401,89
Nov-05	11	4.531	4.471,13	Nov-09	59	3.208	3.379,14
Dez-05	12	4.605	4.448,38	Dez-09	60	3.268	3.356,39
Jan-06	13	5.010	4.425,63	Jan-10	61	3.610	3.333,64
Feb-06	14	5.048	4.402,88	Feb-10	62	3.635	3.310,89
Mar-06	15	4.977	4.380,13	Mar-10	63	3.560	3.288,14
Apr-06	16	4.790	4.357,38	Apr-10	64	3.399	3.265,39
Mai-06	17	4.538	4.334,63	Mai-10	65	3.236	3.242,64
Jun-06	18	4.399	4.311,88	Jun-10	66	3.148	3.219,89
Jul-06	19	4.386	4.289,13	Jul-10	67	3.186	3.197,14
Aug-06	20	4.372	4.266,38	Aug-10	68	3.183	3.174,39
Sep-06	21	4.238	4.243,63	Sep-10	69	3.026	3.151,64
Okt-06	22	4.084	4.220,88	Oct-10	70	2.941	3.128,89
Nov-06	23	3.996	4.198,13	Nov-10	71	2.927	3.106,14
Dez-06	24	4.008	4.175,38	Dez-10	72	3.011	3.083,39
Jan-07	25	4.262	4.152,63	Jan-11	73	3.346	3.060,64
Feb-07	26	4.225	4.129,88	Feb-11	74	3.313	3.037,89
Mar-07	27	4.104	4.107,13	Mar-11	75	3.210	3.015,14
Apr-07	28	3.957	4.084,38	Apr-11	76	3.078	2.992,39
Mai-07	29	3.795	4.061,63	Mai-11	77	2.960	2.969,64
Jun-07	30	3.672	4.038,88	Jun-11	78	2.893	2.946,89
Jul-07	31	3.701	4.016,13	Jul-11	79	2.939	2.924,14
Aug-07	32	3.691	3.993,38	Aug-11	80	2.945	2.901,39
Sep-07	33	3.530	3.970,63	Sep-11	81	2.796	2.878,64
Okt-07	34	3.421	3.947,88	Oct-11	82	2.737	2.855,89
Nov-07	35	3.367	3.925,13	Nov-11	83	2.713	2.833,14
Dez-07	36	3.395	3.902,38	Dez-11	84	2.780	2.810,39
Jan-08	37	3.647	3.879,63	Jan-12	85	3.084	2.787,64
Feb-08	38	3.606	3.856,88	Feb-12	86	3.110	2.764,89
Mar-08	39	3.496	3.834,13	Mar-12	87	3.028	2.742,14
Apr-08	40	3.403	3.811,38	Apr-12	88	2.963	2.719,39
Mai-08	41	3.273	3.788,63	Mai-12	89	2.855	2.696,64
Jun-08	42	3.151	3.765,88	Jun-12	90	2.809	2.673,89
Jul-08	43	3.201	3.743,13	Jul-12	91	2.876	2.651,14
Aug-08	44	3.187	3.720,38	Aug-12	92	2.905	2.628,39
Sep-08	45	3.073	3.697,63	Sep-12	93	2.788	2.605,64
Okt-08	46	2.989	3.674,88	Oct-12	94	2.753	2.582,89
Nov-08	47	2.980	3.652,13	Nov-12	95	2.751	2.560,14
Dez-08	48	3.094	3.629,38	Dez-12	96	2.840	2.537,39
				Jan-13	97	3.138	2.514,65

3.3.1.2 Gleitende Durchschnitte

Als Sie sich die Zeitreihe und den ermittelten linearen Trend (siehe Abbildung 3.8) noch einmal anschauen, stellen Sie fest, dass es so aussieht, als ob es Anfang 2009 einen kleinen Anstieg der Arbeitslosenzahlen gegeben hat. Dieser Anstieg wird durch die Regressionsgerade nicht widergespiegelt. Das liegt daran, dass der lineare Trend global gilt und die Form einer Geraden unterstellt.

Gibt es auch eine andere Möglichkeit den Trend zu bestimmen, welche flexibler auf lokale Änderungen eingeht? Sie überlegen: Ein Trend spiegelt die langfristige Entwicklung wider. Könnte das nicht auch erreicht werden, indem Sie am Zeitpunkt t nicht nur eine Beobachtung betrachten sondern mehrere, etwa den Mittelwert aller Beobachtungen in einem Fenster um die Beobachtung? Dadurch wird der Einfluss jeder einzelnen Beobachtung reduziert und die Zeitreihe geglättet, die Form des Trends bleibt aber anders als bei der Geraden flexibel. Das ist genau die Idee eines gleitenden Durchschnittes.

Formal ist der **p-gliedrige gleitende Durchschnitt** $y_{p,t}^{\text{GD}}$ für ungerade p mit $p = 2q + 1$ am Zeitpunkt t definiert als:

$$y_{p,t}^{\text{GD}} := \frac{1}{p} \sum_{j=-q}^{q} y_{t+j} \tag{3.26}$$

und für gerade $p = 2q$ als:

$$y_{p,t}^{\text{GD}} := \frac{1}{p} \left(\frac{1}{2} y_{t-q} + \sum_{j=-(q-1)}^{q-1} y_{t+j} + \frac{1}{2} y_{t+q} \right). \tag{3.27}$$

Der gleitende Durchschnitt am Zeitpunkt t besteht also aus den q Beobachtungen vor t, den q Beobachtungen nach t und der Beobachtung am Zeitpunkt t.

Der 12-gliedrige gleitende Durchschnitt für Januar 2012 beträgt etwa 2.893,96 als Summe von 0,5 mal die Arbeitslosen im Juli 2011 und Juli 2012 sowie jeweils einmal der Wert von August 2011 bis Juni 2012. Sie berechnen den 12-gliedrigen gleitenden Durchschnitt (siehe auch Tabelle 3.10 Spalte 3) und zeichnen für die verschiedenen Monate den damit ermittelten Trend in die Abbildung 3.9 ein. Jetzt ist der kleine Anstieg Anfang 2009 deutlich zu erkennen.

Ein Nachteil dieses Verfahrens ist aber, dass an den Rändern q Werte verloren gehen. Deshalb sollte die Anzahl der Glieder mit Bedacht gewählt werden. Wenn wie im nächsten Abschnitt noch eine Saisonbereinigung (s. u.) stattfindet, sollte die Anzahl der Glieder mit der Anzahl der Saisonkomponenten übereinstimmen, weil diese dann keinen Einfluß auf die gleitenden Durchschnitte haben (Mosler und Schmid, 2009, S. 221).

3.3.2 Saisonbereinigung

Als Sie sich die registrierten Arbeitslosenzahlen (in 1.000) noch einmal näher anschauen (siehe Abbildung 3.8 und 3.9) stellen Sie fest, dass im Winter häufig ein Anstieg der Arbeitslosenzahlen zu verzeichnen ist mit einem Maximum im Januar oder Februar. Im Frühjahr und im Sommer sinken die Zahlen hingegen wieder.

Abbildung 3.9   Registrierte Arbeitslose mit gleitenden Durchschnitten

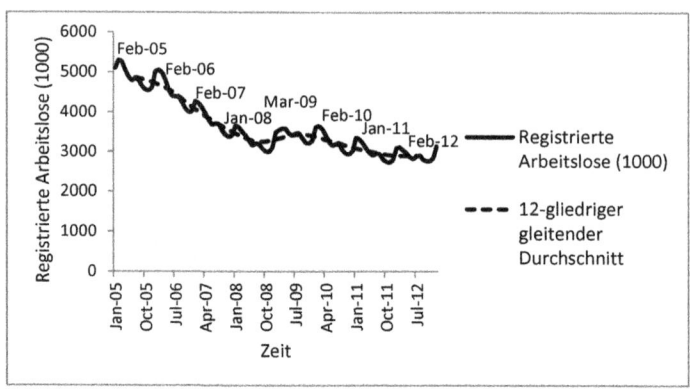

Jetzt verstehen Sie die Schlagzeile in den Nachrichten noch besser. Über den Winter steigen die Arbeitslosenzahlen zwar, aber der Trend ist trotzdem positiv (d. h. die Arbeitslosenzahlen sinken) und im Vergleich zum Vorjahreswinter gibt es weniger registrierte Arbeitslose. Wenn Sie diesen periodischen Saisoneffekt herausrechnen könnten, dann wäre es möglich den saisonunabhängigen Verlauf zu analysieren. Das ist die Saisonbereinigung, von der in den Nachrichten die Rede war.

Sie überlegen sich, dass die Zeitreihe y_t, also neben dem Trend g_t, zusätzlich auch aus Saisoneffekten (zyklische Komponente) z_t und wie bei dem Regressionsmodell zudem aus einer **Restkomponente** r_t, welche etwa Fehler oder zufällige Schwankungen abbildet, besteht. In der Literatur wird oft auch noch eine Konjunkturkomponente erwähnt (Lippe, 1992, S. 397), auf die wir hier nicht näher eingehen. Damit haben Sie das **additive Komponentenmodell** hergeleitet:

$$y_t = g_t + z_t + r_t, \quad t = 1, \cdots, n. \tag{3.28}$$

Wie können Sie nun die Saisoneffekte berechnen? Sie beschließen dazu monatliche Komponenten zu berechnen. Alternativ wären aber auch anderen Komponenten, etwa eine für jedes Quartal, denkbar. Dazu tragen Sie zunächst die Arbeitslosenzahlen sowie den mit gleitenden Durchschnitten bestimmten Trend in die Tabelle 3.10 ein. Ziel ist es, die Saisonkomponente zu ermitteln.

Als Sie sich das additive Komponentenmodell anschauen, kommen Sie auf die Idee, zunächst die Trendkomponente zu subtrahieren. Dadurch erhalten Sie die **trendbereinigte Zeitreihe** (siehe Spalte 4 in Tabelle 3.10). Diese besteht aus den Saisoneffekten und der Restkomponente:

$$y_t - g_t = z_t + r_t, \quad t = 1, \cdots, n. \tag{3.29}$$

Tabelle 3.10   Registrierte Arbeitslose (1.000) sowie Trend- und Saisonbereinigung; Aus Platzgründen werden hier nur die Daten für 2011, 2012 und Januar 2013 dargestellt.

Datum	Reg. AL (1.000)	$\hat{g}_t$	$y_t - \hat{g}_t$	$\hat{z}_t$	$\hat{z}_t^N$	$y_t - \hat{z}_t^N$
Jan-11	3.346	3.079,21	266,79	226,33	**227,22**	3.118,78
Feb-11	3.313	3.059,00	254,00	257,38	**258,27**	3.054,73
Mar-11	3.210	3.039,50	170,50	204,63	**205,52**	3.004,48
Apr-11	3.078	3.021,42	56,58	108,41	**109,29**	2.968,71
Mai-11	2.960	3.004,00	−44,00	−22,77	**−21,88**	2.981,88
Jun-11	2.893	2.985,46	−92,46	−91,62	**−90,74**	2.983,74
Jul-11	2.939	2.964,92	−25,92	−21,88	**−21,00**	2.960,00
Aug-11	2.945	2.945,54	−0,54	−8,12	**−7,23**	2.952,23
Sep-11	2.796	2.929,50	−133,50	−125,02	**−124,13**	2.920,13
Okt-11	2.737	2.917,13	−180,13	−203,61	**−202,72**	2.939,72
Nov-11	2.713	2.907,96	−194,96	−210,01	**−209,12**	2.922,12
Dez-11	2.780	2.900,08	−120,08	−124,37	**−123,48**	2.903,48
Jan-12	3.084	2.893,96	190,04	226,33	227,22	2.856,78
Feb-12	3.110	2.889,67	220,33	257,38	258,27	2.851,73
Mar-12	3.028	2.887,67	140,33	204,63	205,52	2.822,48
Apr-12	2.963	2.888,00	75,00	108,41	109,29	2.853,71
Mai-12	2.855	2.890,25	−35,25	−22,77	−21,88	2.876,88
Jun-12	2.809	2.894,33	−85,33	−91,62	−90,74	2.899,74
Jul-12	2.876	2.899,08	−23,08	−21,88	−21,00	2.897,00
Aug-12	2.905			−8,12	−7,23	2.912,23
Sep-12	2.788			−125,02	−124,13	2.912,13
Okt-12	2.753			−203,61	−202,72	2.955,72
Nov-12	2.751			−210,01	−209,12	2.960,12
Dez-12	2.840			−124,37	−123,48	2.963,48
Jan-13	3.138			226,33	227,22	2.910,78

Um die Saisonkomponente zu bestimmen, müssen Sie diese in der trendbereinigten Zeitreihe noch von der Restkomponente trennen. Die Restkomponente enthält unter anderem zufällige Schwankungen. Wenn Sie den arithmetischen Mittelwert der trendbereinigten Werte für jeden Monat bilden, dann könnten Sie diese Schwankungen eventuell eliminieren. Das ist eine gute Idee. Zudem erhalten Sie dadurch für jeden Monat nur eine(n) Wert / Komponente. Deshalb bilden Sie den arithmetischen Mittelwert über alle trendbereinigten Werte des gleichen Monats und erhalten so die **Saisonkomponente (oder Saisonfigur)**

$$\hat{z}_t = \hat{z}_{t+k} = \hat{z}_{t+2k} = \cdots := \frac{1}{m} \sum_{j=0}^{m-1} (y_{t+jk} - \hat{g}_{t+jk}), \qquad (3.30)$$

wobei m die Anzahl der jeweiligen Periode in den Daten ist und $k = 12$, denn alle 12 Monate wiederholt sich die Komponente, weil diese über die Jahre für jeden Monat gleich bleibt. Wie sieht denn nun die Saisonkomponente konkret für einen speziellen Monat aus? Um das herauszufinden, bilden Sie für den Monat Januar den arithmetischen Mittelwert der $m = 9$ trendbereinigten Werte des Monats Januar der Zeitreihe von 2005 bis 2013 und erhalten 239,86. Diesen tragen Sie zusammen mit dem Mittelwert für alle Monate in die fünfte Spalte der Tabelle 3.10 ein. Das sieht nicht schlecht aus! In den Wintermonaten ist die Saisonkomponente positiv und es gibt einen Aufschlag im Vergleich zum Trend, im Sommer hingegen gibt es einen Abschlag (negative Komponente). Voraussetzung für diese Methode ist die Annahme, dass die Saisoneffekte über die Jahre konstant bleiben.

Etwas stört Sie aber noch. Die Summe aller Saisonkomponenten ist nicht 0. Damit die Saisonkomponente als Auf- bzw. Abschlag interpretiert werden kann, muss diese noch normiert werden. Deshalb ziehen Sie noch den Mittelwert der Saisonkomponenten von jeder Komponente ab. Die **normierte Saisonkomponente** ist damit definiert als:

$$\hat{z}_t^N := \hat{z}_t - \frac{1}{m} \sum_{j=0}^{m-1} \hat{z}_{t+j}. \tag{3.31}$$

Die so berechneten Werte tragen Sie in die Spalte 6 der Tabelle 3.10 ein. Damit können Sie die saisonbereinigte Zeitreihe berechnen, indem Sie die jeweilige Saisonkomponente von den Ursprungsdaten abziehen, siehe Spalte 7 in Tabelle 3.10. Die Abbildung 3.10 zeigt die saisonbereinigte Zeitreihe. Die periodischen Saisoneffekte sind verschwunden und die Zeitreihe sieht optisch fast aus wie der Trend, enthält aber zusätzlich die Restkomponente.

Abbildung 3.10   Saisonbereinigte Zeitreihe der registrierten Arbeitslosen

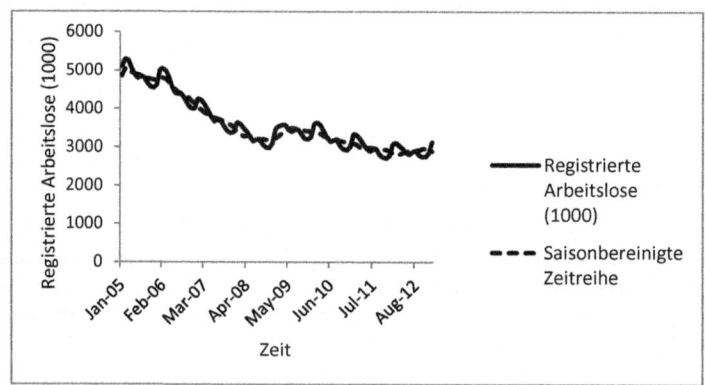

Jetzt sind Sie fast fertig. Als letztes analysieren Sie noch die Restkomponente, die nach Trend- und Saisonbereinigung entsteht. Diese ist in Abbildung 3.11 für den linearen und mit gleitenden Durchschnitten ermittelten Trend dargestellt. Die Restkomponente mit den gleitenden Durchschnitten scheint zufällig um die 0 zu schwanken, während bei der mit linearem Trend bereinigten Zeitreihe noch andere Einflüsse erkennbar sind, die nicht erwünscht sind.

Sie sind stolz auf Ihre neuen Erkenntnisse über das additive Komponentenmodell und freuen sich, dass Sie die Nachrichten nun besser verstehen. Dabei kommt Ihnen noch eine Frage

Abbildung 3.11   Restkomponente nach Trend- und Saisonbereinigung

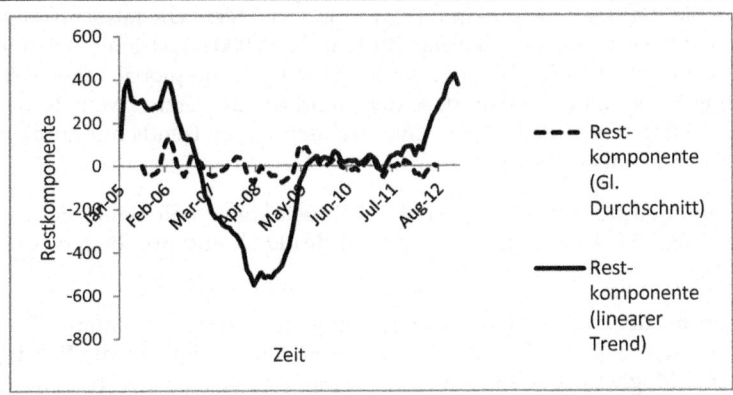

in den Sinn: In den Nachrichten wurde auch von einer saisonbereinigten Zeitreihe berichtet. Welches Verfahren wurde dabei verwendet? Neugierig forschen Sie nach und finden heraus, dass das Statistische Bundesamt weitere Verfahren, wie das Berliner Verfahren (Speth, 2004) oder das Verfahren Census X-12-ARIMA (US Census Bureau, 2013) verwendet. Sie beschließen in Übungsaufgabe 3.5.6 die von Ihnen verwendete Methode der Saisonbereinigung mit der Census X-12-ARIMA Methode zu vergleichen.

3.3.3   Prognose

Das war anstrengend, aber dafür können Sie nun die Komponenten in dem additiven Komponentenmodell ermitteln. Abends kommt Ihnen eine Idee: Können Sie ihre Kenntnisse nicht auch nutzen, um die erwartete Zahl der Arbeitslosen vorherzusagen? Wie wird sich etwa die Arbeitslosigkeit im Februar 2013 entwickeln? Zunächst müssen Sie dazu den Trend in die Zukunft fortsetzen. Das geht relativ einfach, wenn ein linearer Trend angepasst wurde:

$$\hat{g}_{t+1} = \hat{a} + \hat{b} \cdot (t+1). \tag{3.32}$$

Anschließend addieren Sie noch die normierte Saisonkomponente und erhalten eine Prognose für den Zeitpunkt t+1:

$$\hat{y}_{t+1} = \hat{g}_{t+1} + \hat{z}_{t+1}^{N}. \tag{3.33}$$

Für die Anzahl der Arbeitslosen können Sie für Februar 2013 (t=98) mit $\hat{a} = 4.721{,}38$ und $\hat{b} = -22{,}75$ den Trend fortsetzen:

$$\hat{g}_{t+1} = 4.721{,}38 - 22{,}75 \cdot 98 = 2.491{,}90.$$

Nun addieren Sie noch die mit dem linearen Trend erstellte Saisonkomponente[1] für Februar 255,58 und erhalten:

$$\hat{y}_{t+1} = 2.491{,}90 + 255{,}58 = 2.747{,}48.$$

---

[1]Die Rechnung ist hier nicht dargestellt, da diese analog zur Bestimmung der Saisonkomponente unter einem mittels gleitenden Durchschnitten ermittelten Trend verläuft.

Damit sagen Sie, basierend auf einem additiven Modell mit linearem Trend voraus, dass die Anzahl der registrierten Arbeitslosen im Februar 2013 bei 2.747.480 liegen wird. Mit dieser Methode können Sie Prognosen auch für mehr als einen Schritt in die Zukunft erstellen, wenn Sie statt $t + 1$ allgemein $t + 2, t + 3, \cdots$ wählen. Die tatsächliche Anzahl der registrierten Arbeitslosen war im Februar 2013 mit 3.156.000 registrieren Arbeitslosen deutlich größer als prognostiziert. Das liegt daran, dass der Trend global angepasst wurde. In der Abbildung 3.8 ist zu erkennen, dass der Trend für die letzten Monate unter der tatsächlichen Zahl liegt. Eventuell könnte eine Anpassung des Trends nur an die letzten Jahre/Monate das Ergebnis verbessern.

Wenn Sie Prognosen für Zeitreihen erstellen können, können Sie dann nicht sehr schnell sehr reich werden? Sie beschließen das anhand des DAX auszuprobieren (siehe Übungsaufgabe 3.5.7).

Für Zeitreihen, bei der die Trendkomponente mit gleitenden Durchschnitten ermittelt wurde, sind Prognosen schwieriger, weil bei gleitenden Durchschnitten die Randwerte verloren gehen. Eine Möglichkeit, dennoch eine Prognose zu erstellen, wäre zunächst einen linearen Trend an den aktuellen Rand der saisonbereinigten Zeitreihe anzupassen und anschließend damit eine Prognose wie oben beschrieben durchzuführen.

3.3.4   Weitere Verfahren

Bisher haben Sie das additive Komponentenmodell, bestehend aus den drei Komponenten: Trend-, Saison- und Restkomponente (plus eventuell einer Konjunkturkomponente), hergeleitet. Dieses Modell hat den Vorteil relativ einfach zu sein. Das Modell basiert aber auf Annahmen, welche nicht immer erfüllt sein müssen. Deshalb gibt es noch zahlreiche weitere Verfahren. Ein verwandtes Verfahren ist etwa das **multiplikative Komponentenmodell**, welches die Komponenten multiplikativ verbindet:

$$y_t = g_t \cdot z_t \cdot r_t. \tag{3.34}$$

Dieses Modell wird etwa verwendet, wenn die Saisonkomponenten mit steigendem Trend zunehmen.

Beide Modelle ermöglichen Zeitreihen zu beschreiben und Gesetzmäßigkeiten zu entdecken. Ziel dabei ist vor allem eine erste heuristische Approximation der Zeitreihe. Für eine tiefergehende Analyse und Modellierung sollten explizite Modellannahmen getroffen und überprüft werden. Methoden hierzu werden in der einschlägigen Literatur beschrieben.

3.4   Steckbrief

Wie können Sie vorgehen, wenn Sie den Zusammenhang zweier Merkmale analysieren wollen oder müssen? Zunächst müssen Sie überprüfen, welches Skalenniveau vorliegt. Bei metrischen Merkmalen können Sie zur Korrelationsanalyse greifen, bei ordinalen Merkmalen zur Rangkorrelationsanalyse und bei nominalen Merkmalen zur Kontingenzanalyse. Die Regressionsanalyse und die hier vorgestellten Methoden der Zeitreihenanalyse basieren ebenfalls auf metrischen Merkmalen.

Korrelationsanalyse

■ **Verwendung**: Linearer Zusammenhang zwischen zwei (oder mehr) metrischen Merkmalen.

■ **Ergebnis**: Korrelationskoeffizient r mit $-1 \leq r \leq +1$. Je größer $|r|$, desto größer ist der (lineare) Zusammenhang.

■ **Vorsicht**: Nicht robust gegen Ausreißer (Streudiagramm beachten), Ursache-Wirkung Beziehung zunächst unklar: Korrelation bedeutet nicht zwangsläufig Kausalität, und keine Korrelation bedeutet nicht zwangsläufig kein Zusammenhang. Nur lineare Zusammenhänge werden erkannt.

■ **Durchführung**:

1. Berechnen Sie für beide Merkmale (x und y) den jeweiligen Mittelwert.

2. Berechnen Sie für beide Merkmale die jeweiligen Abweichungen zum Mittelwert, $x_i - \bar{x}$ und $y_i - \bar{y}$.

3. Für beide Merkmale quadrieren Sie die Abweichungen aus Schritt 2 und berechnen davon jeweils den Mittelwert. Als Ergebnis erhalten Sie die Varianz von x und die Varianz von y.

4. Die Abweichungen der Merkmale aus Schritt 2 multiplizieren Sie und vom Ergebnis berechnen Sie den Mittelwert. Das Ergebnis ist die Kovarianz von x und y.

5. Dividieren Sie die Kovarianz (Ergebnis Schritt 4) durch das Produkt der Standardabweichungen (Wurzel der Ergebnisse von Schritt 3). Das Ergebnis ist der gesuchte Korrelationskoeffizient r.

Rangkorrelationsanalyse

Bei ordinalen Merkmalen bestimmen Sie einfach die Ränge der jeweiligen Beobachtungen je Merkmal und führen mit diesen Rängen eine Korrelationsanalyse (s.o.) durch.

Kontingenzanalyse

■ **Verwendung**: Zusammenhang zwischen zwei nominalen Merkmalen.

■ **Ergebnis**: Kontingenzkoeffizient C mit $0 \leq C < 1$. Je größer C, desto größer ist der Zusammenhang.

■ **Vorsicht**: Auf ausreichende Zellenbesetzung achten (erwartete Häufigkeit sollte optimalerweise größer als 5 sein), Ursache-Wirkungs-Beziehung zunächst unklar.

■ **Durchführung**:

1. Berechnen Sie die Zeilen-, Spalten- und Gesamtsumme.

2. Für jede Zelle (Kombination) berechnen Sie die erwartete Häufigkeit als Produkt der jeweiligen Spalten- und Zeilensummen dividiert durch die Gesamtzahl der Beobachtungen.

3. Berechnen Sie für jede Zelle die relative quadratische Abweichung, in dem die Differenz der beobachteten und erwarteten Häufigkeiten aus Schritt 2 quadriert wird und anschließend durch die jeweilige erwartete Häufigkeit (Schritt 2) dividiert wird.

4. Addieren Sie alle Werte der Tabellenzellen aus Schritt 3. Das Ergebnis ist das Pearsonsche χ^2.

5. Der Kontingenzkoeffizient C ergibt sich dann als $C = \sqrt{\frac{\chi^2}{n+\chi^2}}$.

Regressionsanalyse

Das Vorgehen zur Schätzung der Steigung und des Achsenabschnitts innerhalb der einfachen linearen Regression $y = a + b \cdot x + \epsilon$ erfolgt im ersten Teil fast analog der Berechnung des Korrelationskoeffizienten.

■ **Verwendung**: Erklären eines abhängigen metrischen Merkmals y durch ein unabhängiges metrisches Merkmal x.

■ **Ergebnis**: Geschätzte lineare Funktion zwischen x und y.

■ **Vorsicht**: Ist die Annahme des lineare Zusammenhangs gerechtfertigt? Nicht robust gegen Ausreißer. Extrapolation (d. h. Anwendung auf Werte x die (weit) außerhalb des beobachteten Wertebereiches liegen) kritisch.

■ **Durchführung**:

1. Berechnen Sie für beide Merkmale (x und y) den jeweiligen Mittelwert.

2. Berechnen Sie für beide Merkmale die jeweiligen Abweichungen zum Mittelwert, $x_i - \bar{x}$ und $y_i - \bar{y}$.

3. Quadrieren Sie für das Merkmal x die Abweichungen aus Schritt 2 und berechnen Sie davon jeweils den Mittelwert. Als Ergebnis erhalten Sie die Varianz von x: s_x^2.

4. Multiplizieren Sie die Abweichungen der Merkmale aus Schritt 2 und berechnen Sie vom Ergebnis den Mittelwert. Das Ergebnis ist die Kovarianz von x und y, s_{xy}.

5. Die Steigung können Sie jetzt mit Hilfe des Quotienten aus 4 und 3 schätzen: $\hat{b} = \frac{s_{xy}}{s_x^2}$.

6. Der Achsenabschnitt ist die Differenz des Mittelwertes von y und der geschätzten Steigung multipliziert mit dem Mittelwert von x: $\hat{a} = \bar{y} - \hat{b} \cdot \bar{x}$.

Trendbereinigung

■ **Verwendung**: Berechnung der trendbereinigten Zeitreihe im additiven Komponentenmodell.

■ **Ergebnis**: Die trendbereinigte Zeitreihe, bestehend aus der Saison- und Restkomponente im additiven Komponentenmodell.

■ **Vorsicht**: Es werden implizite Annahmen unterstellt, welche nicht explizit spezifiziert werden.

■ **Durchführung**:

1. Berechnen Sie die Trendkomponente g_t für alle Zeitpunkte t. Die Trendkomponente kann entweder als linearer Trend oder mittels gleitenden Durchschnitten berechnet werden.

2. Ermitteln Sie die trendbereinigte Zeitreihe durch Subtraktion der Trendkomponente g_t von der Ausgangszeitreihe y_t.

Saisonbereinigung

■ **Verwendung**: Berechnung der saisonbereinigten Zeitreihe im additiven Komponentenmodell.

■ **Ergebnis**: Die saisonbereinigte Zeitreihe, bestehend aus der Trend- und Restkomponente im additiven Komponentenmodell.

■ **Vorsicht**: Es werden implizite Annahmen unterstellt, welche nicht explizit spezifiziert werden.

■ **Durchführung**:

1. Berechnen Sie die Trendkomponente g_t für alle Zeitpunkte t (linear oder gleitende Durchschnitte).

2. Berechnen Sie die trendbereinigte Zeitreihe durch Subtraktion der Trendkomponente g_t von der Ausgangszeitreihe y_t.

3. Berechnen Sie die Saisonkomponente als arithmetischen Mittelwert über alle trendbereinigten Werte der gleichen Periode.

4. Berechnen Sie die normierten Saisonkomponenten durch Subtraktion des arithmetischen Mittelwerts aller Saisonkomponenten von der jeweiligen Saisonkomponente.

3.5 Fallstudien und Übungsaufgaben

3.5.1 Schulnoten und Begabungen

Sicherlich waren Sie irgendwann einmal in der Schule und haben dort Noten bzw. Punkte bekommen. Falls Sie sich nicht erinnern: Punkte gab es von 0 (ungenügend) bis 15 (sehr gut). Punktzahlen von 7 bis 9 entsprechen also z. B. der Note *befriedigend*. Nun stellt sich die Frage, wie stark der (lineare) Zusammenhang zwischen den erreichten Punkten in unterschiedlichen Fächern, etwa in Mathe und Deutsch, ist. Sind Schülerinnen und Schüler, die in dem einen Fach besser sind als der Durchschnitt auch in dem anderen Fach besser (in gewisser Hinsicht also *allgemein* begabt oder fleißig), oder sind diejenigen die beispielsweise in Mathe (besonders) gut sind in Deutsch eher nicht ganz so gut? Dazu stehen Ihnen die Daten von 10 Schülerinnen und Schülern zur Verfügung (Tabelle 3.11).

Tabelle 3.11   Punkte im Schulfach

Schülerin/ Schüler	Mathe	Deutsch
1	6	12
2	4	11
3	12	9
4	7	11
5	9	12
6	13	3
7	12	10
8	13	14
9	12	5
10	13	10

Aufgabe

Berechnen Sie den Korrelationskoeffizienten und ordnen Sie den linearen Zusammenhang ein.

Lösung

Zunächst ergänzen Sie die Tabelle 3.11 um die Abweichungen zum Mittelwert, die quadrierten Abweichungen sowie die gemeinsame Abweichung (siehe Tabelle 3.12).

Tabelle 3.12   Erweiterte Tabelle Punkte im Schulfach

Schüler i	Mathe x_i	Deutsch y_I	$x_i - \bar{x}$	$y_i - \bar{y}$	$(x_i - \bar{x})^2$	$(y_i - \bar{y})^2$	$(x_i - \bar{x})(y_i - \bar{y})$
1	6,00	12,00	-4,10	2,30	16,81	5,29	-9,43
2	4,00	11,00	-6,10	1,30	37,21	1,69	-7,93
3	12,00	9,00	1,90	-0,70	3,61	0,49	-1,33
4	7,00	11,00	-3,10	1,30	9,61	1,69	-4,03
5	9,00	12,00	-1,10	2,30	1,21	5,29	-2,53
6	13,00	3,00	2,90	-6,70	8,41	44,89	-19,43
7	12,00	10,00	1,90	0,30	3,61	0,09	0,57
8	13,00	14,00	2,90	4,30	8,41	18,49	12,47
9	12,00	5,00	1,90	-4,70	3,61	22,09	-8,93
10	13,00	10,00	2,90	0,30	8,41	0,09	0,87
Summe	101,00	97,00	0,00	0,00	100,90	100,10	-39,70
Mittelwert	10,10	9,70	0,00	0,00	10,09	10,01	-3,97

Neben den arithmetischen Mittelwerten $\bar{x} = 10{,}1$ und $\bar{y} = 9{,}7$ können die jeweiligen Varianzen $s_x^2 = 10{,}09$ und $s_y^2 = 10{,}01$ abgelesen werden. Die Kovarianz der Punktzahl in Mathe (x) und Deutsch (y) ist $s_{xy} = -3{,}97$, also negativ.

Der Korrelationskoeffizient ist dann:

$$
\begin{aligned}
r_{xy} &= \frac{s_{xy}}{s_x \cdot s_y} \\[2mm]
&= \frac{\frac{1}{n} \sum_{i=1}^{n} (x_i - \bar{x}) \cdot (y_i - \bar{y})}{\sqrt{\frac{1}{n} \sum_{i=1}^{n} (x_i - \bar{x})^2} \cdot \sqrt{\frac{1}{n} \sum_{i=1}^{n} (y_i - \bar{y})^2}} \\[2mm]
&= \frac{-3{,}97}{\sqrt{10{,}09} \cdot \sqrt{10{,}01}} \\[2mm]
&= -0{,}395.
\end{aligned}
$$

Es liegt hier also eine eher geringe bis mittlere negative Korrelation zwischen den erreichten Punkten in den beiden Fächern vor.

3.5.2   Zusammenhang zwischen BSP und Lebenserwartung

Greifen wir noch einmal die Daten von Aufgabe 2.8.8 auf. Gibt es vielleicht einen (linearen) Zusammenhang zwischen Lebenserwartung und Bruttosozialprodukt?

Tabelle 3.13   Lebenserwartung und BSP ($) je Einwohner; Datenquelle: CIA (2009)

Land	Lebenserwartung Männer (Jahre)	BSP ($) je Einwohner
Singapur	79,13	25.876
Japan	77,96	44.048
Schweiz	77,69	50.326
Deutschland	75,81	36.233
Vereinigte Staaten von Amerika	75,02	48.437
Kuwait	73,13	26.977
Indien	63,9	749
Russland	60,45	4.595
Madagaskar	54,93	389
Namibia	44,46	2.464

Aufgabe

Berechnen Sie den Korrelationskoeffizienten und ordnen Sie den linearen Zusammenhang ein.

Lösung

Zunächst berechnen wir wieder wie in Aufgabe 3.5.1 die erweiterte Tabelle 3.14.

Tabelle 3.14   Erweiterte Tabelle Lebenserwartung und BSP ($) je Einwohner

	Lebenserwartung x_i	BSP y_i	$x_i - \bar{x}$	$y_i - \bar{y}$	$(x_i - \bar{x})^2$	$(y_i - \bar{y})^2$	$(x_i - \bar{x})(y_i - \bar{y})$
Singapur	79,13	25.876,00	10,88	1.866,60	118,42	3.484.195,56	20.312,34
Japan	77,96	44.048,00	9,71	20.038,60	94,32	401.545.489,96	194.614,88
Schweiz	77,69	50.326,00	9,44	26.316,60	89,15	692.563.435,56	248.481,34
Deutschland	75,81	36.233,00	7,56	12.223,60	57,18	149.416.396,96	92.434,86
USA	75,02	48.437,00	6,77	24.427,60	45,86	596.707.641,76	165.423,71
Kuwait	73,13	26.977,00	4,88	2.967,60	23,83	8.806.649,76	14.487,82
Indien	63,90	749,00	−4,35	−23.260,40	18,91	541.046.208,16	101.136,22
Russland	60,45	4.595,00	−7,80	−19.414,40	60,81	376.918.927,36	151.393,49
Madagaskar	54,93	389,00	−13,32	−23.620,40	177,37	557.923.296,16	314.576,49
Namibia	44,46	2.464,00	−23,79	−21.545,40	565,87	464.204.261,16	512.521,98
Summe	682,48	240.094,00	0,00	0,00	1.251,72	3.792.616.502,40	1.815.383,13
Mittelwert	68,25	24.009,40	0,00	0,00	125,17	379.261.650,24	181.538,31

Wie schon in Aufgabe 2.8.8 beträgt der arithmetische Mittelwert der Lebenserwartung 68,25 Jahre und der des BSP 24.009,40$. Die Standardabweichung beträgt 11,19 Jahre bzw. 19474,64$. Die Kovarianz liegt bei $s_{xy} = 181.538,31$. Damit haben wir:

$$
\begin{aligned}
r_{xy} &= \frac{s_{xy}}{s_x \cdot s_y} \\
&= \frac{181.538,31}{\sqrt{125,17} \cdot \sqrt{379.261.650,24}} \\
&= 0{,}833.
\end{aligned}
$$

Der Korrelationskoeffizient nach Bravais-Pearson liegt demnach bei $r = 0{,}833$. Hier können wir also von einer hohen positiven Korrelation sprechen.

3.5.3   Diskriminierung? Zulassung zum Studium

In dem folgenden, echten Fall geht es um die Zulassung zum graduierten Studium an der University of California, Berkeley im Herbst 1973 , siehe Tabelle 3.15.

Tabelle 3.15   Berkeley-Kreuztabelle der Bewerbungen und Zulassungen nach Geschlecht mit Summen;
Datenquelle: Bickel et al. (1975)

		Zulassung zum Studium		
		Zugelassen	Abgelehnt	Summe
Bewerbung	Frau	1.494	2.827	4.321
	Mann	3.738	4.704	8.442
	Summe	5.232	7.531	12.763

Sie sehen sofort: Es wurden mehr Bewerberinnen und Bewerber abgelehnt als zugelassen. Sie sehen auch, dass sich mehr Männer als Frauen beworben haben. Auf den zweiten Blick sieht man aber auch, dass $\frac{1.494}{4.321} = 34,57\%$ der Frauen, aber $\frac{3.738}{8.442} = 44,28\%$ der Männer zugelassen wurden. Kann das noch Zufall sein, oder ist das ein Zeichen für Diskriminierung?

Leider ist die Sache nicht so einfach: Die Bewerberinnen und Bewerber konnten sich in 101 Abteilungen bewerben, in denen über die Zulassung entschieden wurde. Dummerweise hatten Frauen die Tendenz sich für Fächer bzw. Abteilungen zu bewerben in denen viele Bewerberinnen und Bewerber abgelehnt wurden. Es gibt hier also eine wichtige Kovariable, das Fach, welches das Ergebnis verfälscht. Um das zu verstehen, betrachten wir ein fiktives Beispiel (siehe Tabelle 3.16).

Tabelle 3.16   Aggregierte Kreuztabelle der Bewerbungen und Zulassungen nach Geschlecht mit Summen

		Zulassung zum Studium		
		Zugelassen	Abgelehnt	Summe
	Frau	700	600	1.300
Bewerbung	Mann	800	500	1.300
	Summe	1.500	1.100	2.600

Während von 1.300 Männern 800 zugelassen wurden, sind es von den 1.300 Frauen nur 700. Getrennt nach zwei verschiedenen Fächern ergibt sich das Bild in Tabelle 3.17.

Tabelle 3.17   Kreuztabelle der Bewerbungen und Zulassungen nach Geschlecht und Fach

		Fach A		Fach B	
		Zulassung zum Studium		Zulassung zum Studium	
		Zugelassen	Abgelehnt	Zugelassen	Abgelehnt
	Frau	425	25	275	575
Bewerbung	Mann	700	100	100	400

Im Fach A wurden 425 von 450 Frauen, also 94,4%, zugelassen, von den Männern jedoch nur 700 von 800, also 87,5%. Im Fach B sieht es ähnlich aus. Auch hier wurde ein höherer Anteil der Frauen ($\frac{275}{275+575} = 32,4\%$) als bei den Männern ($\frac{100}{100+400} = 20\%$) zugelassen. Und doch wurden insgesamt weniger Frauen als Männer zugelassen (siehe zusammengefasste Tabelle 3.16). Wenn Ihnen das paradox erscheint, so haben Sie Recht. Dieses Phänomen wird als **Simpson's Paradox** bezeichnet.

Aufgabe

1. Bestimmen Sie den Kontingenzkoeffizienten der zusammengefassten Zulassungsdaten von Tabelle 3.16 und ordnen Sie den Zusammenhang ein.

2. Berechnen Sie den Kontingenzkoeffizienten getrennt nach Fächern anhand von Tabelle 3.17.

3. Berechnen Sie den Kontingenzkoeffizienten zwischen Geschlecht und Fächerwahl (Tabelle 3.17)

Lösung

1. Zunächst berechnen wir über $e_{ij} = \frac{h_{i\cdot} \cdot h_{\cdot j}}{n}$ für jede Zelle der Kreuztabelle die unter Unabhängigkeit der Merkmale Geschlecht und Zulassung erwarteten Häufigkeiten (Tabelle 3.18).

Tabelle 3.18   Erwartete Häufigkeiten der Bewerbungen und Zulassungen nach Geschlecht

		Zulassung zum Studium		
		Zugelassen	Abgelehnt	Summe
	Frau	750	550	1.300
Bewerbung	Mann	750	550	1.300
	Summe	1.500	1.100	2.600

Im Anschluss werden über $\frac{(h_{ij} - e_{ij})^2}{e_{ij}}$ die relativen quadratischen Abweichungen berechnet und addiert (Tabelle 3.19).

Tabelle 3.19   Relative quadratische Abweichungen der Bewerbungen und Zulassungen nach Geschlecht

		Zulassung zum Studium		
		Zugelassen	Abgelehnt	Summe
	Frau	3,333	4,545	7,878
Bewerbung	Mann	3,333	4,545	7,878
	Summe	6,666	9,09	15,756

Der Wert des Pearsonschen χ^2 liegt also bei $\chi^2 = 15{,}756$. Damit gilt für den Kontingenz-koeffizienten:

$$
\begin{aligned}
C &= \sqrt{\frac{\chi^2}{n + \chi^2}} \\
&= \sqrt{\frac{15{,}756}{15{,}756 + 2.600}} \\
&= 0{,}078.
\end{aligned}
$$

Damit ist der Zusammenhang insgesamt eher gering.

2. Für das Fach A ist $\chi^2 = 15{,}432$ und $C = 0{,}11$, für B ergibt sich $\chi^2 = 23{,}946$ und $C = 0{,}132$. Insgesamt sind die Zusammenhänge also auch getrennt nach Fächern eher schwach.

3. Anhand der Kreuztabelle von Fach und Geschlecht (siehe Tabelle 3.20) ergibt sich für $\chi^2 = 188{,}74$, woraus $C = 0{,}26$, also ein mittlerer Zusammenhang, folgt.

Tabelle 3.20   Kreuztabelle der Bewerbungen und Geschlecht

| | | \multicolumn{2}{c}{Fach} | |
		A	B	Summe
	Frau	450	850	1300
Bewerbung	Mann	800	500	1300
	Summe	1250	1350	2600

3.5.4   Marketing und die Preis-Absatz-Funktion

Der *Preis* eines Produktes ist ein wichtiger Faktor im klassischen Marketing-Mix und ein Bestandteil von den *4P*: Product, Price, Place, Promotion (Kuß, 2013). In der klassischen Mikroökonomik wird dann gerne vereinfacht von einer linearen Preis-Absatz-Funktion ausgegangen. Die verkaufte Menge x hängt linear vom Preis p ab. Dabei ist die Funktion fallend: Je höher der Preis, desto geringer die Menge. In der Mikroökonomik wird dabei aber häufig zunächst *umgekehrt* gerechnet, d. h., der Preis p ist eine (hier: lineare) Funktion der Menge x, also $x(p)$ (Christiaans und Ross, 2013).

Vor der bundesweiten Markteinführung eines neuen Produktes wollen Sie zunächst die Preis-Absatz-Funktion schätzen um damit anschließend den gewinnmaximalen Preis bestimmen zu können. Dazu verwenden Sie 6 verschiedene, vergleichbare Testmärkte. Das Ergebnis dieser Tests finden Sie in Tabelle 3.21.

Tabelle 3.21   Verkaufte Menge und erzielter Preis

Testmarkt	Menge (in hundert Stück)	Preis (in Euro)
1	91,00	1,50
2	84,00	3,00
3	80,00	4,50
4	87,50	2,50
5	90,00	2,00
6	62,50	7,50

Aufgabe

1. Schätzen Sie die Regressionsgleichung des Preises auf die Menge (Preis-Absatz-Funktion).

2. Bestimmen Sie die Sättigungsmenge, d. h., die Menge, bei der der Preis 0 ist, sowie den Prohibitivpreis als den Preis, bei dem die Menge 0 ist.

3. Mit wie viel verkauften Stück können Sie bei einem Preis von 4,50 € rechnen?

Lösung

1. Zunächst bietet es sich an, die ursprüngliche Tabelle um die Spalten Abweichung zum Mittelwert (für x und y), Quadrat der Abweichung (für x) sowie das Produkt der Abweichungen zu erweitern. Das Ergebnis finden Sie in Tabelle 3.22.

Tabelle 3.22   Erweiterte Tabelle der verkauften Menge und erzieltem Preis

i	Menge x_i	Preis y_i	$x_i - \bar{x}$	$y_i - \bar{y}$	$(x_i - \bar{x})^2$	$(x_i - \bar{x}) \cdot (y_i - \bar{y})$
1	91,00	1,50	8,50	−2,00	72,25	−17,00
2	84,00	3,00	1,50	−0,50	2,25	−0,75
3	80,00	4,50	−2,50	1,00	6,25	−2,50
4	87,50	2,50	5,00	−1,00	25,00	−5,00
5	90,00	2,00	7,50	−1,50	56,25	−11,25
6	62,50	7,50	−20,00	4,00	400,00	−80,00
Summe	495,00	21,00	0,00	0,00	562,00	−116,50
Mittelwert	82,50	3,50	0,00	0,00	93,6667	−19,4167

Aus dieser Tabelle können die Werte, die zur Schätzung der Regressionsgerade benötigt werden, einfach abgelesen werden. Die Schätzung der Steigung erfolgt über die Formel:

$$\hat{b} = \frac{s_{xy}}{s_x^2}$$

$$= \frac{-19{,}4167}{93{,}6667}$$

$$= -0{,}2073 \quad \text{(gerundet)}.$$

Mit jeder zusätzlich verkauften Einheit x (in hundert Stück) sinkt der Preis um 0,21 €. Der Achsenabschnitt wird über die Gleichung:

$$\hat{a} = \bar{y} - \hat{b} \cdot \bar{x}$$
$$= 3,5 - 62,5 \cdot (-0,2073)$$
$$= 20,6023 \quad \text{(gerundet)}$$

im Sinne des Kleinsten-Quadrate-Kriteriums optimal geschätzt. Insgesamt ergibt sich für die Regressionsgleichung

$$\hat{y} = \hat{a} + \hat{b} \cdot x$$
$$= 20,6023 - 0,2073 \cdot x,$$

wobei x die verkaufte Menge in hundert Stück ist und y der Preis.

2. Der Prohibitivpreis ist einfach der Preis, bei der die verkaufte Menge genau $x = 0$ ist, also der Achsenabschnitt $\hat{a} = 20,60$ der Regressionsgleichung. Für die Sättigungsmenge, also die Menge x für die der Preis genau 0 ist muss die Regressionsgleichung umgestellt werden:

$$y = 20,6023 - 0,2073 \cdot x$$
$$\Leftrightarrow x = 99,384 - 4,834 \cdot y.$$

Wenn der Preis (also y in der Gleichung) 0 ist, dann ist die verkaufte Menge x (in hundert Stück) also 99,384, gerundet insgesamt 9.938. Leider bekommen wir in der Statistik nicht immer glatte, schöne Zahlen als Ergebnis.

3. Um die verkaufte Menge bei einem Preis von 4,50 € zu schätzen, wird dieser als neuer Wert y_0 in die umgestellte, geschätzte Regressionsgleichung eingesetzt:

$$\hat{x}_0 = 99,384 - 4,834 \cdot y_0$$
$$= 99,384 - 4.834 \cdot 4,5$$
$$= 77,631.$$

Da die Menge x nach Tabelle 3.21 in hundert Stück angegeben wurde, können wir bei einem Preis von 4,50 € eine verkaufte Menge um die 7.763 Stück erwarten.

3.5.5 Capital Asset Pricing Modell

Im Capitel Asset Pricing Modell (siehe z. B. Kruschwitz und Husmann, 2012) wird das systematische Risiko einer Anlage (z. B. einer Aktie) mit Hilfe des Betafaktors gemessen. Dieser Faktor gibt an, ob und wie sich die Rendite einer bestimmten Aktie im Verhältnis zum Markt verhält. Ist der Wert größer 1, so schwankt die Aktie stärker als der Markt (hohes Risiko), ist er kleiner als 1, so ist das Risiko geringer. Negative Werte bedeuten, dass sich die Aktie gegenläufig zum Markt bewegt.

Aus statistischer Sicht kann der Betafaktor aus einer einfachen linearen Regression der Rendite r_i des interessierenden Wertpapiers i als abhängiger Variable auf die Marktrendite r_M bestimmt werden:

$$r_i = \alpha_i + \beta_i r_M + \epsilon_i.$$

Hierbei bezieht sich i zunächst nicht auf die einzelnen Beobachtungen (z. B. Tagesrenditen), sondern auf das Wertpapier i. Damit ist der Betafaktor (im Kontext von Aktien auch Aktienbeta genannt) nichts anderes als die geschätzte Steigung der Regressionsgleichung.

Tabelle 3.23 zeigt die fiktiven monatlichen Renditen des Marktes sowie einer ausgewählten Aktie.

Tabelle 3.23   Tabelle der monatlichen Renditen von Markt und Aktie

Monat	Marktrendite	Aktienrendite
1	0,06	0,08
2	0,00	0,01
3	0,08	0,11
4	−0,02	−0,02
5	0,07	0,08
6	0,01	0,02
7	0,04	0,07
8	0,06	0,08
9	0,02	0,02
10	0,04	0,06
11	0,01	0,02
12	0,01	0,03

Aufgabe

1. Berechnen Sie die Regressionsgleichung der monatlichen Aktienrendite (y) auf die Marktrendite (x).

2. Interpretieren Sie das berechnete Beta β der Aktie.

3. Welche Rendite der Aktie erwarten Sie, wenn der Markt um $-0,01$ fällt?

Lösung

1. Die ursprüngliche Tabelle wird um die Spalten *Abweichung zum Mittelwert* (für x und y), *Quadrat der Abweichung* (für x) sowie dem *Produkt der Abweichungen* erweitert (siehe Tabelle 3.24). Für die Steigung der Regressionsgeraden gilt:

$$
\begin{aligned}
\hat{b} &= \frac{s_{xy}}{s_x^2} \\
&= \frac{0{,}0011}{0{,}0009} \\
&= 1{,}2222,
\end{aligned}
$$

Tabelle 3.24 Erweiterte Tabelle der monatlichen Renditen von Markt und Aktie

Monat i	Markt x_i	Aktie y_i	$x_i - \bar{x}$	$y_i - \bar{y}$	$(x_i - \bar{x})^2$	$(x_i - \bar{x})(y_i - \bar{y})$
1	0,0600	0,0800	0,0283	0,0333	0,0008	0,0009
2	0,0000	0,0100	−0,0317	−0,0367	0,0010	0,0012
3	0,0800	0,1100	0,0483	0,0633	0,0023	0,0031
4	−0,0200	−0,0200	−0,0517	−0,0667	0,0027	0,0034
5	0,0700	0,0800	0,0383	0,0333	0,0015	0,0013
6	0,0100	0,0200	−0,0217	−0,0267	0,0005	0,0006
7	0,0400	0,0700	0,0083	0,0233	0,0001	0,0002
8	0,0600	0,0800	0,0283	0,0333	0,0008	0,0009
9	0,0200	0,0200	−0,0117	−0,0267	0,0001	0,0003
10	0,0400	0,0600	0,0083	0,0133	0,0001	0,0001
11	0,0100	0,0200	−0,0217	−0,0267	0,0005	0,0006
12	0,0100	0,0300	−0,0217	−0,0167	0,0005	0,0004
Summe	0,3800	0,5600	0,0000	0,0000	0,0108	0,0130
Mittelwert	0,0317	0,0467	0,0000	0,0000	0,0009	0,0011

wobei die Werte in Tabelle 3.24 gerundet wurden, so dass auch der Wert des Aktienbetas hier gerundet ist. Für die Schätzung des Achsenabschnitts folgt:

$$
\begin{aligned}
\hat{a} &= \bar{y} - \hat{b} \cdot \bar{x} \\
&= 0{,}0467 - 1{,}2222 \cdot 0{,}0317 \\
&= 0{,}008.
\end{aligned}
$$

Auch dieser Wert ist gerundet. Insgesamt lautet die geschätzte Regressionsgleichung:

$$
\begin{aligned}
\hat{y} &= \hat{a} + \hat{b} \cdot x \\
&= 0{,}008 + 1{,}2222 \cdot x.
\end{aligned}
$$

2. Da der Wert des Aktienbetas mit $\beta = \hat{b} = 1{,}2222 > 1$ ist, schwankt die ausgewählte Aktie stärker als der Markt.

3. Die Markrendite von $x_0 = -0{,}01$ wird in die geschätzte Regressionsgleichung zur Prognose eingesetzt:

$$
\begin{aligned}
\hat{y}_0 &= \hat{a} + \hat{b} \cdot x_0 \\
&= 0{,}008 + 1{,}2222 \cdot x_0 \\
&= 0{,}008 + 1{,}2222 \cdot (-0{,}01) \\
&= -0{,}0042.
\end{aligned}
$$

Sie können also im Mittel eine Rendite der Aktie von $-0{,}0042$ erwarten. Im Mittel deswegen, weil es ja noch den Fehler bzw. das Residuum gibt.

3.5.6   Saisonbereinigung und Prognose der Arbeitskosten

Der Arbeitskostenindex misst vierteljährlich die Entwicklung der Arbeitskosten je geleis-
teter Arbeitsstunde und wird vor allem von der Europäischen Zentralbank genutzt, um
Inflationsrisiken zu erkennen. Abbildung 3.12 sowie Tabelle 3.25 enthalten den Index der
Arbeitskosten vom ersten Quartal 2006 bis zum 2. Quartal 2012. In der Abbildung 3.12 sind
deutlich periodische Schwankungen zu erkennen.

Abbildung 3.12   Verlauf des Index der Arbeitskosten zwischen 2006 und 2012;
                      Datenquelle: Statistisches Bundesamt (2013a)

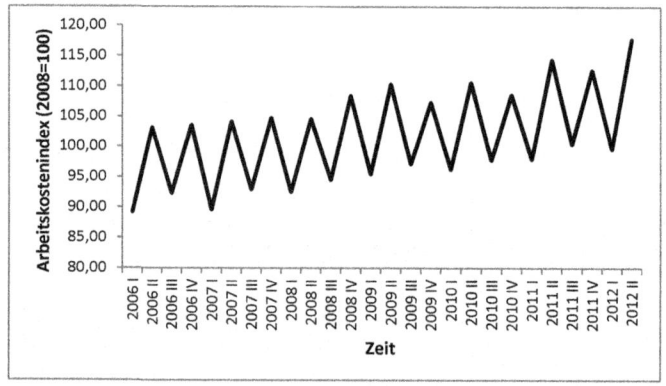

Tabelle 3.25   Index der Arbeitskosten: Produzierendes Gewerbe und Dienstleis-
                    tungsbereiche; 2008=100;
                    Datenquelle: Statistisches Bundesamt (2013a)

Datum	Arbeitskosten	C. X-12-ARIMA	Datum	Arbeitskosten	C. X-12-ARIMA
2006 I	89,10	96,50	2009 II	110,30	102,70
2006 II	103,20	96,80	2009 III	97,10	102,70
2006 III	92,30	97,40	2009 IV	107,30	102,30
2006 IV	103,60	97,30	2010 I	96,20	103,40
2007 I	89,60	96,80	2010 II	110,60	103,20
2007 II	104,20	97,50	2010 III	97,70	103,40
2007 III	92,90	98,00	2010 IV	108,60	103,70
2007 IV	104,80	98,60	2011 I	97,90	105,50
2008 I	92,50	99,20	2011 II	114,30	106,40
2008 II	104,60	98,60	2011 III	100,40	106,20
2008 III	94,50	99,80	2011 IV	112,60	107,10
2008 IV	108,40	102,40	2012 I	99,60	107,50
2009 I	95,40	102,60	2012 II	117,70	109,10

Aufgabe

1. Passen Sie einen linearen Trend an die in Tabelle 3.25 gegebenen Daten der Arbeitskosten an und führen Sie eine Saisonbereinigung durch.

2. Erstellen Sie eine Prognose inklusive des Saisoneffektes für das dritte Quartal 2012. Beurteilen Sie die Güte der Prognose anhand des vom Statistischen Bundesamt ermittelten Wertes von 103,80.

3. Vergleichen Sie die von Ihnen saisonbereinigte Zeitreihe mit der von dem Statistischen Bundesamt mit der Census X-12-ARIMA veröffentlichten saisonbereinigten Zeitreihe (siehe Tabelle 3.25 Spalten 3 und 6).

4. Interpretieren Sie die unbereinigte und saisonbereinigte Zeitreihe der Arbeitskosten und vergleichen Sie die beiden Zeitreihen.

Lösung

1. Die Tabelle 3.26 enthält den mit den Formeln 3.24 und 3.25 ermittelten linearen Trend mit den Parametern $b = 0,55$ und $a = 94,37$. Als unabhängige Variable wurden dabei die Zeit von 1 bis 26 und als abhängige Variable die Arbeitskosten (Spalte 2) verwendet. In Spalte 5 sind die vier Saison- bzw. Quartalskomponenten dargestellt. Um diese zu ermitteln, haben Sie jeweils den arithmetischen Mittelwert über alle Werte des jeweiligen Quartals der trendbereinigten Zeitreihe (Spalte 4) gebildet.
Für das erste Quartal ergibt sich damit z. B.:

$$\hat{z}_1 = \frac{(-5,82 - 7,50 - 6,79 - 6,07 - 7,46 - 7,94 - 8,43)}{7} = -7,14.$$

Anschließend können Sie die vier normierten Saisonkomponenten (Spalte 6) ermitteln, indem Sie den arithmetischen Mittelwert der vier Saisonkomponenten (Spalte 5) von der jeweiligen Saisonkomponente subtrahieren.
Für das erste Quartal ergibt sich damit:

$$\hat{z}_1^N = -7,14 - \frac{(-7,14 + 7,25 - 5,66 + 5,53)}{4} = -7,14 + 0,004 \approx -7,14.$$

Zum Schluss subtrahieren Sie noch die jeweilige normierte Saisonkomponente von den Arbeitskosten und erhalten dadurch die saisonbereinigte Zeitreihe (Spalte 7). Die Abbildung 3.13 zeigt den Index der Arbeitskosten sowie den linearen Trend und die saisonbereinigte Zeitreihe.

Tabelle 3.26   Index der Arbeitskosten: Trend- und Saisonbereinigung

Datum	Arbeitskosten	$\hat{g}_t$	$y_t - \hat{g}_t$	$\hat{z}_t$	$\hat{z}_t^N$	$y_t - \hat{z}_t^N$	Census X-12-ARIMA
2006 I	89,10	94,92	−5,82	−7,14	−7,14	96,24	96,50
2006 II	103,20	95,46	7,74	7,25	7,26	95,94	96,80
2006 III	92,30	96,01	−3,71	−5,66	−5,65	97,95	97,40
2006 IV	103,60	96,56	7,04	5,53	5,54	98,06	97,30
2007 I	89,60	97,10	−7,50	−7,14	−7,14	96,74	96,80
2007 II	104,20	97,65	6,55	7,25	7,26	96,94	97,50
2007 III	92,90	98,19	−5,29	−5,66	−5,65	98,55	98,00
2007 IV	104,80	98,74	6,06	5,53	5,54	99,26	98,60
2008 I	92,50	99,29	−6,79	−7,14	−7,14	99,64	99,20
2008 II	104,60	99,83	4,77	7,25	7,26	97,34	98,60
2008 III	94,50	100,38	−5,88	−5,66	−5,65	100,15	99,80
2008 IV	108,40	100,93	7,47	5,53	5,54	102,86	102,40
2009 I	95,40	101,47	−6,07	−7,14	−7,14	102,54	102,60
2009 II	110,30	102,02	8,28	7,25	7,26	103,04	102,70
2009 III	97,10	102,57	−5,47	−5,66	−5,65	102,75	102,70
2009 IV	107,30	103,11	4,19	5,53	5,54	101,76	102,30
2010 I	96,20	103,66	−7,46	−7,14	−7,14	103,34	103,40
2010 II	110,60	104,20	6,40	7,25	7,26	103,34	103,20
2010 III	97,70	104,75	−7,05	−5,66	−5,65	103,35	103,40
2010 IV	108,60	105,30	3,30	5,53	5,54	103,06	103,70
2011 I	97,90	105,84	−7,94	−7,14	−7,14	105,04	105,50
2011 II	114,30	106,39	7,91	7,25	7,26	107,04	106,40
2011 III	100,40	106,94	−6,54	−5,66	−5,65	106,05	106,20
2011 IV	112,60	107,48	5,12	5,53	5,54	107,06	107,10
2012 I	99,60	108,03	−8,43	−7,14	−7,14	106,74	107,50
2012 II	117,70	108,58	9,12	7,25	7,26	110,44	109,10

Abbildung 3.13   Index der Arbeitskosten: trend- und saisonbereinigt

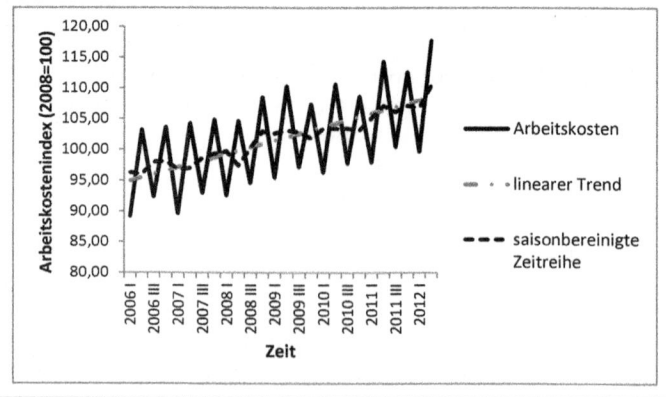

2. Der prognostizierte Trend für das dritte Quartal 2012 (Zeitpunkt t=27) lautet:

$$\hat{g}_{27} = 94{,}37 + 0{,}55 \cdot 27 = 109{,}12,$$

und damit ergibt sich durch Addieren der normierten Saisonkomponente:

$$\hat{y}_{27} = 109{,}12 + (-5{,}65) = 103{,}47.$$

Somit kommt Ihre Prognose sehr nahe an den ausgewiesenen Wert des Statistischen Bundesamtes von 103,80 heran.

3. Die Abbildung 3.14 zeigt den Verlauf der beiden Zeitreihen. Die wesentliche Struktur der Zeitreihen ist ähnlich. Die offizielle Zeitreihe zeigt jedoch einen etwas glatteren Verlauf. Beachten Sie die Veränderung in der Skalierung der vertikalen Achse im Vergleich zu Abbildung 3.13.

Abbildung 3.14   Vergleich der saisonbereinigten Zeitreihen (offiziell und berechnet) der Arbeitskosten

---

4. Der Index der Arbeitskosten steigt saisonbereinigt über die Jahre leicht an. Dabei sind klare saisonale Schwankungen zu erkennen. Im 1. und 3. Quartal sind die Arbeitskosten tendenziell höher als im 2. und 4. Quartal (siehe Abbildung 3.13). Daher unterscheiden sich die unbereinigte und saisonbereinigte Zeitreihe.

3.5.7   Prognose der DAX Zeitreihe

Die Abbildung 3.15 zeigt den Verlauf der monatlichen DAX-Zeitreihe von 2003 bis 2007 mit einem linearen Trend. Die Tabelle 3.27 enthält die Werte für das Jahr 2007. Die ersten vier Jahre (48 Monate) von 2003 bis 2006 werden aus Platzgründen nicht dargestellt. Die Zeit läuft deshalb von t=49 bis t=60.

Tabelle 3.27   DAX-Zeitreihe und linearer Trend für das Jahr 2007;
                    Datenquelle: Deutsche Bundesbank (2013)

Datum	Zeit	DAX Index	linearer Trend
Jan-07	49	6789,11	6729,06
Feb-07	50	6715,44	6817,97
Mar-07	51	6917,03	6906,88
Apr-07	52	7408,87	6995,79
Mai-07	53	7883,04	7084,70
Jun-07	54	8007,32	7173,61
Jul-07	55	7584,14	7262,51
Aug-07	56	7638,17	7351,42
Sep-07	57	7861,51	7440,33
Okt-07	58	8019,22	7529,24
Nov-07	59	7870,52	7618,15
Dez-07	60	8067,32	7707,06

Sie haben den linearen Trend schon berechnet und in die Abbildung 3.15 (siehe auch Tabelle 3.27) eingezeichnet. Die Steigung beträgt dabei 88,91 und der Achsenabschnitt 2.372,53. Motiviert durch den Wunsch schnell reich zu werden, beschließen Sie eine Prognose des DAX für den Monat Januar 2008 zu erstellen.

Aufgabe

1. Erstellen Sie eine Prognose des DAX Index für Januar 2008.

Abbildung 3.15   Verlauf des DAX und linearer Trend zwischen 2003 und 2007;
                      Datenquelle: Deutsche Bundesbank (2013)

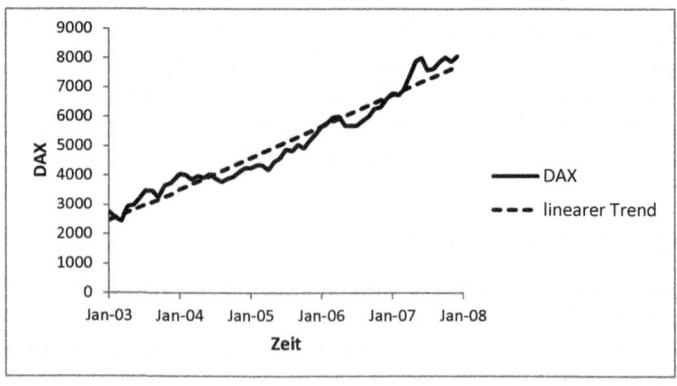

2. Die Abbildung 3.16a zeigt den Verlauf des DAX von Januar 2003 bis Januar 2009. Warum lieferte Ihre Prognose keine brauchbaren Werte?

Abbildung 3.16   Verlauf des DAX von 2003 bis 2009 und von 1989 bis 2012

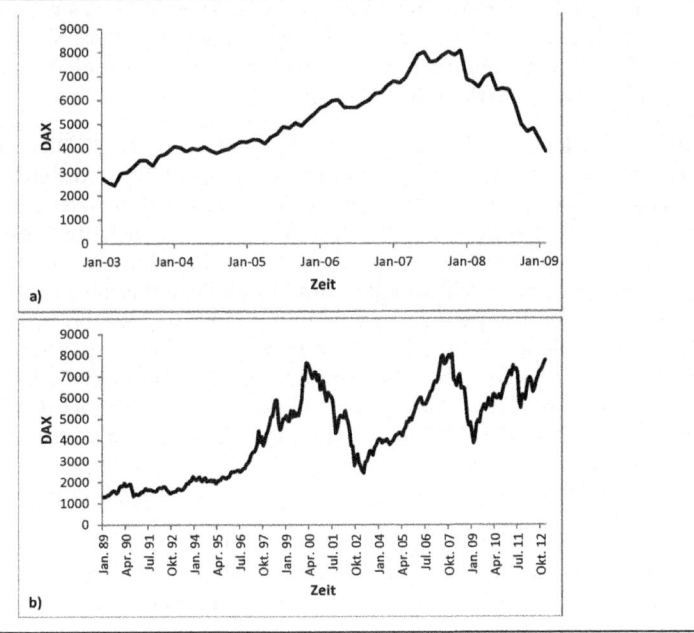

Lösung

1. Die Prognose ist für den Zeitpunkt t=61 (Januar 2008) zu erstellen. Es gilt:

$$\hat{y}_{61} = 2.372,53 + 88,91 \cdot 61 = 7.796,04.$$

Der wirkliche Wert des DAX im Januar 2008 betrug aber lediglich 6.851,75 Punkte. Damit liegt der von Ihnen prognostizierte Wert 944,29 Punkte zu hoch.

2. Im Januar 2008 gab es einen Absturz des DAX von 8.067,32 Punkte im Dezember 2007 auf 6.851,75 Punkte im Januar 2008. Im Februar 2009 fiel der DAX sogar bis auf 3.843,74 Punkte. Ursache des Absturzes war das Umfeld der Finanzkrise ab 2007. Damit gab es einen Strukturbruch und die implizite Annahme, dass der Trend auch in Zukunft besteht, ist nicht mehr gültig. Abbildung 3.16b verdeutlicht, dass der DAX seit 1989 mehrere Phasen mit starken Anstiegen und Abstürzen durchlaufen hat. Sie beschließen deshalb in Zukunft Prognosen nur mit Vorsicht zu erstellen!

3.6   Literatur- und Softwarehinweise

Die Mathematik der hier vorgestellten Zusammenhangsmaße wird zum Beispiel im Kapitel 3 von Fahrmeir et al. (2011) dargestellt. Eine ausführliche Beschreibung einer Kontingenzanalyse gibt es in Kapitel 6 von Backhaus et al. (2008). Die Anzahl der Bücher, die sich auch ausschließlich mit der linearen Regression beschäftigen, ist unübersehbar (z. B. Groß, 2003). Gleich das erste Kapitel in Backhaus et al. (2008) hat die Regressionsanalyse zum Thema, ebenso alle Bücher zur Ökonometrie (z. B. Auer, 2011). Es gibt eine große Vielzahl an Büchern, welche Methoden der Zeitreihenanalyse behandeln. Stellvertretend möchten wir hier die Bücher von Schlittgen und Streitberg (2001), Lippe (2006) sowie das Buch von Tsay (2005) über Finanzmarktzeitreihen nennen.

In Microsoft Excel kann die Kovarianz mit Hilfe der Funktion KOVARIANZ.P bestimmt werden, der Korrelationskoeffizient nach Bravais-Pearson über den Befehl KORREL. Für den Rangkorrelationskoeffizienten nach Spearman ist in Excel ein kleiner Umweg nötig. Zunächst werden über den Befehl RANG.GLEICH die jeweiligen Ränge bestimmt. Darauf aufbauend wird dann über KORREL die entsprechende Rangkorrelation berechnet. Leider ist es in Excel zur Zeit noch nicht möglich direkt das Pearsonsche χ^2 oder den Kontingenzkoeffizienten C zu bestimmen. Zur Berechnung einer Regression in Excel gibt es die Befehle STEIGUNG sowie ACHSENABSCHNITT zum Schätzen der Regressionskoeffizienten. Das Bestimmtheitsmaß R^2 kann über die Funktion BESTIMMTHEITSMASS berechnet werden. In Excel kann ein linearer Trend durch die Funktion Trend berechnet werden. Ein gleitender Durchschnitt kann über das Add-in Datenanalyse Unterpunkt Gleitender Durchschnitt aufgerufen werden. Um die Saisonbereinigung durchzuführen gibt es keine direkte Excel Funktion, jedoch lassen sich Formeln relativ einfach implementieren.

In R gibt es die Funktionen cov für die Kovarianz und cor für den Korrelationskoeffizienten. Wird dieser mit der Option method="spearman" aufgerufen, so wird der Rangkorrelationskoeffizient berechnet. Eine Kontingenzanalyse kann in R einerseits über die Funktion chisq.test durchgeführt werden, allerdings wird dort zunächst nur der Wert des Pearsonschen χ^2 ausgegeben. Der Wert des Kontingenzkoeffizienten C kann beispielsweise durch die Funktion assocstats im Paket vcd (Meyer et al., 2013) berechnet werden. In R erfolgt die gesamte Schätzung über den Befehl lm. Prognosen können dann über predict durchgeführt werden. In R kann über den Befehl ts ein Zeitreihenobjekt erzeugt werden. Für ein solches Objekt kann dann z. B. mit dem Befehl decompose eine Trend- (gleitende Durchschnitte) und Saisonbereinigung durchgeführt werden. Ein linearer Trend kann mit dem Befehl lm erzeugt werden.

4   Daten und Zufall

Ein Freund von Ihnen besitzt ein Geschäft, in dem unter anderem Chips und Bier verkauft werden. Er möchte den Verkauf ankurbeln und hat dazu 100.000 Kundinnen- und Kundendaten in einer Datenbank gesammelt. Dabei hat er festgestellt, dass 25.000 von ihnen Bier kauften und 20.000 Chips. Beide Produkte (also Bier und Chips) wurden von 10.000 Kunden gekauft. Ihr Freund hat von Ihren Statistikkenntnissen gehört und bittet Sie um Hilfe: „Angenommen ich sehe einen Kunden, der sich gerade eine schöne Flasche Bier in den Einkaufswagen gelegt hat. Sollte ich ihm auch den Weg zum Chipsregal zeigen?"

Um seine Frage zu beantworten reicht es nicht aus, die Daten wie in den vorherigen Abschnitten einfach zu beschreiben, denn hier spielt der Zufall eine Rolle. Sie beschließen deshalb, dem Zufall in den Daten auf die Spur zu kommen.

Dazu werden Sie sich zunächst in Abschnitt 4.1 mit den Grundbegriffen Zufall und Wahrscheinlichkeit vertraut machen sowie grundlegende Rechenregeln im Zusammenhang mit Wahrscheinlichkeiten kennenlernen. Anschließend werden in Abschnitt 4.2 Zufallsvariablen und Wahrscheinlichkeitsverteilungen vorgestellt. Ein Schwerpunkt wird dabei auf die Binomial- sowie die Normalverteilung gelegt. Danach werden Sie sich in Abschnitt 4.3 mit dem Datenschluss, d. h. dem Schätzen von Parametern und dem Testen von Hypothesen beschäftigen. In Abschnitt 4.4 wird ein Steckbrief der wesentlichen Formeln/Methoden angegeben. Abschnitt 4.5 enthält Fallstudien und Übungsaufgaben, und in Abschnitt 4.6 werden schließlich Literatur- und Softwarehinweise gegeben.

4.1   Zufall und Wahrscheinlichkeit

Wenn Sie über den Zufall nachdenken, fällt Ihnen auf, dass der Ausgang vieler Ereignisse unsicher ist: Wie lauten die Lottozahlen von nächster Woche? Wer wird in der kommenden Saison Deutscher Fußballmeister? Wird ein neu eingeführtes Produkt ein Erfolg, oder nicht? Wie lautet der morgige Aktienkurs? Das alles wissen Sie nicht. So ein Ärger! So viele Daten und doch so viel Unsicherheit. Aber zumindest zum Zeitpunkt des Schreibens dieses Buches haben Sie die Vermutung, dass eher Bayern München als Hannover 96 in der kommenden Saison Deutscher Fußballmeister wird.

Dass wir viele Dinge nicht genau vorhersagen können, aber gleichwohl uns manche Szenarien plausibler als andere erscheinen, hängt mit zwei zentralen Begriffen, **Zufall** und **Wahrscheinlichkeit** zusammen, die wir im Folgenden näher kennenlernen sollten.

4.1.1   Zufallsexperiment

Ein großer Mathematiker, der sich intensiv mit der Wahrscheinlichkeitstheorie beschäftigt hat, Pierre-Simon Laplace, hatte 1814 einen Traum, der für viele Enthusiasten von Big-Data (siehe McKinsey Global Institute, 2011) heute Wirklichkeit werden könnte – und für viele Kritiker von Big-Data ein Alptraum ist:

> „Wir können den gegenwärtigen Zustand des Universums als Folge eines früheren Zustandes ansehen und als Ursache des zukünftigen. Eine Intelligenz, die in einem

bestimmten Augenblick alle Kräfte kennt, die die Natur bewegen und die Positionen aller Dinge, und die überdies mächtig genug wäre diese Daten zu analysieren, würde in einer Formel die Bewegungen der größten Himmelskörper und der kleinsten Atome zusammenfassen. Nichts wäre für Sie ungewiss, Zukunft und Vergangenheit lägen klar vor Ihren Augen."

Mit anderen Worten (nach Albert Einstein): *Gott würfelt nicht*, es gibt also keinen Zufall. Aus Sicht eines Menschen gilt dies aber nicht, der Laplacesche *Dämon* ist widerlegt. Nicht nur aus Gründen der Grenzen der Datenverarbeitung, sondern auch aus physikalischen, psychologischen, aber auch aus mathematischen Gründen kann es ihn nicht geben. Daher müssen wir uns mit dem **Zufall** bzw. **Zufallsexperiment** herumschlagen. Zufallsexperimente sind Vorgänge, bei denen unter (scheinbar?) gleichen Voraussetzungen unterschiedliche Ergebnisse herauskommen können: Stellen Sie sich z. B. vor, die Lottozahlen wären jede Woche gleich. In der Sprache der Wahrscheinlichkeitsrechnung werden die konkret gezogenen Lottozahlen auch **Ereignis** genannt. Ein Ereignis ist also das Ergebnis eines Zufallsexperiments. Wenn das Zufallsexperiment ein Würfelwurf ist, dann ist zum Beispiel der Wurf nur gerader Zahlen ein Ereignis. Aber auch eine Tagesrendite von 10% ist ein Ereignis oder der Produktkauf eines Kunden.

4.1.2 Wahrscheinlichkeit

Manche Ereignisse sind sicher, andere völlig ausgeschlossen und wieder andere sind möglich. Die **Wahrscheinlichkeit** eines Ereignisses ist vergleichbar mit der relativen Häufigkeit (siehe Abschnitt 2.1) von Merkmalsausprägungen. Die (empirische) Definition von der Wahrscheinlichkeit eines Ereignisses ist die Anzahl der Versuche eines Zufallsexperimentes in denen das Ereignis eingetreten ist, geteilt durch die Anzahl der Versuche. Dabei werden zumindest gedanklich unendlich viele Versuche durchgeführt. Das ist natürlich praktisch schwierig, da ja die Lottozahlen von nächster Woche nur einmal gezogen werden.

Nachdem Sie sich mit den grundlegenden Begriffen *Zufall* und *Wahrscheinlichkeit* vertraut gemacht haben, möchten Sie sich wieder der Frage Ihres Freundes widmen. Sie überlegen: Das Ereignis, dass ein beliebiger Kunde Chips kauft, kommt in 20.000 von 100.000 Fällen vor. Die Wahrscheinlichkeit ist demnach $\frac{20.000}{100.000} = 0{,}2 = 20\%$. Aufgrund des englischen Wortes für Wahrscheinlichkeit (*Probability*) wird diese auch gerne mit P abgekürzt, also:

$$P(\text{Kunde kauft Chips}) = \frac{\text{Anzahl Kunden die Chips kaufen}}{\text{Alle Kunden}} = \frac{20.000}{100.000} = 0{,}2.$$

Nun hat der Kunde aber schon Bier gekauft, Sie wissen also schon etwas: Er ist einer der 25.000 die Bier gekauft haben. Und von diesen 25.000 kaufen ja immerhin 10.000 auch Chips, da es 10.000 Kunden gibt, die Bier und Chips kaufen (siehe auch Abbildung 4.1). Die damit verbundene Wahrscheinlichkeit wird **bedingte Wahrscheinlichkeit** für Chips gegeben Bier genannt:

$$
\begin{aligned}
P(\text{Kunde kauft Chips}|\text{Kunde kauft Bier}) &= \frac{\text{Bier- und Chipskunden}}{\text{Bierkunden}} \\
&= \frac{10.000}{25.000} = 0{,}4.
\end{aligned}
\tag{4.1}
$$

Abbildung 4.1   Warenkorbanalyse: Alle Kunden, Bier- und Chipskunden

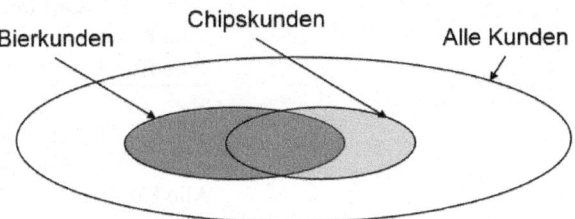

Hierbei wird durch den senkrechten Strich in der Formel gezeigt, dass das Ereignis *Kunde kauft Bier* schon eingetreten ist und deshalb die Wahrscheinlichkeit für „Kunde kauft Chips" gegeben, dass der Kunde Bier gekauft hat, gesucht wird. Die Wahrscheinlichkeit, dass unser Kunde auch noch Chips kaufen wird, hat sich also durch unser Wissen, dass der Kunde Bier kauft verdoppelt! Damit können Sie Ihrem Freund schon helfen. Es lohnt sich, einem Bier kaufenden Kunden den Weg zum Chipsregal zu zeigen. In Übungsaufgabe 4.5.1 gehen Sie diesem Prinzip im Rahmen einer Assoziationsanalyse tiefer auf den Grund.

Was können Sie noch alles berechnen? Können Sie etwa schon ausrechnen, wie groß die Wahrscheinlichkeit ist, dass ein Kunde Bier *oder* Chips kauft? Die Bierkunden und Chipskunden zu addieren wäre zu einfach, dann hätten Sie ja 10.000 Kunden doppelt gezählt – nämlich die Kunden die beides kaufen (siehe Abbildung 4.1). Diese müssen Sie also wieder abziehen:

$$P(\text{Kunde kauft Bier oder Chips}) = \frac{\text{Bierkunden+Chipskunden}-(\text{Bier- und Chipskunden})}{\text{Alle Kunden}}.$$
$$(4.2)$$

Und wie groß ist die Wahrscheinlichkeit, dass der Kunde kein Bier kauft? Na ja:

$$
\begin{aligned}
P(\text{Kunde kauft kein Bier}) \; &= \; \frac{\text{kein Bierkunde}}{\text{Alle Kunden}} = \frac{100.000 - 25.000}{100.000} \\
&= \; \frac{100.0000}{100.000} - \frac{25.000}{100.000} = 1 - P(\text{Bier}) \\
&= \; 1 - 0{,}25 = 0{,}75.
\end{aligned}
$$

Wir haben in Gleichung 4.2 gesehen, dass wir im Falle von Überschneidungen, d. h. wenn Kunden sowohl Bier als auch Chips kaufen, diese bei der Berechnung der gemeinsamen Wahrscheinlichkeit doppelt zählen. Wenn es keine Überschneidung gibt, werden Ereignisse auch disjunkt genannt. Dann gilt:

$$P(\text{Kunde kauft Bier oder kein Bier}) = P(\text{Bier}) + P(\text{kein Bier}) = 0{,}25 + 0{,}75 = 1.$$

Wir können durch Umformen der Gleichung für die bedingte Wahrscheinlichkeit (4.1) noch etwas anderes lernen:

$$P(\text{Kunde kauft Chips}|\text{Kunde kauft Bier}) \quad = \quad \frac{\text{Kunden, die Bier und Chips kaufen}}{\text{Bierkunden}}$$

$$= \quad \frac{\dfrac{\text{Kunden, die Bier und Chips kaufen}}{\text{Bierkunden}}}{\underbrace{\dfrac{\text{Alle Kunden}}{\text{Alle Kunden}}}_{=1}}$$

$$= \quad \frac{\text{Kunden, die Bier und Chips kaufen}}{\text{Alle Kunden}} \cdot \frac{\text{Alle Kunden}}{\text{Bierkunden}}$$

$$= \quad P(\text{Bier und Chips}) \cdot \frac{1}{P(\text{Bier})}$$

$$= \quad \frac{P(\text{Bier und Chips})}{P(\text{Bier})}.$$

Und damit gilt:

$$P(\text{Chips}|\text{Bier}) = \frac{P(\text{Bier und Chips})}{P(\text{Bier})} \quad \Leftrightarrow \quad P(\text{Bier und Chips}) = P(\text{Chips}|\text{Bier}) \cdot P(\text{Bier}).$$

$$(4.3)$$

Wie erkennen daraus aber Folgendes: Wenn wir aus der Kenntnis, dass der Kunde Bier kauft, nichts lernen könnten, d. h., wenn die bedingte Wahrscheinlichkeit für Chips gegeben Bier gleich der (unbedingten) Wahrscheinlichkeit für Chips wäre, dann wäre die Wahrscheinlichkeit für Chips und Bier gleich der Wahrscheinlichkeit von Chips mal der Wahrscheinlichkeit von Bier. In der Tat ist das die Definition der **Unabhängigkeit** von Ereignissen (siehe Abschnitt 3.1). Für zwei unabhängige Ereignisse A und B gilt:

$$P(A \text{ und } B) = P(A) \cdot P(B). \qquad (4.4)$$

Sie kennen dies vom Glücksspiel: Sie werfen zwei (faire) Münzen. Die Wahrscheinlichkeit für *Kopf* ist bei beiden Münzen jeweils $\frac{1}{2}$, die Wahrscheinlichkeit, dass beide Münzen *Kopf* zeigen, liegt dann bei $\frac{1}{2} \cdot \frac{1}{2} = \frac{1}{4}$, aber nur, weil das Ergebnis des einen Wurfes *unabhängig* vom anderen ist. Wäre das nicht der Fall, z. B. weil die eine Münze die andere beeinflusst, würde etwas anderes herauskommen.

Abends schreiben Sie auf, was Sie über Wahrscheinlichkeiten gelernt haben, dabei verwenden Sie als Symbole ∪ für *oder* als die Vereinigung von Ereignissen und ∩ für *und*, den Durchschnitt von Ereignissen:

■ Die Wahrscheinlichkeit eines Ereignisses kann aufgefasst werden als die relative Häufigkeit des Ereignisses bei unendlich vielen Versuchen eines Zufallsexperimentes.

■ Die bedingte Wahrscheinlichkeit von A gegeben B ist die Wahrscheinlichkeit für das Ereignis A, wenn B eingetreten ist: $P(A|B)$.

■ Für das sichere Ereignis, welches auf jeden Fall eintritt gilt: $P(\text{sicheres Ereignis}) = 1$.

■ Für das Ereignis, das auf keinen Fall eintritt, gilt: $P(\text{ausgeschlossenes Ereignis}) = 0$.

■ Insgesamt gilt für alle Ereignisse A: $0 \leq P(A) \leq 1$.

■ Für die gemeinsame Wahrscheinlichkeit der Ereignisse A und B gilt allgemein:

- Vereinigung: $P(A \cup B) = P(A) + P(B) - P(A \cap B)$.

- Durchschnitt: $P(A \cap B) = P(A|B) \cdot P(B) = P(B|A) \cdot P(A)$.

- Wenn A und B sich gegenseitig ausschließen, gilt: $P(A \cup B) = P(A) + P(B)$ und $P(A \cap B) = 0$.

- Wenn A und B unabhängig sind, gilt: $P(A \cap B) = P(A) \cdot P(B)$.

■ Für das Gegenteil von A gilt: $P(\text{nicht } A) = 1 - P(A)$.

Anschließend schauen Sie kurz vor dem Einschlafen zur Entspannung noch eine Quizsendung im Fernsehen. In der ersten Szene wird Ihnen eine Frau vorgestellt: Linda (Das Beispiel basiert auf Tversky und Kahneman, 1983):

> Linda lebt in den USA der 80er Jahre des vorigen Jahrhunderts. Sie ist 31 Jahre alt, Single, offen und sehr intelligent. Sie hat einen Abschluss in Philosophie. Während ihres Studiums hat sie sich intensiv mit Fragen der Diskriminierung und sozialen Gerechtigkeit beschäftigt. Außerdem nahm sie an Anti-Atom-Demonstrationen teil.

Anschließend befragt der Moderator die Studiogäste: Wie ging es mit Linda weiter? Sie haben die folgenden beiden Möglichkeiten:

1. Linda ist Bankangestellte und in der Frauenbewegung aktiv.

2. Linda ist Bankangestellte.

Was meinen Sie, was ist wahrscheinlicher? Die meisten Studiogäste haben auf die erste Alternative getippt. Und es stimmt, diese Alternative passt besser zum Bild, welches wir uns von Linda gemacht haben. Dummerweise kann das nicht sein: Wenn Linda Bankangestellte und in der Frauenbewegung ist, dann ist sie auf jeden Fall Bankangestellte. Wenn Sie aber Bankangestellte ist, ist sie nur in einem Teil der Fälle zusätzlich noch in der Frauenbewegung. Eine gemeine Frage! Sie beschließen daraufhin mit Aussagen über Wahrscheinlichkeiten sehr vorsichtig umzugehen. Damit schlafen Sie ein.

4.1.3 Satz von der totalen Wahrscheinlichkeit und Satz von Bayes

Am nächsten Morgen haben Sie einen Arzttermin. In einer der ausgelegten Zeitschriften lesen Sie von einem neuen diagnostischen Test zur Bestimmung, ob eine bestimmte Krankheit vorliegt. Der Test scheint recht gut zu sein: Wenn die Person krank ist, wird dies zu 100% erkannt (Test positiv, Sensitivität). Das ist super. Wenn Sie, was wir nicht hoffen, krank sind, wird dies mit Sicherheit erkannt. Bei gesunden Personen wird der gesunde Zustand zu 95% korrekt erkannt (Test negativ, Spezifität). Auch das ist nicht schlecht, da Sie nur in 5% der Fälle vom Test irrtümlich krankgeschrieben werden. Glücklicherweise sind viele Krankheiten selten, so ist bei dieser Krankheit von 1.000 Personen einer betroffen, also krank (Prävalenz).

Da Ihre Gedanken noch um Wahrscheinlichkeiten kreisen, kommen Sie auf eine Frage: Angenommen im Rahmen einer Routineuntersuchung wird dieser Test bei Ihnen durchgeführt. Kurze Zeit später ruft der Arzt besorgt an: „Ich habe eine schlechte Nachricht, Ihr Testergebnis ist positiv." Wie ernst ist die Lage wirklich? Kann das Testergebnis falsch sein? Und wenn ja, wie wahrscheinlich ist das? Was schätzen Sie?

Sie müssen hierzu die Wahrscheinlichkeit:

$$P(\text{Patient krank}|\text{Test positiv}) \quad = \quad \frac{P(\text{Test positiv} \cap \text{Patient krank})}{P(\text{Test positiv})} \qquad (4.5)$$

berechnen.

Schauen wir zuerst, wie wahrscheinlich es ist, dass ein positives Testergebnis herauskommt, also $P(\text{Test positiv})$. Da Sie entweder krank oder nicht krank sein können, aber nicht beides gleichzeitig, setzt sich die Wahrscheinlichkeit für ein positives Testergebnis aus diesen beiden Fällen zusammen:

$$P(\text{Test positiv}) = P(\text{Test positiv} \cap \text{Patient krank}) + P(\text{Test positiv} \cap \text{Patient nicht krank}).$$

Wenn Sie krank sind, dann ist die Wahrscheinlichkeit dafür 1 (Sensitivität=100%), also:

$$P(\text{Test positiv}|\text{Patient krank}) = 1.$$

Allerdings besteht zunächst einmal nur eine Wahrscheinlichkeit von $\frac{1}{1000}$, dass eine Person krank ist. Damit liegt die gemeinsame Wahrscheinlichkeit bei (siehe Formel 4.3):

$$
\begin{aligned}
P(\text{Test positiv} \cap \text{Patient krank}) \quad &= \quad P(\text{Test positiv}|\text{Patient krank}) \\
&\quad \cdot P(\text{Patient krank}) \\
&= \quad 1 \cdot \frac{1}{1000} = \frac{1}{1000} = 0{,}001.
\end{aligned}
$$

Und wenn Sie nicht krank sind? Dann liegt die Wahrscheinlichkeit für ein positives Testergebnis bei $1 - 0{,}95 = 0{,}05$, also $P(\text{Test positiv}|\text{Patient nicht krank}) = 0{,}05$. Die *a priori* Wahrscheinlichkeit, d. h. die Wahrscheinlichkeit ohne Wissen des Testergebnisses, dass der Patient gesund, also nicht krank ist, liegt bei $1 - \frac{1}{1000} = \frac{999}{1000}$. Zusammen haben wir damit:

$$
\begin{aligned}
P(\text{Test positiv} \cap \text{Patient nicht krank}) \quad &= \quad P(\text{Test positiv}|\text{Patient nicht krank}) \\
&\quad \cdot P(\text{Patient nicht krank}) \\
&= \quad (1 - 0{,}95) \cdot (1 - \frac{1}{1000}) = 0{,}05 \cdot \frac{999}{1000} \\
&= \quad \frac{999}{20.000} = 0{,}04995.
\end{aligned}
$$

Damit folgt:

$$
\begin{aligned}
P(\text{Test positiv}) \quad &= \quad P(\text{Test positiv} \cap \text{Patient krank}) + P(\text{Test positiv} \cap \text{Patient nicht krank}) \\
&= \quad P(\text{Test positiv}|\text{Patient krank}) \cdot P(\text{Patient krank}) \\
&\quad + P(\text{Test positiv}|\text{Patient nicht krank}) \cdot P(\text{Patient nicht krank}) \qquad (4.6) \\
&= \quad 0{,}001 + 0{,}04995 = 0{,}05095.
\end{aligned}
$$

Dies ergibt auch einen Sinn: Die Wahrscheinlichkeit eines positiven Testergebnisses liegt insgesamt leicht über der, die nur für die Gesunden gilt – schließlich könnten Sie auch krank sein. Allgemein wird Gleichung 4.6 auch **Satz von der totalen Wahrscheinlichkeit** genannt:

$$P(A) = P(A|B) \cdot P(B) + P(A|\text{nicht } B) \cdot P(\text{nicht } B).$$

Aber eigentlich wollten Sie ja wissen: Wie groß ist die Wahrscheinlichkeit, dass ich krank bin, wenn ich ein positives Testergebnis bekommen habe (siehe Formel 4.5)? Nach dem, was wir bisher haben, gilt:

$$P(\text{Patient krank}|\text{Test positiv}) \quad = \quad \frac{P(\text{Patient krank} \cap \text{Test positiv})}{P(\text{Test positiv})} \tag{4.7}$$

$$= \quad \frac{0{,}001}{0{,}04995} = \frac{20}{999} \approx 0{,}02.$$

Die *a posteriori* Wahrscheinlichkeit, also nach Kenntnis des Testergebnisses, dass Sie krank sind, liegt nur bei knapp über 2%!

Gleichung 4.7 ergibt zusammen mit dem Satz über die totale Wahrscheinlichkeit 4.6 den weltbekannten **Satz von Bayes**:

$$P(B|A) = \frac{P(A|B) \cdot P(B)}{P(A)} = \frac{P(A|B) \cdot P(B)}{P(A|B) \cdot P(B) + P(A|\text{nicht } B) \cdot P(\text{nicht } B)}. \tag{4.8}$$

Dieser Satz ist einer der Grundlagen der sogenannten **bayesianischen Statistik**, die viele interessante Erkenntnisse hervorgebracht hat.

Das obige Ergebnis, also dass die Wahrscheinlichkeit wirklich krank zu sein, bei ca. 2% liegt, lässt sich auch wie folgt verifizieren: Angenommen, es gäbe 999 Gesunde und einen Kranken. Dann bekommt der Kranke ein positives Testergebnis, aber auch ca. 50 der Gesunden. Insgesamt haben wir 51 positive Testergebnisse, wobei aber nur einer wirklich krank ist, wie Sie sich durch eine Kreuztabelle auch leicht überlegen können.

Mit diesem Wissen sehen Sie dem Arztbesuch nun deutlich entspannter entgegen.

Bei zahlreichen solcher Fragestellungen, bei sogenannten gleich-wahrscheinlichen Elementarereignissen (das sind Ereignisse, die nur aus einem Element (z. B. Würfel zeigt 4) bestehen), spielt es eine wichtige Rolle, richtig zählen zu können. Etwa auch bei der Frage: Wie groß ist die Wahrscheinlichkeit eines Lottogewinns? Das Teilgebiet der **Kombinatorik** beschäftigt sich mit dieser Zählkunst. Dabei ist zu berücksichtigen, ob die Reihenfolge der Ereignisse wichtig ist und ob die Ereignisse nur einmal vorkommen können. Hier spricht man vom *Ziehen mit oder ohne Zurücklegen* und *mit oder ohne Berücksichtigung der Reihenfolge*. Für diese Fragestellungen möchten wir auf andere Literatur verweisen. Nur so viel: Die Wahrscheinlichkeit für einen 6er im Lotto 6 aus 49 ist in etwa so groß wie die, mit verbundenen Augen einen 2cm breiten Stab, der irgendwo an der Autobahn zwischen Hamburg und Berlin steht, zu treffen. Allerdings können Sie – im Falle eines Gewinns – durch geschicktes Tippen die Höhe der Gewinnsumme beeinflussen: Gewisse Zahlen- bzw. Zahlenkombinationen werden von mehr Menschen getippt als andere. Und es wäre ja schade, wenn Sie Ihren sehr unwahrscheinlichen Gewinn dann noch mit 100 anderen teilen müssten (Krengel, 1993, S. 12).

4.2   Zufallsvariablen und Wahrscheinlichkeitsverteilungen

Am nächsten Tag sind Sie mit einer Freundin zum Essen verabredet. Diese platzt fast vor Stolz: „Ich habe den Auftrag bekommen!" Freudestrahlend berichtet Ihre Freundin von dem Verkaufserfolg. Der Produktion von täglich 1.000 neuartigen Galliumarsenid Solarzellen mit erhöhtem Wirkungsgrad steht nun nichts mehr im Wege. Nur eines bereitet ihr Sorge: Das Herstellungsverfahren ist noch fehleranfällig. Erste Tests haben gezeigt, dass in 5% der Fälle fehlerhafte Solarzellen hergestellt werden, die nicht verkauft werden können. Ihre Freundin hat deshalb beschlossen täglich 50 Solarzellen auf Reserve zu produzieren, ist sich aber nicht ganz sicher, ob das reichen wird. Sie hat von Ihren Kenntnissen über Wahrscheinlichkeiten gehört und bittet Sie um Hilfe.

Wie sicher kann Ihre Freundin sein, täglich mindestens die 1.000 vereinbarten Solarzellen produzieren zu können?

Um diese Frage zu beantworten, benötigen Sie neben dem Wissen über Wahrscheinlichkeiten aus Abschnitt 4.1, Kenntisse über Zufallsvariablen und Wahrscheinlichkeitsverteilungen. Mit diesen Themen werden Sie sich im Folgenden beschäftigen. Dazu werden nach der Definition einer Zufallsvariable die Binomial- und Normalverteilung eingeführt. Anschließend wird kurz der Zentrale Grenzwertsatz behandelt, und schließlich werden weitere Wahrscheinlichkeitsverteilungen genannt.

4.2.1   Zufallsvariablen

Sie beschließen Ihre Freundin zu unterstützen. Um sich dem Thema zu nähern, überlegen Sie sich zunächst, wie hoch die Wahrscheinlichkeit eines Fehlers für jede einzelne produzierte Solarzelle ist. Jede zufällig ausgewählte Solarzelle ist mit 5% Wahrscheinlichkeit defekt und mit 95% Wahrscheinlichkeit in Ordnung. Hier spielen Wahrscheinlichkeiten, also der Zufall eine Rolle.

Damit ist das Merkmal *Ausschuss der Solarzelle* X_i für jede Solarzelle ($i = 1, \cdots , 1.050$) mit den Ausprägungen 1 (Ausschuss) und 0 (kein Ausschuss) eine Zufallsvariable:

$$X_i = \begin{cases} 1: \text{Ausschuss} \\ 0: \text{kein Ausschuss.} \end{cases} \tag{4.9}$$

Allgemein ist eine **Zufallsvariable** ein Merkmal (Variable), dessen Wert durch die Ereignisse eines Zufallsexperiments (siehe Abschnitt 4.1.1) bestimmt wird, z. B. die Anzahl Kopf (dem Ereignis) des Münzwurfs (dem Zufallsexperiment). Zufallsvariablen nehmen Werte mit bestimmten Wahrscheinlichkeiten an. Die Beobachtungen (reale Daten) werden dann als **Realisationen** der Zufallsvariable betrachtet. Dabei wird nach diskreten und stetigen Zufallsvariablen unterschieden. Eine diskrete Zufallsvariable hat endlich viele oder höchstens abzählbar unendlich viele Ausprägungen, eine stetige Zufallsvariable hingegen überabzählbar viele.

Die Überprüfung und Produktion der Solarzellen bzw. der Ausschuss kann also als Folge $X_1, \ldots, X_n$ von n Zufallsvariablen betrachtet werden. Dabei verändert sich die Wahrscheinlichkeit eines Defektes für verschiedene Zufallsvariablen nicht. Laut Ihrer Freundin werden die Fehler zudem unabhängig voneinander gemacht, d. h., eine zufällig ausgewählte Solarzelle, welche defekt ist, liefert keine Informationen über die Wahrscheinlichkeit, mit der eine andere zufällig ausgewählte Solarzelle Ausschuss ist.

Das ist gut zu wissen, aber eigentlich interessiert Sie nicht der Ausgang jedes einzelnen Versuches, sondern mit welcher Wahrscheinlichkeit weniger oder gleich 50 der 1050 produzierten Solarzellen Ausschuss sind, also $P(X \leq 50)$, wobei X die Summe der Zufallsvariablen ist

$$X = \sum_{i=1}^{1050} X_i,$$

denn dann können Sie einschätzen, ob Ihre Freundin den Auftrag erfüllen kann.

4.2.2 Binomialverteilung

Sie versuchen sich deshalb weiter dem Thema zu nähern. Wie sähe es aus, wenn Ihre Freundin jeden Tag nur zwei Solarzellen produzieren würde? Dann gäbe es drei verschiedene Möglichkeiten: beide Solarzellen sind ganz, eine ist Ausschuss, und beide sind Ausschuss.

4.2.2.1 Wahrscheinlichkeitsfunktion

Mit Ihrem Wissen über Wahrscheinlichkeiten (siehe Abschnitt 4.1.2) können Sie die jeweiligen Wahrscheinlichkeiten ausrechnen. Da die Fehler laut ihrer Freundin unabhängig voneinander auftreten, ergibt sich die Wahrscheinlichkeit der drei Möglichkeiten jeweils durch Multiplikation der einzelnen Wahrscheinlichkeiten (siehe Abbildung 4.2).

Beide Solarzellen sind damit mit $5\% \cdot 5\% = 0{,}25\%$ Wahrscheinlichkeit Ausschuss, mit $95\% \cdot 95\% = 90{,}25\%$ Wahrscheinlichkeit ganz, und je eine ganze und eine defekte Solarzelle kommen mit $2 \cdot 5\% \cdot 95\% = 9{,}5\%$ Wahrscheinlichkeit vor. Da hier jede Solarzelle einmal Ausschuss sein kann, mussten Sie noch mit der Anzahl der möglichen Kombinationen multiplizieren, d. h., Variationen des Ereignisses *eine ganz, eine kaputt* kommen zweimal vor.

Interessiert überlegen Sie weiter: Funktioniert die Berechnung der Wahrscheinlichkeiten für eine beliebige Anzahl an Solarzellen genauso? Wie hoch ist etwa die Wahrscheinlichkeit, dass genau 50 von 1.050 Solarzellen kaputt sind? Zunächst berechnen Sie dazu das Produkt aus $5\%^{50} \cdot 95\%^{1.000}$. Jetzt müssen Sie noch mit der Anzahl der möglichen Kombinationen aus 50 defekten und 1.000 korrekten Solarzellen multiplizieren.

Die Anzahl der Kombinationen wird durch den Binomialkoeffizienten dargestellt. Ein **Binomialkoeffizient** $\binom{n}{k}$ (sprich: *n über k*) gibt an, auf wie viele Arten k aus n ausgewählt werden können ohne Beachtung der Reihenfolge und ohne Zurücklegen. Der Binomialkoeffizient ist definiert als:

$$\binom{n}{k} := \frac{n!}{k! \cdot (n-k)!}. \tag{4.10}$$

Damit kommen Sie weiter. Die Wahrscheinlichkeit für genau 50 defekte von insgesamt 1.050 Solarzellen beträgt:

$$\binom{1.050}{50} \cdot 5\%^{50} \cdot 95\%^{1.000} = 5{,}42\%.$$

Abbildung 4.2   Ausschusswahrscheinlichkeiten der Solarzellenproduktion

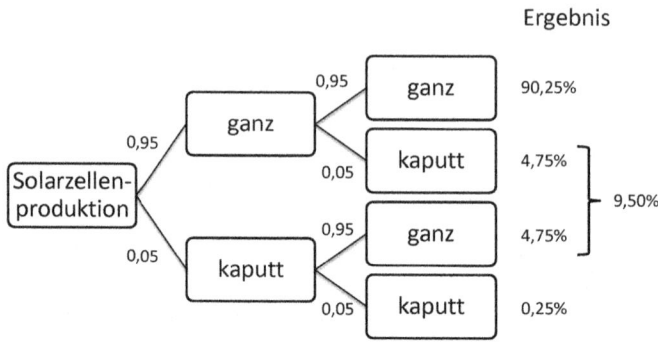

Dieses Ergebnis können Sie auch allgemein aufschreiben: Falls die Wahrscheinlichkeit für ein Ereignis p beträgt, dann kann die Wahrscheinlichkeit für das Eintreten von k dieser Ereignisse aus insgesamt n gleichartig unabhängig voneinander durchgeführten Versuchen durch die folgende Funktion dargestellt werden:

$$
\mathrm{B}(n;k;p) = \begin{cases} \dbinom{n}{k} p^k (1-p)^{n-k} : \text{für } k = 0, 1, \cdots, n. \\[2mm] 0 : \text{sonst.} \end{cases}
\tag{4.11}
$$

Eine solche Funktion, die jeder Ausprägung einer diskreten Zufallsvariable eine Wahrscheinlichkeit zuordnet, wird allgemein als **Wahrscheinlichkeitsfunktion** bezeichnet. Da die Funktionswerte Wahrscheinlichkeiten darstellen, liegen diese zwischen 0 und 1, und die Summe der Funktionswerte ergibt genau 1, also 100%.

Sie rechnen nach: Für genau eine defekte von insgesamt zwei Solarzellen beträgt die Wahrscheinlichkeit:

$$
\mathrm{B}(2;1;0{,}05) = \binom{2}{1} 0{,}05^1 \cdot 0{,}95^1 = \frac{2!}{1! \cdot (2-1)!} \cdot 0{,}05 \cdot 0{,}95 = 2 \cdot 0{,}05 \cdot 0{,}95 = 9{,}5\%.
$$

Das passt also zu Ihrer anfänglichen Überlegung (siehe Abbildung 4.2).

4.2.2.2   Definition der Binomialverteilung

Als Sie zufällig ihre Freundin treffen, erzählen Sie ihr von den bisherigen Ergebnissen. Neugierig fragt sie nach: „Wie verteilen sich denn die Wahrscheinlichkeiten für die verschiedenen Anzahlen von Ausschüssen?"

Das ist eine sehr gute Frage. Um sich ein besseres Bild zu machen tragen Sie die Funktionswerte der Wahrscheinlichkeitsfunktion von 0 bis 100 defekte Solarzellen in die Abbildung 4.3 ein.

Abbildung 4.3   Wahrscheinlichkeitsfunktion der Binomialverteilung (n=1.050, p=0,05)

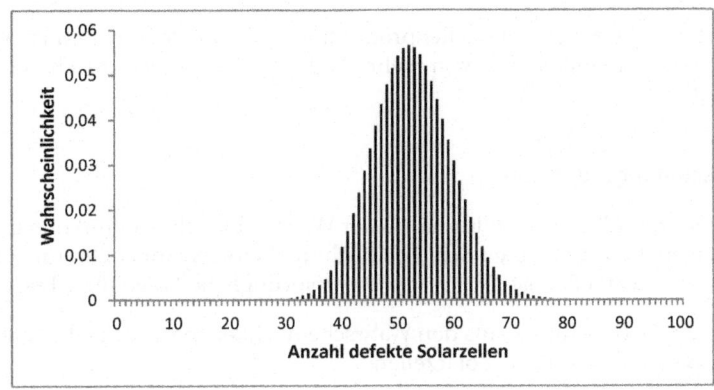

Durch eine Wahrscheinlichkeitsfunktion wird eine diskrete Wahrscheinlichkeitsverteilung bestimmt. Dabei gibt die **diskrete Wahrscheinlichkeitsverteilung** an, mit welcher Wahrscheinlichkeit eine diskrete Zufallsvariable die Werte annimmt (Wahrscheinlichkeiten von Beobachtungen) und ist damit das theoretische Pendant zur Häufigkeitsverteilung (siehe Abschnitt 2.1).

Die mit der Wahrscheinlichkeitsfunktion (Gleichung 4.11) gebildete Wahrscheinlichkeitsverteilung ist eine der wichtigsten diskreten Wahrscheinlichkeitsverteilungen: die Binomialverteilung.

Es gilt: Eine Zufallsvariable X, welche die Werte mit den Wahrscheinlichkeiten gemäß der Wahrscheinlichkeitsfunktion 4.11 annimmt, heißt **binomialverteilt** und wird als $X \sim B(n,p)$ geschrieben. Die Binomialverteilung hängt von den Parametern Anzahl n und der Wahrscheinlichkeit p ab.

Analog zum arithmetischen Mittelwert und zur Varianz bei Häufigkeitsverteilungen (siehe Übungsaufgabe 2.8.3) kann auch hier die Zahl bestimmt werden, welche die Zufallsvariable im Mittel annimmt. Die erwartete Zahl wird als **Erwartungswert** bezeichnet und ist für diskrete Zufallsvariablen X mit n möglichen Ausprägungen und der Wahrscheinlichkeitsfunktion f definiert als:

$$E(X) := \mu := \sum_{i=1}^{n} x_i f(x_i) = \sum_{i=1}^{n} x_i P(X = x_i).$$ (4.12)

Für eine $X \sim B(n,p)$ verteilte Zufallsvariable ist der Erwartungswert $E(X) = n \cdot p$.

Zusätzlich kann die **Varianz** einer diskreten Zufallsvariablen X analog zur Varianz von Häufigkeitsverteilungen definiert werden :

$$\text{Varianz}(X) := \sigma^2 := \sum_{i=1}^{n}(x_i - E(X))^2 f(x_i) = \sum_{i=1}^{n}(x_i - E(X))^2 P(X = x_i). \tag{4.13}$$

Eine binomialverteilte Zufallsvariable $X \sim \text{B}(n,p)$ mit den Parametern n und p besitzt eine Varianz von $n \cdot p \cdot (1 - p)$.

Damit erwarten Sie bei der Solarzellenproduktion täglich einen Ausschuss von $n \cdot p = 1050 \cdot 5\% = 52{,}5$ Solarzellen, also von mehr als den 50 auf Reserve produzierten. Das ist beunruhigend!

4.2.2.3   Verteilungsfunktion

Bevor Sie Ihrer Freundin die Abbildung 4.3 der Wahrscheinlichkeitsfunktion der Binomialverteilung zeigen, berechnen Sie noch, wie hoch die Wahrscheinlichkeit für weniger oder gleich 50 defekte Solarzellen ist. Das war ja die ursprüngliche Frage Ihrer Freundin.

Dazu berechnen Sie die Summe aus den Wahrscheinlichkeiten für keine kaputte Solarzelle, eine kaputte, bis fünfzig kaputte Solarzellen:

$$\sum_{k=0}^{50} \binom{1050}{k} 0{,}05^k (0{,}95)^{1050-k} = 0{,}396. \tag{4.14}$$

Insgesamt beträgt die Wahrscheinlichkeit für weniger oder gleich 50 kaputte Solarzellen also nur 39,6%. Das ist erschreckend. In mehr als 60% der Fälle kann Ihre Freundin nicht genügend Solarzellen produzieren!

Die Formel 4.14 ist ein Spezialfall einer sogenannten Verteilungsfunktion ausgewertet am Punkt 50. Allgemein ist eine **Verteilungsfunktion** $F : \mathbb{R} \to [0,1]$ eine Funktion der reellen Zahlen nach [0,1] und gibt an, mit welcher Wahrscheinlichkeit eine Zufallsvariable X Werte kleiner oder gleich einer reellen Zahl x annimmt:

$$F(x) := P(X \leq x). \tag{4.15}$$

Damit ist die Verteilungsfunktion einer diskreten oder stetigen Zufallsvariable nichts anderes als die theoretische Verallgemeinerung der empirischen Verteilungsfunktion (siehe Abschnitt 2.1.6). Wenn wir die Verteilungsfunktion einer Zufallsvariablen kennen, dann folgt aus den Rechenregeln für Wahrscheinlichkeiten - und nichts anderes ist ja die Verteilungsfunktion:

$$P(X \leq x) = F(x) \tag{4.16}$$

$$P(X > x) = 1 - P(X \leq x) = 1 - F(x) \tag{4.17}$$

$$P(a < X \leq b) = P(X \leq b) - P(X \leq a) = F(b) - F(a). \tag{4.18}$$

Damit ist die Verteilungsfunktion übrigens immer monoton wachsend, und für diskrete Zufallsvariablen gilt:

$$P(X = x) = f(x), \quad F(x) = \sum_{x_i \leq x} f(x_i). \tag{4.19}$$

Mathematisch folgt aus diesen Definitionen, dass $f(x) \geq 0$ und $0 \leq F(x) \leq 1$ gilt.

Mit diesen Erkenntnissen und Ergebnissen gehen Sie nun zu Ihrer Freundin. Daraufhin beschließt diese täglich vorerst 100 statt 50 Solarzellen auf Reserve zu produzieren.

4.2.3   Normalverteilung

So ganz lässt Sie die Form der Wahrscheinlichkeitsfunktion der Binomialverteilung in Abbildung 4.3 nicht los. Irgendwie kommt Ihnen diese bekannt vor. Sie zeichnen deshalb die Umrisse der Funktion in die Abbildung 4.4 ein.

Abbildung 4.4   Wahrscheinlichkeitsfunktion und Umrisse der Binomialverteilung

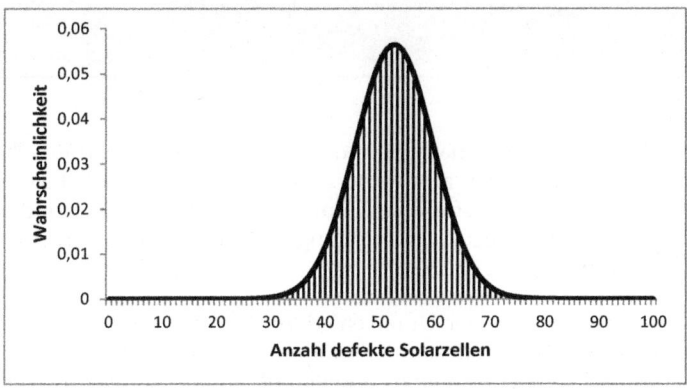

Jetzt erinnern Sie sich! Neulich haben Sie beim Aufräumen einen alten 10-DM-Schein gefunden (siehe Abbildung 4.5). Voller Spannung kramen Sie diesen hervor.

4.2.3.1   Wahrscheinlichkeitsdichte und Definition der Normalverteilung

Auf dem 10-DM-Schein in Abbildung 4.5 ist das Porträt von Carl Friedrich Gauß (1777-1855), einem der bedeutendsten Mathematiker zu sehen. Direkt neben seinem Kopf erkennen Sie die besagte Kurve. Darunter befindet sich eine Funktion:

$$f(x) = \frac{1}{\sqrt{2\pi\sigma^2}} e^{-\frac{1}{2}\left(\frac{x-\mu}{\sigma}\right)^2}. \tag{4.20}$$

Ist das die Wahrscheinlichkeitsfunktion einer Verteilung? Sie probieren es für verschiedene Werte aus. Sie setzen deshalb μ (gr.: *mü*) $= 0$, $\sigma = 1$ und $x = 0$. Dann erhalten Sie: $f(0) = 0,3989$. Tritt der Wert 0 also in fast 40% der Fälle auf? Sie versuchen es noch für $x = 0,1$ und $x = 0,2$. Jetzt erhalten Sie $f(0,1) = 0,3970$ bzw. $f(0,2) = 0,3910$. Diese Werte scheinen alle recht hoch zu sein. In der Tat ist die Summe der drei Werte 1,1869. Diese

Abbildung 4.5   10-DM-Schein;
                       Quelle: Deutsche Bundesbank, Frankfurt

Zahl ist größer als 100%, und deshalb kann die Funktion nicht die Wahrscheinlichkeiten angeben, denn dann müssten sich alle Werte zu 1 addieren. Es handelt sich deshalb also nicht um eine Wahrscheinlichkeitsfunktion! Trotzdem sind Sie sich sicher, dass die Funktion etwas mit einer Wahrscheinlichkeitsverteilung zu tun hat. Aber warum wird nicht die Wahrscheinlichkeitsfunktion angegeben?

Das kommt Ihnen seltsam vor. Der Unterschied zu der Wahrscheinlichkeitsfunktion der diskreten Binomialverteilung ist, dass die Funktion auf dem Geldschein stetig ist. Bei diskreten Verteilungen gibt die Wahrscheinlichkeitsfunktion die Wahrscheinlichkeit für eine bestimmte Realisation, etwa x_0, der Zufallsvariablen X an, also $P(X = x_0)$. Diese sind aber bei stetigen Verteilungen immer 0. Das liegt daran, dass x_0 mit allen Nachkommazahlen angegeben wird, also etwa 0,000010010... Deshalb können beliebige Zwischenwerte auftreten, und es gibt in jedem noch so kleinen Bereich unendlich viele Werte. Weil es unendlich viele Zahlen gibt, kann deshalb jede einzelne nur mit einer sehr kleinen Wahrscheinlichkeit auftreten, in der Tat sogar mit Wahrscheinlichkeit 0. Der Grund hierfür ist, dass jedes Intervall in den reellen Zahlen überabzählbar unendlich ist (Walter, 2007, S. 40). Das ist ein wesentlicher Unterschied zu diskreten Wahrscheinlichkeitsverteilungen, und deshalb wird auch nicht die Wahrscheinlichkeitsfunktion angegeben!

Aber was sagt dann die Funktion (Gleichung 4.20) aus? Hier kommt zunächst die Verteilungsfunktion ins Spiel. Die Wahrscheinlichkeit für jeden Punkt ist zwar 0, aber nicht für Intervalle wie der Wahrscheinlichkeit für Werte kleiner als 0. Dabei wird die Verteilungsfunktion bei stetigen Verteilungen nicht über die Summe, sondern das Integral angegeben. Die **Verteilungsfunktion** ist deshalb definiert als das Integral über der auf dem Geldschein abgebildeten Funktion:

$$F(x) := \int_{-\infty}^{x} f(u)du := \int_{-\infty}^{x} \frac{1}{\sqrt{2\pi\sigma^2}} e^{-\frac{1}{2}\left(\frac{u-\mu}{\sigma}\right)^2} du. \qquad (4.21)$$

Formal gilt also für stetige Zufallsvariablen :

$$F'(x) = f(x) \Leftrightarrow F(x) = \int_{-\infty}^{x} f(u)du. \tag{4.22}$$

Sie beschließen die Verteilungsfunktion und die auf dem Geldschein angegebene Funktion mit $\mu = 0$ und $\sigma = 1$ zu zeichnen (siehe Abbildung 4.6). Sie können erkennen, dass die Verteilungsfunktion an der Stelle 0 genau 0,5, also 50% ist. Das bedeutet 50% der Werte sind kleiner als 0. Sie zeichnen die auf dem Geldschein abgebildete Funktion unter die Verteilungsfunktion. Diese ist um die 0 zentriert, so dass hier 50% der Fläche links von der 0 liegt. Jetzt wird Ihnen der Zusammenhang der beiden Funktionen deutlich. Die Verteilungsfunktion an der Stelle x gibt die Fläche unter der Funktion auf dem Geldschein an, welche links von x liegt.

Abbildung 4.6   Verteilungs- und Dichtefunktion der N(0,1) Verteilung

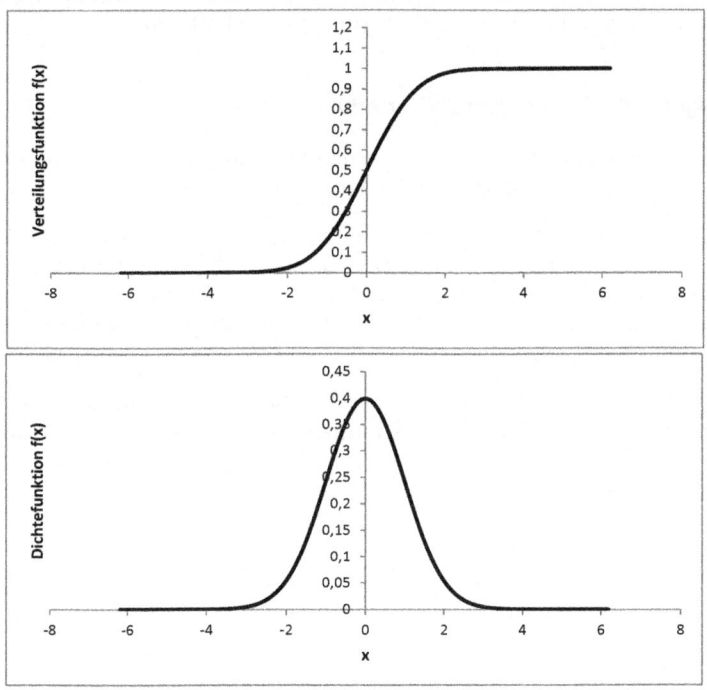

Nachdem Sie den Zusammenhang der Funktion 4.20 mit der Verteilungsfunktion 4.21 verstanden haben, können Sie die Funktion endlich definieren. Diese wird als **Wahrscheinlichkeitsdichte** oder **Dichtefunktion** (kurz: **Dichte**) bezeichnet und wird, falls diese existiert, als die Ableitung der Verteilungsfunktion definiert. Wichtig hierbei ist, dass die Funktionswerte alle positiv sind, und die Fläche unter der Funktion 1, also 100%, ergibt.

Mit Hilfe der Verteilungsfunktion können Sie auch die Wahrscheinlichkeit für ein Intervall etwa $P(x_1 \leq X \leq x_2)$ für $x_1 \leq x_2$ angeben. Diese ist:

$$P(x_1 \leq X \leq x_2) = P(x_1 < X < x_2) = F(x_2) - F(x_1) = \int_{x_1}^{x_2} f(x)dx. \qquad (4.23)$$

Jetzt bleibt nur noch eine Frage offen. Um was für eine Wahrscheinlichkeitsverteilung handelt es sich denn hier eigentlich?

In Abschnitt 4.2.2.2 wurde durch die Angabe einer Wahrscheinlichkeitsfunktion eine diskrete Wahrscheinlichkeitsverteilung bestimmt. Analog dazu kann durch die Angabe einer Dichtefunktion eine **stetige Wahrscheinlichkeitsverteilung** festgelegt werden. Durch die spezielle Dichte (Gleichung 4.20) wird die wichtigste stetige Wahrscheinlichkeitsverteilung bestimmt: die Normalverteilung. Allgemein gilt: Eine Zufallsvariable X mit der Wahrscheinlichkeitsdichte (Gleichung 4.20) heißt **normalverteilt** oder **Gaussverteilt** mit den Parametern μ und σ, welches auch als $X \sim N(\mu,\sigma)$ geschrieben wird. Diese beiden Parameter reichen also aus, um die Normalverteilung zu beschreiben. Aber was ist deren Bedeutung, und wo bzw. wie können Sie die Normalverteilung verwenden? Um das herauszufinden müssen Sie sich näher mit der Normalverteilung zu beschäftigen.

4.2.3.2   Eigenschaften der Normalverteilung

Sie beschließen, die Dichtefunktion der Normalverteilung zu analysieren, um die Eigenschaften der Normalverteilung herauszufinden.

Das erste, was Ihnen auffällt, ist, dass die Dichtefunktion (siehe Abbildung 4.6 unten) symmetrisch ist, ein Maximum besitzt und für alle reellen Zahlen definiert ist. Um einen besseren Einblick zu erhalten, betrachten Sie anschließend die Formel der Dichtefunktion 4.20. Diese hängt von zwei Parametern ab: μ und σ. Um die Bedeutung zu verstehen, zeichnen Sie die Dichtefunktion für verschiedene Werte dieser Parameter (siehe Abbildung 4.7).

Die Abbildung 4.7 gibt Ihnen Aufschluss über den Zweck der Parameter. Der erste Parameter μ bestimmt die Lage und legt das Maximum der Kurve fest. Er ist der **Erwartungswert** der Verteilung, welcher für stetige Zufallsvariablen nicht über die Summe sondern das Integral definiert ist:

$$E(X) := \mu := \int_{-\infty}^{\infty} x f(x)dx. \qquad (4.24)$$

Der Parameter σ legt die Streuung der Kurve fest. Je größer σ, desto flacher die Kurve. Der Parameter σ ist die **Standardabweichung** und ist definiert als die Wurzel aus der **Varianz**, welche für stetige Zufallsvariablen definiert ist als:

$$\text{Varianz}(X) := \sigma^2 := \int_{-\infty}^{\infty} (x - E(X))^2 f(x)dx. \qquad (4.25)$$

μ und σ sind hier also Lage- und Streuungsparameter einer Normalverteilung. Deshalb gibt es *die* Form der Normalverteilung eigentlich nicht, denn es handelt sich um eine Schar von Funktionen. Das ist praktisch, denn dadurch ist die Normalverteilung flexibel genug um sich an verschiedene Datensätze anzupassen.

Abbildung 4.7 Normalverteilung mit verschiedenen Parametern

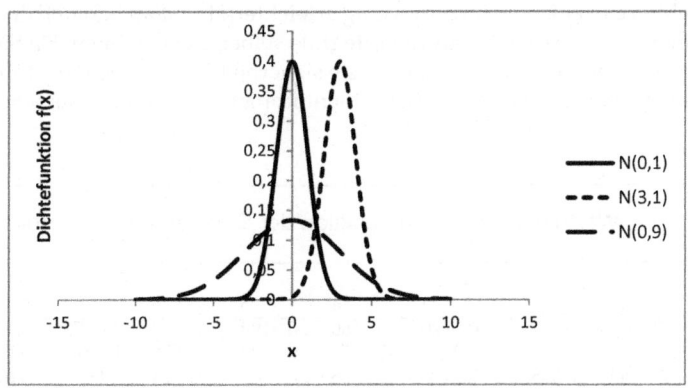

Als Sie darüber nachdenken, kommen Sie auf eine Idee: Ist es dann nicht möglich den Erwartungswert abzuziehen und dadurch die Kurve um die 0 zu verschieben? Wenn Sie dann noch durch die Standardabweichung teilen, erhalten Sie eine $N(0,1)$ Normalverteilung:

$$\text{Ist also } X \sim N(\mu,\sigma^2), \text{ dann ist } Z = \frac{X - \mu}{\sigma} \sim N(0,1). \qquad (4.26)$$

Der Vorteil dieser Normalverteilung ist, dass Sie sich dann nur mit den Eigenschaften dieser normierten Verteilung beschäftigen müssen. Anschließend können Sie diese wieder zurücktransformieren:

$$\text{Ist } Z \sim N(0,1), \text{ dann ist } X = (\mu + \sigma \cdot Z) \sim N(\mu,\sigma). \qquad (4.27)$$

Das ist eine prima Idee!

Die so erzeugte Normalverteilung mit Erwartungswert 0 und Varianz 1 heißt **Standardnormalverteilung**.

Weil diese sehr bedeutend ist, bekommt auch die Verteilungsfunktion der Standardnormalverteilung ein besonderes Symbol: $\Phi(\cdot)$ (gr.: *Phi*).

Eine praktische Eigenschaft der Standardnormalverteilung ist, dass die Werte der Verteilungsfunktion tabelliert werden können. Im Tabellenanhang in Tabelle T.3 sind zudem die Werte der Dichtefunktion angegeben. Die Tabelle 4.1 enthält die Werte an verschiedenen Stellen. Da die Standardnormalverteilung symmetrisch ist, reicht es aus, nur Werte an positiven Stellen z anzugeben. Die Funktionswerte der Verteilungsfunktion können dann für negative Werte durch:

$$\Phi(-z) = 1 - \Phi(z) \qquad (4.28)$$

ausgerechnet werden.

Aus der Tabelle 4.1 ist etwa zu ersehen, dass an der Stelle $z = 0{,}25$ die Verteilungsfunktion den Wert $\Phi(0{,}25) = 0{,}5987$ besitzt. Dabei stehen in der 1. Spalte die Vor- und erste

Nachkommastelle von z wodurch Sie die entsprechende Zeile finden, in der 1. Zeile steht dann die zweite Nachkommastelle von z zur Bestimmung der richtigen Spalte für $\Phi(z)$. Damit ist die Wahrscheinlichkeit unter einer Standardnormalverteilung einen Wert kleiner als 0,25 zu beobachten ca. 60%. Sie sind ein wenig erleichtert. Es ist auf jeden Fall einfacher die Werte aus einer Tabelle abzulesen, als die Integrale selber zu berechnen. Da Sie die Tabelle bestimmt öfter brauchen werden, haben wir sie sicherheitshalber auch im Anhang (Tabelle T.1) aufgenommen, dann müssen Sie später nicht immer blättern oder suchen.

Tabelle 4.1   Werte der Verteilungsfunktion der Standardnormalverteilung

z	0	1	2	3	4	5	6	7	8	9
0,00	0,5000	0,5040	0,5080	0,5120	0,5160	0,5199	0,5239	0,5279	0,5319	0,5359
0,10	0,5398	0,5438	0,5478	0,5517	0,5557	0,5596	0,5636	0,5675	0,5714	0,5753
0,20	0,5793	0,5832	0,5871	0,5910	0,5948	0,5987	0,6026	0,6064	0,6103	0,6141
0,30	0,6179	0,6217	0,6255	0,6293	0,6331	0,6368	0,6406	0,6443	0,6480	0,6517
0,40	0,6554	0,6591	0,6628	0,6664	0,6700	0,6736	0,6772	0,6808	0,6844	0,6879
0,50	0,6915	0,6950	0,6985	0,7019	0,7054	0,7088	0,7123	0,7157	0,7190	0,7224
0,60	0,7257	0,7291	0,7324	0,7357	0,7389	0,7422	0,7454	0,7486	0,7517	0,7549
0,70	0,7580	0,7611	0,7642	0,7673	0,7704	0,7734	0,7764	0,7794	0,7823	0,7852
0,80	0,7881	0,7910	0,7939	0,7967	0,7995	0,8023	0,8051	0,8078	0,8106	0,8133
0,90	0,8159	0,8186	0,8212	0,8238	0,8264	0,8289	0,8315	0,8340	0,8365	0,8389
1,00	0,8413	0,8438	0,8461	0,8485	0,8508	0,8531	0,8554	0,8577	0,8599	0,8621
1,10	0,8643	0,8665	0,8686	0,8708	0,8729	0,8749	0,8770	0,8790	0,8810	0,8830
1,20	0,8849	0,8869	0,8888	0,8907	0,8925	0,8944	0,8962	0,8980	0,8997	0,9015
1,30	0,9032	0,9049	0,9066	0,9082	0,9099	0,9115	0,9131	0,9147	0,9162	0,9177
1,40	0,9192	0,9207	0,9222	0,9236	0,9251	0,9265	0,9279	0,9292	0,9306	0,9319
1,50	0,9332	0,9345	0,9357	0,9370	0,9382	0,9394	0,9406	0,9418	0,9429	0,9441
1,60	0,9452	0,9463	0,9474	0,9484	0,9495	0,9505	0,9515	0,9525	0,9535	0,9545
1,70	0,9554	0,9564	0,9573	0,9582	0,9591	0,9599	0,9608	0,9616	0,9625	0,9633
1,80	0,9641	0,9649	0,9656	0,9664	0,9671	0,9678	0,9686	0,9693	0,9699	0,9706
1,90	0,9713	0,9719	0,9726	0,9732	0,9738	0,9744	0,9750	0,9756	0,9761	0,9767
2,00	0,9772	0,9778	0,9783	0,9788	0,9793	0,9798	0,9803	0,9808	0,9812	0,9817
2,10	0,9821	0,9826	0,9830	0,9834	0,9838	0,9842	0,9846	0,9850	0,9854	0,9857
2,20	0,9861	0,9864	0,9868	0,9871	0,9875	0,9878	0,9881	0,9884	0,9887	0,9890
2,30	0,9893	0,9896	0,9898	0,9901	0,9904	0,9906	0,9909	0,9911	0,9913	0,9916
2,40	0,9918	0,9920	0,9922	0,9925	0,9927	0,9929	0,9931	0,9932	0,9934	0,9936
2,50	0,9938	0,9940	0,9941	0,9943	0,9945	0,9946	0,9948	0,9949	0,9951	0,9952
2,60	0,9953	0,9955	0,9956	0,9957	0,9959	0,9960	0,9961	0,9962	0,9963	0,9964
2,70	0,9965	0,9966	0,9967	0,9968	0,9969	0,9970	0,9971	0,9972	0,9973	0,9974
2,80	0,9974	0,9975	0,9976	0,9977	0,9977	0,9978	0,9979	0,9979	0,9980	0,9981
2,90	0,9981	0,9982	0,9982	0,9983	0,9984	0,9984	0,9985	0,9985	0,9986	0,9986
3,00	0,9987	0,9987	0,9987	0,9988	0,9988	0,9989	0,9989	0,9989	0,9990	0,9990

Jetzt haben Sie schon viel über die Normalverteilung gelernt, deshalb möchten Sie diese sicher auch anwenden. Da die Form der Binomialverteilung und der Normalverteilung in Abbildung 4.4 sehr ähnlich sind, beschließen Sie diese auf die Solarzellenproduktion anzuwenden. Sie benutzen dann die stetige Normalverteilung als Approximation der diskreten Binomialverteilung. Auch wenn die Dichte der Normalverteilung für alle reellen Zahlen positiv ist, es aber keine negative Anzahl an Ausschuss geben kann, wird diese Annährung häufig verwendet.

Für die Binomialverteilung hat die Wahrscheinlichkeit weniger als 50 defekte der insgesamt 1050 Solarzellen zu erhalten 39,6% betragen (siehe Abschnitt 4.2.2.3). Sie beschließen diesen Wert mit dem entsprechenden Wert der Normalverteilung zu vergleichen. Da die Form und Lage der Wahrscheinlichkeits- bzw. Dichtefunktion ähnlich sind, beschließen Sie den gleichen Erwartunswert $n \cdot p$ und die gleiche Standardabweichung zu verwenden $\sqrt{n \cdot p \cdot (1 - p)}$. Sie approximieren also wegen $\mu = 1.050 \cdot 0,05 = 52,5$ und $\sigma = \sqrt{1.050 \cdot 0,05 \cdot 0,95} = 7,06$ durch $N(52,5, 7,06)$.

Als Erstes standardisieren Sie die Normalverteilung durch Subtraktion des Erwartungswertes und Division mit der Standardabweichung:

$$F(50) = \Phi \left(\frac{50 - 1.050 \cdot 0,05}{\sqrt{1.050 \cdot 0,05 \cdot 0,95}} \right) = \Phi(-0,354).$$

Nun wenden Sie die Regel 4.28 an:

$$\Phi(-0,354) = 1 - \Phi(0,354).$$

Da der Wert 0,354 nicht in der Tabelle enthalten ist, wählen Sie den nächsten verfügbaren. Es wäre stattdessen aber auch eine Interpolation zwischen den benachbarten Werten denkbar. Insgesamt erhalten Sie

$$1 - \Phi(0,354) \approx 1 - \Phi(0,35) = 1 - 0,6368 = 36,32\%.$$

Damit kommen Sie in die Nähe des Ergebnisses der Binomialverteilung mit 39,6%.

Sie sind stolz auf Ihre neuen Kenntnisse und erzählen Ihrer Freundin davon. Diese bedankt sich noch einmal ausführlich und lädt Sie anschließend als Dankeschön zum Essen ein. Eine letzte Bitte hat sie dann aber doch noch. Ihre Freundin hat festgestellt, dass 100 Solarzellen auf Reserve oft zuviel sind und würde gerne einen besseren Überblick darüber bekommen. Deshalb fragt sie Sie nach der Anzahl des Ausschusses, welcher mit 95% Wahrscheinlichkeit nicht überschritten wird.

Diese Frage können Sie nicht so einfach direkt wie bisher mit Hilfe der Tabelle 4.1 beantworten, denn Ihre Freundin fragt diesmal nicht nach der Wahrscheinlichkeit, sondern nach der Anzahl des Ausschusses. Jetzt ist also $\Phi(z) = 95\%$ bekannt und z ist unbekannt. Sie müssen also umgekehrt herangehen und deshalb die Umkehrfunktion der Verteilungsfunktion bestimmen. Diese wird als **Quantilfunktion** und die Werte dieser Funktion als **Quantile** (siehe auch Abschnitt 2.3.4) bezeichnet.

Tabelle 4.2 enthält einige Quantile der Standardnormalverteilung. Aus ihr ist etwa ersichtlich, dass mit 95% Wahrscheinlichkeit ein Wert kleiner als 1,645 beobachtet wird. Da auch diese zentral für das Rechnen mit einer Normalverteilung ist, haben wir die auch noch einmal im Anhang (Tabelle T.2) aufgeführt.

Tabelle 4.2   Quantile der Standardnormalverteilung

$\Phi(z_p)$	0,900	0,950	0,975	0,990	0,999
z_p	1,282	1,645	1,960	2,326	3,090

Die Werte in der Tabelle 4.2 sind ein guter Anfang. Jetzt müssen Sie nur noch die standard-normalverteilten Werte in normalverteilte zurückverwandeln: Wenn $Z = \frac{X-\mu}{\sigma} \sim N(0,1)$, dann ist $X = \mu + Z \cdot \sigma \sim N(\mu,\sigma)$ und es folgt $1.100 \cdot 0{,}05 + 1{,}645 \cdot \sqrt{1.100 \cdot 0{,}05 \cdot 0{,}95} = 66{,}89$. Das bedeutet mit 95% Wahrscheinlichkeit werden weniger als 66,89 kaputte Solarzellen hergestellt.

Freudig übermitteln Sie Ihrer Freundin das Ergebnis und fassen anschließend noch einmal die Verwendung der Normalverteilung unter verschiedenen Fragestellungen zusammen (siehe auch Abbildung 4.8):

Abbildung 4.8   Konzept und Rechenregeln zur Benutzung der Normalverteilung

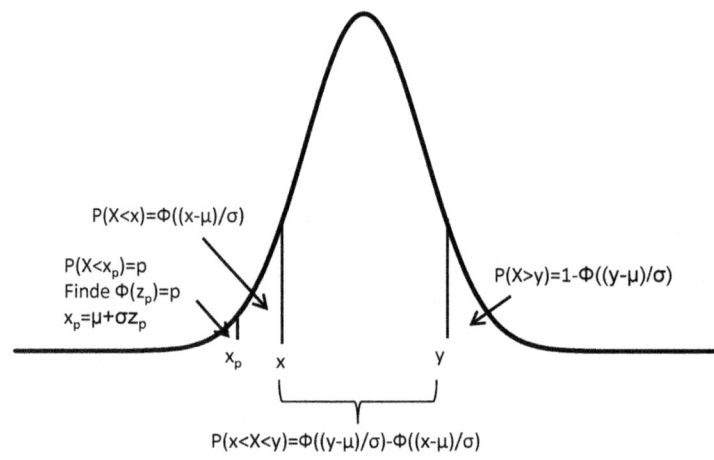

Sei dazu X eine $N(\mu,\sigma)$ verteilte Zufallsvariable. Um zahlreiche Fragestellungen zu beantworten genügen Ihnen vier Rechenregeln:

1. Mit welcher Wahrscheinlichkeit nimmt die Zufallsvariable X Werte kleiner (oder gleich) einem Wert x an? Die Rechenregel lautet:

$$P(X \leq x) = P(X < x) = \Phi(\frac{x - \mu}{\sigma}).$$

2. Mit welcher Wahrscheinlichkeit nimmt die Zufallsvariable X Werte größer (oder gleich) einem Wert y an? Die Rechenregel lautet:

$$P(X \geq y) = P(X > y) = 1 - \Phi(\frac{y - \mu}{\sigma}).$$

3. Mit welcher Wahrscheinlichkeit nimmt die Zufallsvariable X Werte zwischen den Werten x und y an? Die Rechenregel lautet:

$$P(x \leq X \leq y) = P(x < X < y) = \Phi(\frac{y-\mu}{\sigma}) - \Phi(\frac{x-\mu}{\sigma}), \text{ wobei } x \leq y.$$

4. An welcher Stelle x_p ist die Wahrscheinlichkeit genau p, so dass Werte kleiner oder gleich dem Wert x_p sind? Die Rechenregel für $P(X \leq x_p) = P(X < x_p) = p$ lautet:

$$\text{Finde } z_p \text{ mit } \Phi(z_p) = p. \text{ Dann folgt } x_p = \mu + \sigma \cdot z_p.$$

Zum Schluss leiten Sie sich in Übungsaufgabe 4.5.5 noch einige Faustregeln zum Umgang mit der Normalverteilung her, damit Sie diese schon grob einschätzen können ohne vorher in einer Tabelle nachschauen zu müssen.

4.2.4   Zentraler Grenzwertsatz

Sie denken noch einmal über den Zusammenhang von Binomial- und Normalverteilung nach. Dabei kommt Ihnen eine Frage in den Sinn: Ist es Zufall, dass die Binomialverteilung für die Solarzellen in Abbildung 4.3 so ähnlich wie die Normalverteilung aussieht oder steckt da mehr dahinter?

Sie möchten das herausfinden und zeichnen die Wahrscheinlichkeitsfunktion der Binomialverteilung mit Parametern $n = 1$ und p=0,5 in die Abbildung 4.9a ein. Dann gibt es zwei Möglichkeiten: Das Ereignis 0 tritt mit 50% Wahrscheinlichkeit ein, oder das Ereignis 1 tritt mit 50% Wahrscheinlichkeit ein. Da die Wahrscheinlichkeitsdichte der Normalverteilung stetig ist, zeichnen Sie noch die Verbindungsstrecke zwischen den beiden Punkten ein. Die Kurve sieht aber noch nicht aus wie die Dichte einer Normalverteilung. Sie lassen sich aber nicht so schnell entmutigen und zeichnen den Fall $n = 2$ ein (Abbildung 4.9b). Jetzt gibt es drei Möglichkeiten: 0, 1 und 2, und die Wahrscheinlichkeitsfunktion hat die Form eines Daches. Das geht schon eher in die richtige Richtung. Ermutigt durch dieses Ergebnis zeichnen Sie die Funktionen für $n = 1$ bis $n = 9$ ein (Abbildung 4.9c). Das Ergebnis ist faszinierend! So langsam entsteht die Form der Normalverteilung. Für $n = 40$ (Abbildung 4.9d) ist das Bild optisch kaum noch von der Normalverteilung zu unterscheiden.

Das ist kein Zufall. Dahinter steckt der Satz von Moivre-Laplace. Der **Satz von Moivre-Laplace** besagt, dass eine binomialverteilte Zufallsvariable bei immer größer werdenden n gegen eine Normalverteilung konvergiert. Genauer gilt: Ist X eine binomialverteilte Zufallsvariable mit Parametern n und p, dann läuft $Z = \frac{X-np}{\sqrt{n \cdot p \cdot (1-p)}}$ für $n \rightarrow \infty$ gegen eine standardnormalverteilte Zufallsvariable. Als Faustregel gilt hierbei, dass die Approximation hinreichend gut ist, falls:

$$n \cdot p \cdot (1 - p) \geq 9. \tag{4.29}$$

Das erklärt, warum das Bild für $n = 40$ optisch sehr stark der Normalverteilung ähnelt, denn hier gilt $40 \cdot 0,5 \cdot 0,5 = 10 \geq 9$. Der Satz von Moivre-Laplace ist ein Spezialfall des **Zentralen Grenzwertsatzes**. Der Zentrale Grenzwertsatz besagt im Wesentlichen, dass sich sogar die Verteilung der Summe $X = \sum_{i=1}^{n} X_i$ von unabhängigen, identisch verteilten Zufallsvariablen X_i, $i = 1, \cdots n$ einer beliebigen Verteilung jeweils mit Erwartungswert μ

Abbildung 4.9   Visualisierung des Satzes von Moivre-Laplace

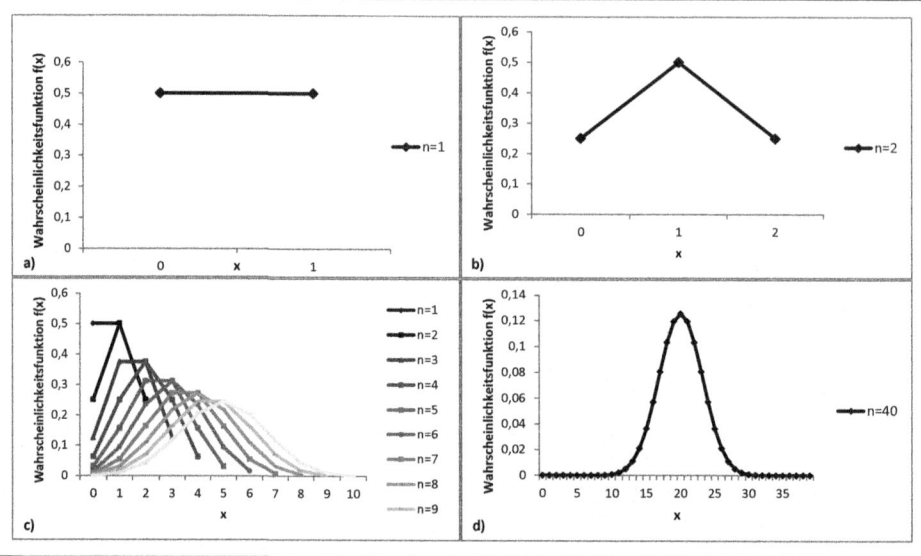

und Standardabweichung σ für immer größere n immer besser der $N(n\mu,\sigma\sqrt{n})$-Verteilung nähert. Diese Sätze liefern neben der guten mathematischen Handhabbarkeit eine wesentliche Erklärung für die Bedeutung der Normalverteilung.

4.2.5   Weitere Verteilungen

Sie sind noch immer fasziniert von der Normalverteilung und sind neugierig geworden. Gibt es eventuell noch weitere Verteilungen?

Ja, die gibt es, denn Wahrscheinlichkeiten spielen bei zahlreichen Anwendungen eine Rolle. Allgemein kann analog zur Definition der Binomial- bzw. Normalverteilung durch die Angabe einer Wahrscheinlichkeitsfunktion (siehe Abschnitt 4.2.2.1) eine diskrete bzw. durch Angabe einer Dichtefunktion (siehe Abschnitt 4.2.3.1) eine stetige Wahrscheinlichkeitsverteilung erzeugt werden.

Zum Beispiel ist die Funktion mit den Funktionswerten

$$f(i) = \begin{cases} \dfrac{1}{6} : i = 1, \cdots, 6 \\ 0 : \text{sonst.} \end{cases} \tag{4.30}$$

eine Wahrscheinlichkeitsfunktion. Aber wozu kann die dadurch erzeugte Wahrscheinlichkeitsverteilung verwendet werden, und gibt es weitere Verteilungen, welche sich in der Praxis bewährt haben und häufig verwendet werden?

Sie möchten sich dazu verschiedene Verteilungen anhand einiger Praxisbeispiele überlegen. Das erste Beispiel, das Ihnen einfällt, ist ein Würfel. Würfel werden zum Beispiel bei zahlreichen Gesellschaftsspielen verwendet. Alle Zahlen werden bei einem normalen Würfel mit den Ziffern 1 bis 6 mit der gleichen Wahrscheinlichkeit gewürfelt. Deshalb benötigen Sie hier eine diskrete Verteilung mit einer Wahrscheinlichkeitsfunktion, welche alle Werte mit der gleichen Wahrscheinlichkeit annimmt:

$$f(x) = \begin{cases} \dfrac{1}{n} : x = 1 \cdots ,n \\ 0 : \text{sonst.} \end{cases} \tag{4.31}$$

Die zugehörige Verteilung heißt **diskrete Gleichverteilung**. Das bedeutet, die oben eigentlich recht willkürlich gewählte Funktion ist die Wahrscheinlichkeitsfunktion einer diskreten Gleichverteilung.

Die Gleichverteilung gibt es auch als stetige Version mit konstanter Dichtefunktion. Die Dichtefunktion der **stetigen Gleichverteilung** ist definiert als:

$$f(x) = \begin{cases} \dfrac{1}{b-a} : a \leq x \leq b \\ 0 : \text{sonst.} \end{cases} \tag{4.32}$$

Sie zeichnen beide Funktionen in die Abbildung 4.10 ein.

Das war schon einmal ein guter Start, und Sie sind deshalb am nächsten Morgen guter Dinge, Ihre Laune steigt noch weiter als Sie ihr Frühstücksei öffnen. Ihr Frühstücksei hat 2 Eidotter! Die Wahrscheinlichkeit dafür ist eher gering. Solche seltenen Ereignisse werden häufig mit der diskreten **Poissonverteilung** modelliert. Die Poissonverteilung ist für eine kleine Wahrscheinlichkeit p und großes n eine Approximation der $B(n,p)$ Binomialverteilung. Die Wahrscheinlichkeitsfunktion ist wie folgt für $\lambda > 0$ definiert:

$$f(x) = \begin{cases} \dfrac{\lambda^x}{x!} e^{-\lambda} : x = 0,1,\ldots \\ 0 : \text{sonst.} \end{cases} \tag{4.33}$$

Der Parameter λ gibt dabei gleichzeitig sowohl den Erwartungswert als auch die Varianz an. Sie zeichnen die Wahrscheinlichkeitsfunktion für verschiedene λ in die Abbildung 4.10 ein.

Der Tag wird immer besser, auch wenn Sie auf dem Weg zur Arbeit auf den Bus warten müssen. Sie nutzen die Zeit und denken nach: Hängt die Wartedauer nicht auch vom Zufall ab? Ja, das stimmt. Wie könnte hierzu eine Wahrscheinlichkeitsverteilung aussehen? Die Wartedauer ist immer positiv, stetig und die Dichte sollte mit der Zeitdauer fallen. Eine mögliche Verteilung, welche häufig für die Modellierung von Wartezeiten, der Lebensdauer von etwa Bauteilen oder Schadensfällen in der Versicherungswirtschaft verwendet wird, ist etwa die stetige **Exponentialverteilung**. Die Dichte der Exponentialverteilung ist für $\lambda > 0$ definiert durch:

$$f(x) = \begin{cases} \lambda \cdot e^{-\lambda x} : x \geq 0 \\ 0 : \text{sonst.} \end{cases} \tag{4.34}$$

Der Erwartungswert dieser Verteilung ist $\frac{1}{\lambda}$ und die Varianz $\frac{1}{\lambda^2}$. Sie zeichnen die Dichtefunktion ebenfalls für verschiedene λ in die Abbildung 4.10 ein.

Abbildung 4.10   Wahrscheinlichkeitsfunktion bzw. Dichte verschiedener Verteilungen

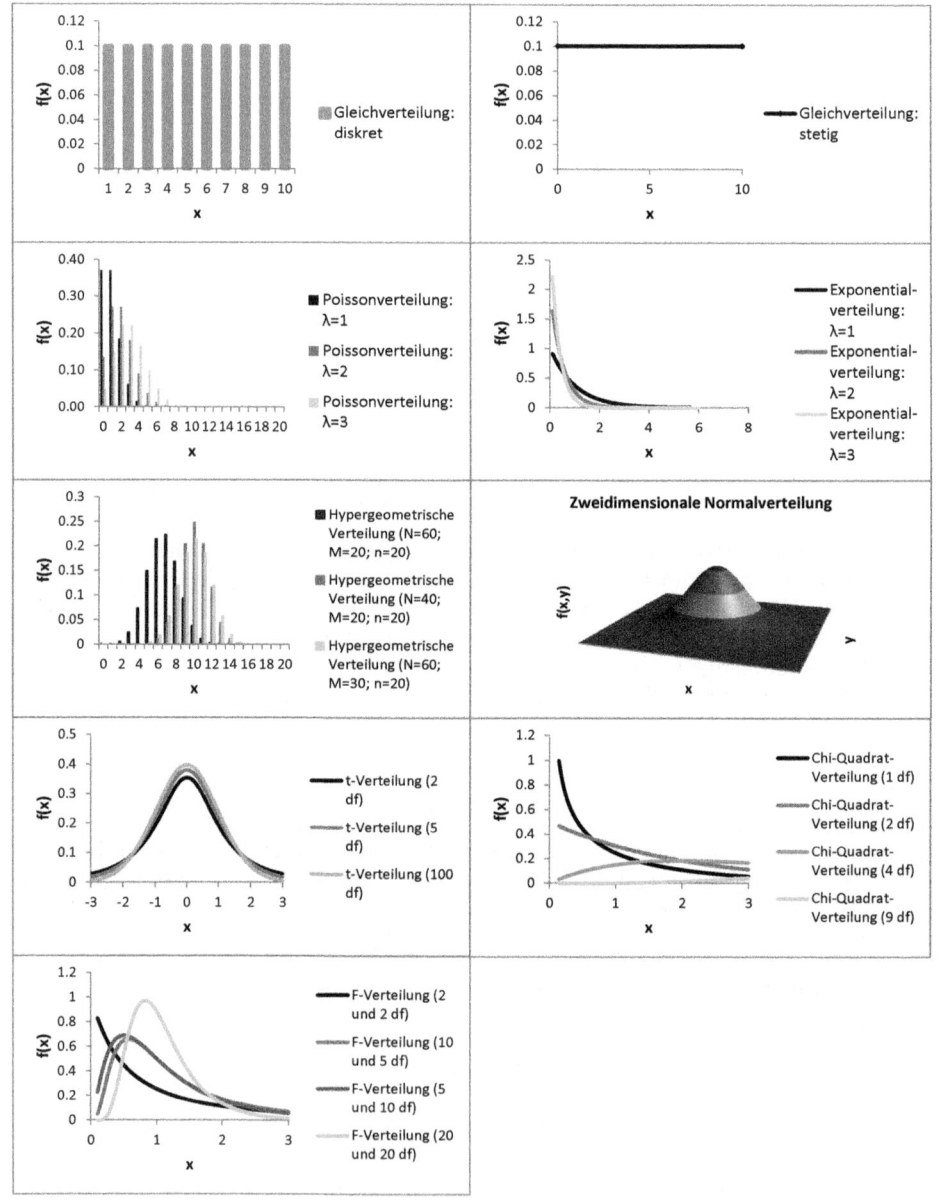

Jetzt werden Sie mutiger und denken sich komplexere Beispiele aus. Angenommen, es gäbe N Elemente, von denen M eine bestimmte Eigenschaft haben. Sie greifen n heraus. Wie hoch ist dann die Wahrscheinlichkeit, dass Sie genau x mit der Eigenschaft gezogen haben. Das ist in der Tat kompliziert. Für dieses Problem kann die diskrete **Hypergeometrische Verteilung** benutzt werden. Diese hat die Wahrscheinlichkeitsfunktion (siehe auch Abbildung 4.10):

$$f(x) = \begin{cases} \dfrac{\binom{M}{x} \cdot \binom{N-M}{n-x}}{\binom{N}{n}} : \max(0, n+M-N) \leq x \leq \min(M,n) \\ 0 : \text{sonst.} \end{cases} \tag{4.35}$$

Als Nächstes fällt Ihnen ein, dass es auch mehrdimensionale Verteilungen geben kann, etwa eine **zweidimensionale Normalverteilung**. Das ist komplizierter, denn jetzt ist der Mittelwert ein Vektor und zusätzlich muss noch die Korrelation zwischen den beiden Zufallsvariablen berücksichtigt werden. Die Dichte der zweidimensionalen Normalverteilung mit Mittelwertvektor $(0,0)$, Varianzen jeweils 1 und Korrelation 0 ist gegeben durch:

$$f(x_1, x_2) = \frac{1}{2\pi} e^{-\frac{1}{2}(x_1^2 + x_2^2)}. \tag{4.36}$$

Sie zeichnen die Dichte in die Abbildung 4.10 (rechts unten) ein.

Zum Schluss kommen Sie auf die Idee, dass es auch Verteilungen geben kann, welche sich aus anderen Verteilungen, etwa aus der Normalverteilung, ableiten. Ein Beispiel für eine solche Verteilung ist die stetige **Chi-Quadrat (χ^2)-Verteilung.** Es gilt: Liegen n unabhängige standardnormalverteilte Zufallsvariablen Z_i vor, dann ist $Z_1^2 + \ldots + Z_n^2$ χ^2−verteilt mit n Freiheitsgraden. Also

$$Z_1^2 + \ldots + Z_n^2 \sim \chi_n^2. \tag{4.37}$$

Diese Verteilung wird in den folgenden Abschnitten noch eine wichtige Rolle spielen (siehe Abschnitt 4.3.3.5). Zur besseren Verwendbarkeit haben wir die Quantile für verschiedene Freiheitsgrade (engl.: *degrees of freedom*; *df*) im Tabellenanhang in Tabelle T.5 angegeben.

Dieses Vorgehen kann noch erweitert werden. Werden etwa zwei χ^2−Verteilungen zusammen mit der jeweiligen Anzahl an Freiheitsgraden dividiert, so ergibt sich eine **F-Verteilung**, auch **Fisher-Snedecor-Verteilung** genannt. Es seien also $X \sim \chi_m^2$ und $Y \sim \chi_n^2$ unabhängige Zufallsvariablen, dann ist:

$$Z = \frac{X/m}{Y/n} \sim F(m,n), \tag{4.38}$$

d. h. F-verteilt mit m und n Freiheitsgraden. Auch diese Verteilung wird in den folgenden Abschnitten (siehe Abschnitt 4.3.3.6) noch eine wichtige Rolle spielen. Sie tabellieren auch für diese Verteilung die Quantile (siehe Tabellen T.6, T.7, T.8 und T.9).

Zum Abschluss betrachten Sie noch eine letzte Verteilung: Die **Student Verteilung** oder **t-Verteilung**. Der Name *Student* kommt daher, weil der Engländer William Sealy Gosset diese unter dem Pseudonym *Student* 1908 entwickelt und veröffentlicht hat. Die t-Verteilung ist wie folgt definiert: Es seien $Z \sim N(0,1)$ und $X \sim \chi_n^2$ eine von Z unabhängige Zufallsvariable, dann ist:

$$\frac{Z}{\sqrt{X/n}} \tag{4.39}$$

t-verteilt mit n Freiheitsgraden. Eine schöne Eigenschaft der t-Verteilung ist, dass diese für $n \to \infty$ in eine Normalverteilung übergeht. Die t-Verteilung wird später in Abschnitt 4.3.3.1 noch verwendet. Die Quantile sind im Tabellenanhang in Tabelle T.4 dargestellt.

In diesem Abschnitt haben Sie einen kurzen Einblick über Wahrscheinlichkeitsverteilungen und mögliche Anwendungsfälle erhalten. Um diese anwenden zu können, müssen jedoch Parameter bestimmt werden, wie etwa das λ der Exponentialverteilung, und Modellanpassungen durchgeführt werden. Das geht über den Stoff dieses Buches hinaus, es gibt aber zahlreiche Bücher, welche dieses Themengebiet vertiefen. Exemplarisch seien hier die Bücher von Bamberg et al. (2012) oder Schlittgen (2012) genannt.

4.3   Datenschluss

Wie viele Chipstüten kaufen die Kunden Ihres Freundes (siehe Seite 123) eigentlich? Leider können Sie nicht alle 20.000 Chipskunden persönlich befragen. Aber nachdem Sie zumindest 30 dieser Kunden (natürlich zufällig ausgewählt) nach ihrem jährlichen Chipsbedarf befragt haben, erhalten Sie die Ergebnisse von Tabelle 4.3. Was können Sie aus dieser Stichprobe über die Grundgesamtheit lernen, was können Sie damit über diese aussagen?

Tabelle 4.3   Ergebnisse der Kundenbefragung *Jährlicher Chipstütenbedarf*

Chipstütenbedarf				
24	49	35	23	28
24	24	26	3	23
39	24	29	40	27
50	58	32	22	18
38	41	54	47	26
13	29	25	39	40

Häufig wollen wir uns also nicht nur abstrakt mit Zufallsvariablen und deren Verteilungen beschäftigen, sondern wollen reale Herausforderungen annehmen. Dazu müssen wir erhobene, vorhandene Daten heranziehen: Was können wir aus einer Stichprobe schließen, wie können wir Daten und Zufall zusammenbringen?

Mit diesem Thema beschäftigt sich die **induktive Statistik**, die auch schließende Statistik genannt wird. Es liegen Informationen über die Stichprobe vor (Rohdaten wie z. B. in Tabelle 4.3 oder auch z. B. Lage- und Streuungsmaße). Mit Hilfe dieser Daten wollen Sie etwas über die Grundgesamtheit, die Realität lernen (siehe Abbildung 4.11). In gewisser Hinsicht sind Ihre Daten ja zufällig, es sind Realisationen von Zufallsvariablen.

4.3.1   Punktschätzung

Wie wir gesehen haben, hängen viele Verteilungen von unbekannten Parametern ab. Die Normalverteilung beispielsweise von μ und σ. Dabei ist $\mu = E(X)$ der Erwartungswert

Abbildung 4.11 Schaubild induktive Statistik

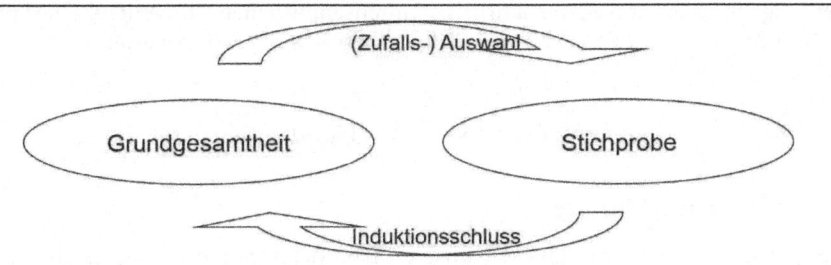

und $\sigma^2 = Var(X)$ die Varianz der (hier normalverteilten) Zufallsvariable. Ein naheliegender Ansatz ist es nun, diese Parameter mit ihrem empirischen Äquivalent, dem arithmetischen Mittelwert und der Varianz zu schätzen. Diese sogenannte **Momentenmethode** hat dabei sogar gute mathematisch-statistische Eigenschaften. Damit diese funktioniert, müssen wir aber ein paar Anforderungen an die Stichprobenvariablen stellen: $X_1, X_2, \ldots, X_n$ sind voneinander unabhängige Zufallsvariablen desselben Zufallsexperiments – mit den Realisierungen $x_1, x_2, \ldots, x_n$. Dann landen wir bei den Schätzfunktionen:

$$\widehat{E(X)} = \bar{X} = \frac{1}{n} \sum_{i=1}^{n} X_i, \tag{4.40}$$

$$\widehat{Var(X)} = S(X)^2 = \frac{1}{n} \sum_{i=1}^{n} (X_i - \bar{X})^2. \tag{4.41}$$

Damit können dann z. B. die Parameter der Normalverteilung geschätzt werden:

$$\hat{\mu} = \widehat{E(X)} = \bar{X} = \frac{1}{n} \sum_{i=1}^{n} X_i, \tag{4.42}$$

$$\hat{\sigma}^2 = \widehat{Var(X)} = S(X) = \frac{1}{n} \sum_{i=1}^{n} (X_i - \bar{X})^2. \tag{4.43}$$

Das *Dach* über den Parametern zeigt uns wieder (vergleiche Regression, S. 89), dass diese Werte *geschätzt* sind.

Punktschätzer schätzen also z. B. Parameter einer Verteilung. Punktschätzer haben verschiedene Eigenschaften, die Sie untersuchen können und deren Erfüllung einen guten Schätzer auszeichnet. Eine davon ist die sogenannte Erwartungstreue. Diese besagt, dass der Erwartungswert der Schätzfunktion dem wahren Parameter entspricht, andernfalls ist der Schätzer verzerrt, er hat eine Verzerrung (engl.: Bias). Mit anderen Worten und vereinfacht: Im Mittel treffen wir den richtigen Wert. Als Funktionen von Zufallsvariablen sind Punktschätzer selbst auch wieder Zufallsvariablen.

Man kann hingegen zeigen, dass die Schätzfunktion 4.41 systematisch zu groß ist. Daher wird meistens die **Stichprobenvarianz**

$$\tilde{S}^2 := \frac{1}{n-1} \sum_{i=1}^{n} (X_i - \bar{X})^2 \tag{4.44}$$

verwendet. Für weitere Eigenschaften von Punktschätzern sowie Konstruktionsprinzipien siehe zum Beispiel Fahrmeir et al. (2011).

Bei der Frage Ihres Freundes, den jährlichen durchschnittlichen Chipstütenbedarf pro Kunden zu ermitteln (siehe Tabelle 4.3, $n = 30$), ergeben sich die Schätzwerte:

$$\hat{\mu} = \widehat{E(X)} = \bar{x} = 31{,}67$$
$$\hat{\sigma}^2 = \widehat{Var(X)} = \tilde{s}^2 = 150{,}20.$$

4.3.2 Bereichsschätzung

Können wir uns sicher sein, dass wir unseren Parameter genau richtig geschätzt haben? Nein. Nicht zuletzt auch aufgrund der Streuung der Daten kann der wahre Parameter (z. B. μ) mehr oder weniger stark vom geschätzten (d. h. $\hat{\mu}$) abweichen. Daher ist man häufig neben der Punktschätzung an dem Bereich interessiert, von dem man davon ausgehen kann, dass der wahre Parameter mit einer bestimmten Wahrscheinlichkeit darin liegt. Bei einem **Konfidenzintervall** wird dafür eine Irrtumswahrscheinlichkeit α vorgegeben bzw. vorher festgelegt. Diese Irrtumswahrscheinlichkeit kontrolliert die Wahrscheinlichkeit, dass der wahre Wert des Parameters nicht in dem berechneten Bereich liegt. Üblich sind dabei Werte für α von 1%, 5% oder 10%. Da die Punktschätzer selbst wieder Zufallsvariablen sind, ist ein auf dieser Basis konstruiertes Konfidenzintervall (bzw. die Grenzen des Konfidenzintervalls) selber wieder eine Zufallsvariable. Damit kann – sofern die Annahmen wie z. B. unabhängig, identisch normalverteilte Zufallsvariablen zutreffen – ein Konfidenzintervall wie folgt interpretiert werden: Sofern erneut eine Stichprobe gezogen wird und ein neues Konfidenzintervall berechnet wird, wird in $1 - \alpha$% der Fälle das Konfidenzintervall den wahren Parameter enthalten, in α% der Fälle nicht.

Die Abbildung 4.12 verdeutlicht den Vergleich zwischen Punkt- und Bereichsschätzung. Während die Punktschätzung den konkreten Wert des Parameters schätzt, gibt die Intervallschätzung ein Konfidenzintervall an, d. h. einen Bereich, in dem der geschätzte Parameter mit einer bestimmten Wahrscheinlichkeit liegen sollte.

Abbildung 4.12 Vergleich Punkt- und Bereichsschätzung

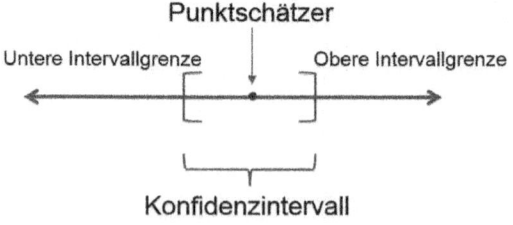

Während die Aussage eines Punktschätzers ist: *Der gesuchte Parameter ist genau da*, ist die Aussage eines Konfidenzintervalls: *Der gesuchte Parameter ist mit der Wahrscheinlichkeit* $1 - \alpha$ *größer als die untere Intervallgrenze und kleiner als die obere Intervallgrenze.*

Das approximative Konfidenzintervall für den Erwartungswert $E(X) = \mu$ für $n > 30$ lässt sich wie folgt bestimmen:

$$\left[\bar{X} - z_{1-\alpha/2} \frac{\tilde{S}}{\sqrt{n}}, \quad \bar{X} + z_{1-\alpha/2} \frac{\tilde{S}}{\sqrt{n}} \right]. \tag{4.45}$$

Dabei ist $z_{1-\alpha/2}$ das $1 - \alpha/2$-Quantil der Standardnormalverteilung und $\bar{X}$ und $\tilde{S} = \sqrt{\tilde{S}^2}$ wie in den Gleichungen 4.40 bzw. 4.44. Man kann approximativ u. a. mithilfe des zentralen Grenzwertsatzes (siehe Abschnitt 4.2.4) zeigen, dass

$$P \left(\bar{X} - z_{1-\alpha/2} \frac{\tilde{S}}{\sqrt{n}} \leq \mu \leq \bar{X} + z_{1-\alpha/2} \frac{\tilde{S}}{\sqrt{n}} \right) = 1 - \alpha \tag{4.46}$$

ist. Sie können erkennen, dass dieses Konfidenzintervall mit zunehmendem Stichprobenumfang n immer kleiner wird. Und was, wenn Sie eine Vermutung über den wahren Wert der Grundgesamtheit haben und diese überprüfen wollen? Dann sollten Sie schnellstens den nächsten Abschnitt lesen – und können dabei Ihr Wissen anwenden.

Wenn Sie also einen Bereich haben wollen, von dem Sie zu 90% sicher sein können, dass dieser Bereich den wahren Parameter, den wahren Mittelwert der Grundgesamtheit des jährlichen Bedarfs an Chipstüten enthält (siehe Tabelle 4.3), dann ergibt sich mit $\alpha = 0{,}1$, $n = 30$ sowie den Punktschätzern $\hat{\mu} = 31{,}67$ für die Lage und $\hat{\sigma}^2 = 150{,}20$ ein Konfidenzintervall von:

$$P \left(31{,}67 - 1{,}645 \frac{\sqrt{150{,}20}}{\sqrt{30}} \leq \mu \leq (31{,}67 + 1{,}645 \frac{\sqrt{150{,}20}}{\sqrt{30}}) \right) = 0{,}9$$

also:

$$P(27{,}99 \leq \mu \leq 35{,}35) = 0{,}9.$$

Mit einer Wahrscheinlichkeit von 90% liegt der wahre Wert für μ also im Bereich zwischen ca. 28 und 35,35 Tüten Chips.

4.3.3　Testen

Gibt es Unterschiede zwischen Männern und Frauen? Sicher. Zeigen diese sich auch in den Mathenoten? Vielleicht. Und wenn ja, können die Unterschiede vielleicht nur zufällig sein? Sir Karl Popper sagte:

> „Unser Wissen ist ein kritisches Raten, ein Netz von Hypothesen, ein Gewebe von Vermutungen."

Wie können wir unsere Vermutungen überprüfen? Meistens versuchen wir, Bestätigungen für unsere Vermutungen zu finden (Confirmation Bias), dabei ist es wissenschaftstheoretisch klüger zu versuchen, diese zu falsifizieren. Salopp gesprochen gibt es demnach Theorien, die widerlegt sind und solche die noch nicht widerlegt wurden. Das ist intellektuell anspruchsvoll, aber der Grundgedanke des statistischen **Hypothesentests** lautet: Wie wahrscheinlich sind die beobachteten Daten unter (theoretischen) Annahmen? Sind die Daten – z. B. die Differenz der Durchschnittsnoten in Mathe – unter den Annahmen – z. B. eigentlich müssten die Noten bei Männern und Frauen in etwa gleich sein – sehr unwahrscheinlich, z. B. weil ein Geschlecht viel bessere Noten hat, dann sind die Annahmen – auch hier wieder mit einer gewissen Irrtumswahrscheinlichkeit – wohl falsch und sollten verworfen werden.

Ihr Freund, der Chipstütenverkäufer, möchte z. B. wissen, ob seine Kunden nicht vielleicht mehr als 26 Tüten pro Jahr kaufen. Er hat nämlich gehört, dass die Kunden in seinem Einzugsgebiet im Schnitt alle 2 Wochen eine Tüte Chips essen (sollten).

4.3.3.1   Testtheorie

In Theorie und Praxis sind wir häufig mit **Hypothesen** konfrontiert. Diese können zutreffen – oder eben auch nicht. Beim statistischen Hypothesentest wird der derzeitige Stand des Wissens, die Vermutung, die kritisch überprüft werden soll, als **Nullhypothese** (H_0) formuliert. Das Gegenteil der Nullhypothese ist die **Alternativhypothese** (H_A oder H_1). Die Hypothesen betreffen hier häufig den zugrundeliegenden Parameter der Verteilung einer Zufallsvariable, zum Beispiel:

$$H_0 : \mu = 0 \quad vs. \quad H_A : \mu \neq 0.$$

Ein statistischer Hypothesentest berechnet nun, unter den *Annahmen der Nullhypothese*, die Wahrscheinlichkeit einer **Teststatistik**. Liegt diese unter einem *vorher* festgelegten **Signifikanzniveau** (Irrtumswahrscheinlichkeit α), wird die Nullhypothese zugunsten der Alternative verworfen. Liegt die Wahrscheinlichkeit der Daten unter der Nullhypothese *nicht* unter dem Signifikanzniveau, kann sie *nicht* verworfen werden – sie ist aber nicht ohne Weiteres gezeigt. Die Nullhypothese kann im Allgemeinen eben nur (zugunsten der Alternative) abgelehnt werden, aber nicht (direkt) belegt werden! Um die Wahrscheinlichkeit der Teststatistik unter den Annahmen der Nullhypothese berechnen zu können, muss die (approximative) Verteilung der Teststatistik bekannt sein, etwa eine Standardnormalverteilung. Sollten wir die Nullhypothese verwerfen, obwohl sie in Wirklichkeit zutrifft, so spricht man vom **Fehler 1. Art**. Die Wahrscheinlichkeit dafür wird mit Hilfe der Irrtumswahrscheinlichkeit α kontrolliert. Konkret werden mit ihrer Hilfe die **kritischen Werte** bestimmt, ab denen die Nullhypothese verworfen wird. Praktisch geschieht dies, dass ein oder zwei Quantile der unter der Nullhypothese zu erwartenden Verteilung herangezogen werden. Warum? Diese geben ja Werte an, die nur mit gegebenen Wahrscheinlichkeiten über- oder unterschritten werden.

Es gibt aber auch noch den **Fehler 2. Art**, auch β-Fehler genannt. Dieser tritt auf, wenn wir die Nullhypothese nicht verwerfen, also beibehalten, obwohl die Alternativhypothese gilt. Die Wahrscheinlichkeit hierfür ist leider weitaus schwieriger zu kontrollieren. Neben dem oben gezeigten zweiseitigen Test – zweiseitig deshalb, weil μ in der Nullhypothese genau ein Wert ist (=) und diese von zwei Seiten verworfen werden kann – gibt es die einseitigen Tests. Diese kommen zur Anwendung, wenn die Nullhypothese Aussagen über den maxi- oder minimalen Wert des Parameters beinhaltet, also z. B.:

$$H_0 : \mu \leq \mu_0 \quad vs. \quad H_A : \mu > \mu_0$$

oder:

$$H_0 : \mu \geq \mu_0 \quad vs. \quad H_A : \mu < \mu_0.$$

Die Frage Ihres Freundes, ob seine Kunden wirklich, wie er gehört hat, höchstens 26 Tüten konsumieren, lautet dann als statistisches Testproblem:

$$H_0 : \mu \leq 26 \quad vs. \quad H_A : \mu > 26.$$

Bisher gilt, dass Kunden im Durchschnitt der Grundgesamtheit höchstens 26 Tüten kaufen (H_0). Kann dies stimmen, wenn er sich die Ergebnisse seiner Kundenbefragung (Tabelle 4.3) anguckt?

Ein wichtiger Begriff in der statistischen Testtheorie ist der **p-Wert**. Der p-Wert ist die (Schwanz-) Wahrscheinlichkeit der Teststatistik unter den Annahmen der Nullhypothese. Der p-Wert gibt an, wie wahrscheinlich die Teststatistik unter H_0 ist, oder ein unter H_0 noch unwahrscheinlicherer Wert. In diesem Sinne misst er die Unterstützung der Nullhypothese durch die Daten: Je kleiner der p-Wert, desto unwahrscheinlicher sind die Daten, bzw. die Teststatistik unter der Nullhypothese. Allerdings kann auch hier nicht geschlossen werden, dass aus einem hohen p-Wert folgt, dass die Nullhypothese gilt. Es gibt für den p-Wert auch eine Verbindung zur Irrtumswahrscheinlichkeit α, dem Signifikanzniveau eines Hypothesentests. Gilt:

$$\text{p-Wert} < \alpha, \tag{4.47}$$

so kann H_0 abgelehnt werden, andernfalls nicht.

Häufig wollen Sie nicht nur die Wahrscheinlichkeit für einen Fehler 1. Art kontrollieren, sondern auch die Trennschärfe kennen, d. h., wie hoch die Wahrscheinlichkeit für einen Fehler 2. Art ist – die sollte ja auch nicht zu hoch sein. Dazu müssen Sie die **Gütefunktion** $g(\cdot)$ kennen. Diese Funktion hängt neben dem Stichprobenumfang n und dem Signifikanzniveau α natürlich insbesondere vom wahren Wert μ ab, also $g(\mu)$ und beschreibt die Wahrscheinlichkeit H_0 abzulehnen. Nach Testkonstruktion gilt:

$$\mu \in H_0 : g(\mu) \leq \alpha.$$

Für Werte von μ unter der Alternative H_1 gilt aber:

$$\mu \in H_1 : 1 - g(\mu) = \text{Wahrscheinlichkeit Fehler 2. Art.}$$

Mit der Gütefunktion können Sie also die gesuchten Wahrscheinlichkeiten berechnen. Da diese Funktion aber auch vom Stichprobenumfang n abhängt, können Sie – mit ein wenig mehr Mathematik und Statistik – diese benutzen, um nötige Stichprobenumfänge zu berechnen, wenn Sie für ein vorgegebenes μ und α die Wahrscheinlichkeit für den Fehler 2. Art kontrollieren wollen.

4.3.3.2   Gauß-Test, Einstichproben t-Test

Eine der am häufigsten angenommenen Verteilungen ist die Normalverteilung (siehe Seite 135). Diese hängt bekanntermaßen maßgeblich vom Erwartungswert μ ab – und von der Standardabweichung σ. Tun wir für den Augenblick einmal so, als ob wir σ kennen würden. Wir wollen (oder sollen) die Nullhypothese, dass μ gleich einem bestimmten, gegebenen Wert μ_0 ist, testen, also

$$H_0 : \mu = \mu_0 \quad vs. \quad H_A : \mu \neq \mu_0.$$

Unser Ziel ist es jetzt, eine Teststatistik zu konstruieren, deren Verteilung wir unter der Nullhypothese kennen. Dazu berechnen wir zunächst den arithmetischen Mittelwert $\bar{x}$ unserer Stichprobe $X_1, X_2, X_3, \ldots, X_n$. Wenn unser vermuteter Parameter μ_0 stimmt, dann sollte $\bar{x} \approx \mu_0$ sein und damit $\bar{x} - \mu_0$ ungefähr 0. Zusätzlich können wir ausnutzen, dass

$$Var(X) = \sigma^2 \Rightarrow Var(\bar{X}) = Var\left(\frac{1}{n}\sum_{i=1}^{n} X_i\right) = \frac{1}{n}Var(X) = \frac{1}{n}\sigma^2 \tag{4.48}$$

gilt und damit die Standardabweichung für den arithmetischen Mittelwert bei $\frac{\sigma}{\sqrt{n}}$ liegt. Damit haben wir (unter H_0) eine Verteilung für die Teststatistik:

$$T = \frac{\bar{x} - \mu_0}{\frac{\sigma}{\sqrt{n}}}. \tag{4.49}$$

Aufgrund des Zählers ist der Erwartungswert der Teststatistik 0, aufgrund des Nenners ist die Varianz 1 – wir haben also mal wieder standardisiert. Zusammen mit der Annahme einer Normalverteilung ist T damit standardnormalverteilt, also $T \sim N(0,1)$ – wenn die expliziten und impliziten Annahmen der Nullhypothese zutreffen. Die explizite Annahme ist, dass $\mu = \mu_0$ ist, sowie die mehr oder weniger klare Annahme, die einer Normalverteilung. Zu den impliziten Annahmen gehört aber, dass die Stichprobe unabhängig, identisch verteilt ist. Wenn alle Annahmen erfüllt sind, können wir jetzt die Wahrscheinlichkeit der Teststatistik ausrechnen. Wenn wir uns im Vorhinein eine Irrtumswahrscheinlichkeit von 5% zugebilligt haben, d. h., die Wahrscheinlichkeit H_0 zu verwerfen, obwohl sie zutrifft, darf maximal z. B. 0,05 betragen, so dürfen und müssen wir die Nullhypothese ablehnen, wenn T kleiner als $-1{,}96$ oder größer als $+1{,}96$ ist. Wie kommt man auf diese Zahlen? Das sind die kritischen Werte: Da wir es hier mit einem zweiseitigen Testproblem zu tun haben, wissen wir in der Alternative nicht, ob μ größer oder kleiner μ_0 ist. Das ist in der Alternativhypothese egal. Wir teilen unser Signifikanzniveau $\alpha = 0{,}05$ also auf: 2,5% gehen an den unteren Rand und 2,5% an den oberen. Damit liegt der untere kritische Wert bei $-z_{1-\alpha/2}$, der obere bei $z_{1-\alpha/2}$. Zur Erinnerung: $z_{1-\alpha/2}$ ist das $1 - \alpha/2$-Quantil der Standardnormalverteilung und dieser Wert wird nur mit einer Wahrscheinlichkeit von $\alpha/2$ überschritten. Dieses passiert, wenn α klein ist, eigentlich nur selten. Abbildung 4.13 verdeutlicht die Verteilung unter der Nullhypothese sowie die beiden kritischen Werte.

Abbildung 4.13   Zweiseitiger Gauß-Test

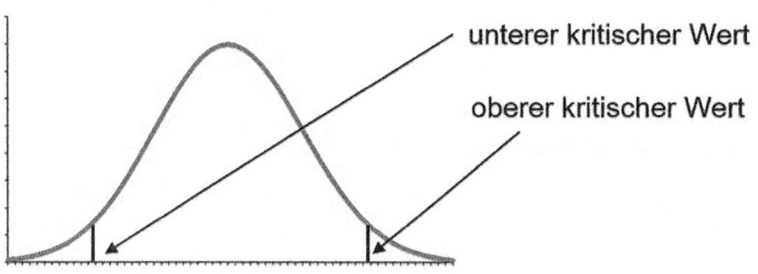

unterer kritischer Wert

oberer kritischer Wert

Dummerweise kennen wir in der Regel die wahre Varianz σ^2 nicht, sondern müssen diese auch erst noch mit Hilfe der Formeln 4.40 bzw. 4.44 schätzen. Dann ist unsere Teststatistik T allerdings genaugenommen nicht mehr normalverteilt, sondern t-verteilt. Die Unterschiede sind, insbesondere ab $n > 30$, gering.

Es gibt übrigens eine enge Verbindung zwischen dem Testen und Konfidenzintervallen:

$$\left[\bar{X} - z_{1-\alpha/2}\frac{\tilde{S}}{\sqrt{n}}, \quad \bar{X} + z_{1-\alpha/2}\frac{\tilde{S}}{\sqrt{n}} \right]. \tag{4.50}$$

Wenn μ_0 in diesem Konfidenzintervall liegt, kann H_0 nicht verworfen werden. Wenn μ_0 außerhalb des Konfidenzintervalls liegt, kann H_0 verworfen werden.

Die Überlegungen zur Konstruktion der Teststatistik gelten auch für einseitige Hypothesentests. Auch hier ist:

$$T = \frac{\bar{x} - \mu_0}{\frac{\sigma}{\sqrt{n}}}, \tag{4.51}$$

allerdings werden die kritischen Werte je nach Richtung der Null- bzw. Alternativhypothese bestimmt. Soll getestet werden

$$H_0 : \mu \leq \mu_0 \quad vs. \quad H_A : \mu > \mu_0,$$

so widersprechen niedrige Werte von T nicht der Nullhypothese, sondern nur hohe – und damit für die Alternative. H_0 wird daher zum Niveau α verworfen, wenn $T > z_{1-\alpha}$ ist. Dieser Fall ist in Abbildung 4.14a verdeutlicht.

Abbildung 4.14   Einseitiger Gauß-Test bei $H_0 : \mu \leq \mu_0$ (a) bzw. $H_0 : \mu \geq \mu_0$ (b)

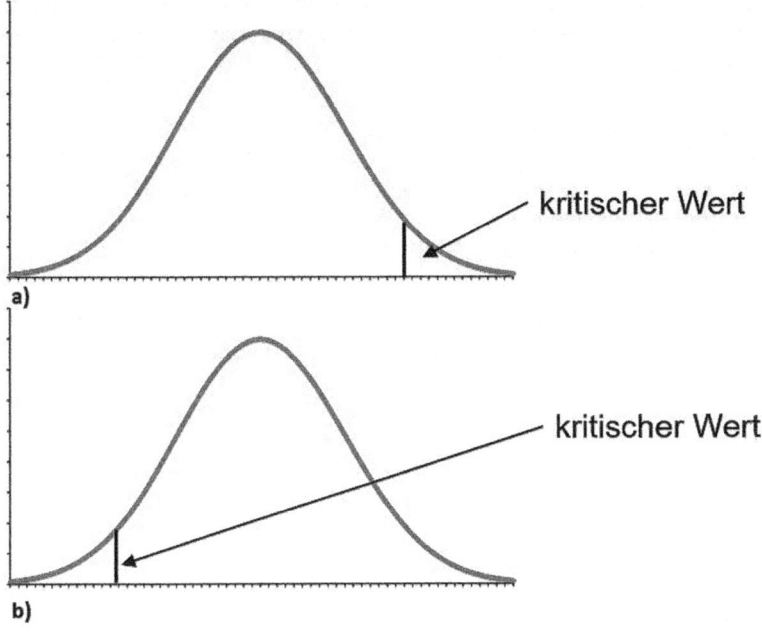

Soll hingegen

$$H_0 : \mu \geq \mu_0 \quad vs. \quad H_A : \mu < \mu_0$$

getestet werden, so sind kleine Werte für T unter den Annahmen der Nullhypothese unwahrscheinlich, H_0 wird also verworfen, wenn $T < -z_{1-\alpha}$ ist, wie in Abbildung 4.14b zu sehen ist.

Auch bei einseitigen Tests wird in der Praxis in der Regel die unbekannte Varianz erst geschätzt, so dass T nicht normal- sondern t-verteilt (siehe Abschnitt 4.2.5) ist.

Ihr Freund, der anhand der Daten von Tabelle 4.3 die Hypothese:

$$H_0 : \mu \leq 26 \quad vs. \quad H_A : \mu > 26.$$

testen will, will sich ziemlich sicher sein und billigt sich daher eine Irrtumswahrscheinlichkeit von $\alpha = 1\%$ zu. Für seine Teststatistik T gilt:

$$
\begin{aligned}
T \;&=\; \frac{\bar{x} - \mu_0}{\frac{\sigma}{\sqrt{n}}} \\[2mm]
&=\; \frac{31{,}67 - 26}{\frac{\sqrt{150{,}20}}{\sqrt{30}}} \\[2mm]
&=\; 2{,}534.
\end{aligned}
$$

Dieser Wert muss nun mit dem oberen 1%-Quantil der Standardnormalverteilung verglichen werden: $z_{1-0{,}01} = z_{0{,}99} = 2{,}326$ (siehe z. B. Tabelle T.2). Unter den Annahmen der Nullhypothese würde dieser Wert ja zufällig nur mit einer Wahrscheinlichkeit von 1% überschritten. Da wir diesen Wert mit unserem $T = 2{,}534$ aber überschreiten und wir nicht glauben dass das Zufall ist, können Sie die Nullhypothese (höchstens 26 Tüten Chips) für Ihre Grundgesamtheit verwerfen und gehen jetzt erst mal vom Gegenteil, also mehr als 26 Tüten aus.

4.3.3.3 Binomial-Test

Auch den (unbekannten) Parameter p einer Binomialverteilung (siehe S. 131) können Sie testen. Da der Erwartungswert einer binomialverteilten Zufallsvariable $E(X) = n \cdot p$ ist, wird die Wahrscheinlichkeit p geschätzt durch:

$$\hat{p} = \frac{x}{n}, \tag{4.52}$$

also durch die Anteile der Erfolge, Kunden, Defekte etc. Die statistischen Hypothesen über den zugrundeliegenden Parameter lauten im zweiseitigen Fall

$$H_0 : p = p_0 \quad vs. \quad H_A : p \neq p_0$$

bzw. $H_0 : p \leq p_0 \quad vs. \quad H_A : p > p_0$ oder $H_0 : p \geq p_0 \quad vs. \quad H_A : p < p_0$ bei einseitigen Tests. Damit wir eine Binomialverteilung durch eine Normalverteilung approximieren können, muss gelten (siehe auch S. 143):

$$n \cdot p \cdot (1 - p) \geq 9. \tag{4.53}$$

Die Teststatistik ist dann gegeben durch:

$$T = \frac{\hat{p} - p_0}{\sqrt{\frac{p_0 \cdot (1 - p_0)}{n}}}. \tag{4.54}$$

Zur Testentscheidung werden wieder die kritischen Werte anhand der Quantile der Standardnormalverteilung herangezogen. Unter den Annahmen der Nullhypothese und der zusätzlichen Approximation (Zentraler Grenzwertsatz) ist T nämlich wieder standardnormalverteilt.

4.3.3.4   Zweistichproben t-Test

Gauß- und Binomialtest sind zwar schön, gut und praktisch, aber um z. B. Männer und Frauen vergleichen zu können, müssen **zwei Stichproben** herangezogen werden – die der Männer und die der Frauen. Die Systematik (wenn Sie so wollen also die Theorie) ist gleich, nur die Berechnung wird aufwendiger. Dabei muss vorab überlegt werden, ob es sich um **verbundene** oder **unverbundene** bzw. abhängige oder unabhängige Stichproben handelt. Verbundene Stichproben liegen vor, wenn Sie zwei Merkmale (X,Y) bei ein und demselben Merkmalsträger erheben (z. B. den Umsatz einer Kundin, eines Kunden für Herrenwäsche und den Umsatz der gleichen Person für Damenwäsche). Dann betrachten Sie als neues Merkmal einfach die Differenz:

$$D = X - Y \tag{4.55}$$

und formulieren Ihre Hypothese über D. Wenn Ihre Nullhypothese lautet $H_0 : \mu_X = \mu_Y$, d. h., dass die Umsätze für Herrenwäsche und Damenwäsche im Erwartungswert gleich sind, dann ist dieses Ergebnis gleichbedeutend mit $H_0 : E(D) = 0$. Mit anderen Worten: Sie entwickeln aus Ihren beiden Merkmalen (Umsatz für Herrenwäsche sowie Umsatz für Damenwäsche) ein einzelnes, neues Merkmal (Umsatzdifferenz Herren- zu Damenwäsche) und schätzen und führen den Test darüber durch.

Etwas anderes ist bei unverbundenen Stichproben nötig: hier betrachten Sie ein Merkmal, z. B. Umsatz bei zwei Stichproben, z. B. Frauen und Männer. Ein zweiseitiger Test wäre dann

$$H_0 : \mu_{\text{Mann}} = \mu_{\text{Frau}} \quad vs. \quad \mu_{\text{Mann}} \neq \mu_{\text{Frau}}.$$

Mit anderen Worten, Sie wollen die Erwartungswerte (Parameter) von zwei Stichproben miteinander vergleichen und testen, ob diese gleich sind, bzw. ob die Werte in der Grundgesamtheit übereinstimmen. Um die Nomenklatur zu vereinfachen, nennen wir die eine Stichprobe A, die andere B, und wir haben n_A bzw. n_B Beobachtungen je Stichprobe. Dann schätzen wir zunächst die unbekannten Parameter (μ und σ^2) getrennt für die beiden Stichproben über

$$\bar{x}_A = \frac{1}{n_A} \sum_{i=1}^{n_A} x_i \quad \text{bzw.} \quad \bar{x}_B = \frac{1}{n_B} \sum_{i=1}^{n_B} x_i \tag{4.56}$$

sowie

$$S_A^2 = \frac{1}{n_A - 1} \sum_{i=1}^{n_A} (x_i - \bar{x}_A)^2 \quad \text{bzw.} \quad S_B^2 = \frac{1}{n_B - 1} \sum_{i=1}^{n_B} (x_i - \bar{x}_B)^2. \tag{4.57}$$

Zur Konstruktion der Teststatistik wird jetzt im Zähler die Differenz der Mittelwerte herangezogen – diese sollte bei der Hypothese der Gleichheit der Parameter ungefähr 0 sein. Im Nenner wird die Standardabweichung aus den einzelnen Standardabweichungen gepoolt, d. h. aus den einzelnen Streuungen zusammengesetzt, insgesamt also:

$$T = \frac{\bar{x}_A - \bar{x}_B}{\sqrt{\frac{S_A^2}{n_A} + \frac{S_B^2}{n_B}}}. \tag{4.58}$$

Und jetzt geht wieder das alte Spiel los: Unter H_0 und genügend großen Stichproben ist T standardnormalverteilt, die kritischen Werte sind also wieder $\pm z_{1-\alpha/2}$ und H_0 wird verworfen wenn T kleiner als das untere oder größer als das obere $\alpha/2$-Quantil der Standardnormalverteilung ist.

4.3.3.5   Chi-Quadrat-Test

Erinnern Sie sich an das χ^2 aus Gleichung 3.9 auf Seite 88?

$$\chi^2 = \sum_{i=1}^{k} \sum_{j=1}^{m} \frac{(h_{ij} - e_{ij})^2}{e_{ij}}. \tag{4.59}$$

Diese Größe haben wir verwendet, um den Zusammenhang zwischen zwei nominalen Merkmalen im Rahmen einer Kontingenzanalyse zu analysieren. Dabei haben wir auch eine Hypothese aufgestellt: Die erwarteten Häufigkeiten der Kreuztabelle wurden unter der *Annahme* der Unabhängigkeit der beiden (nominalen) Merkmale berechnet. Und das ist in der Tat die Grundlage für einen weiteren statistischen Hypothesentest, jetzt für zwei nominale Merkmale X, Y:

$$H_0 : P(X = i, Y = j) \quad = \quad P(X = i) \cdot P(Y = j) \text{ für alle i, j } \quad vs.$$
$$H_A : P(X = i, Y = j) \quad \neq \quad P(X = i) \cdot P(Y = j) \text{ für mindestens ein i, j}$$

Dabei besagt die Nullhypothese nichts anderes, als dass X (mit k Merkmalsausprägungen) und Y (mit m Merkmalsausprägungen) unabhängig voneinander sind. Die Teststatistik berechnet sich über:

$$h_{i.} = \sum_{j=1}^{m} h_{ij}, \quad i = 1,2,\ldots,k, \quad h_{.j} = \sum_{i=1}^{k} h_{ij}, \quad j = 1,2,\ldots,m \tag{4.60}$$

und

$$e_{ij} = \frac{h_{i.} \cdot h_{.j}}{n}, \quad i = 1,2,\ldots,k; \quad j = 1,2,\ldots,m. \tag{4.61}$$

Die Teststatistik für einen Chi-Quadrat-Test auf Unabhängigkeit zweier nominaler Merkmale ist dann:

$$\chi^2 = \sum_{i=1}^{k} \sum_{j=1}^{m} \frac{(h_{ij} - e_{ij})^2}{e_{ij}}. \tag{4.62}$$

Unter der Nullhypothese kennt man auch hier die approximative Verteilung: Es ist eine χ^2-Verteilung mit $(k-1) \cdot (m-1)$ *Freiheitsgraden* (siehe Abschnitt 4.2.5). Die Anzahl der Freiheitsgrade ist ein Parameter der Verteilung, der die genaue Form der Dichte- und Verteilungsfunktion bestimmt. Liegt der Wert der Teststatistik über dem $1 - \alpha$-Quantil der $\chi^2_{(k-1)\cdot(m-1)}$-Verteilung, so wird die Nullhypothese verworfen.

4.3.3.6   F-Test

Es können nicht nur die Lageparameter (μ) zweier (normalverteilter) Stichproben getestet werden (siehe Abschnitt 4.3.3.4), auch die Skalen- oder Streuungsparameter σ können einem Gleichheitstest unterzogen werden:

$$H_0 : \sigma_A = \sigma_B \quad vs. \quad \sigma_A \neq \sigma_B.$$

Dazu werden die beiden Stichprobenvarianzen, die ja jeweils χ^2-verteilt sind, berechnet:

$$S_A^2 = \frac{1}{n_A - 1} \sum_{i=1}^{n_A} (x_i - \bar{x}_A)^2 \quad \text{bzw.} \quad S_B^2 = \frac{1}{n_B - 1} \sum_{i=1}^{n_B} (x_i - \bar{x}_B)^2. \tag{4.63}$$

Der Quotient dieser Werte wird dann als Teststatistik verwendet:

$$F = \frac{S_A^2}{S_B^2}. \tag{4.64}$$

Wenn H_0 zutrifft, sollte $F \approx 1$ sein. Unter den Annahmen der Nullhypothese und der Normalverteilung ist diese Teststatistik F-verteilt (siehe Abschnitt 4.2.5). Die F-Verteilung hängt sogar von 2 Parametern bzw. Freiheitsgeraden ab. Unsere Verteilung hier hat $n_A - 1$ und $n_B - 1$ Freiheitsgrade. Hier muss wieder zweiseitig getestet werden, also verwerfen wir die Nullhypothese, wenn unsere Teststatistik kleiner als das $\alpha/2$-Quantil oder größer als das $1 - \alpha/2$-Quantil der F-Verteilung mit der entsprechenden Anzahl Freiheitsgraden ist.

4.3.3.7 Nichtparametrische Tests, Tests der Verteilung

Mit Ausnahme des Chi-Quadrat-Tests (auf Unabhängigkeit) haben wir die Tests bisher als Tests über Parameter (z. B. μ) einer angenommenen Verteilung formuliert. Und was, wenn die Annahme nicht stimmt? Und kann man die Verteilungsannahme gegebenenfalls überprüfen? Als Alternative zu den parametrischen Tests, d. h. Tests über den Parameter einer Verteilung, gibt es die sogenannten nichtparametrischen Verfahren. Diese basieren häufig darauf, dass anstelle von theoretischen, angenommenen Verteilungsfunktionen die empirischen Verteilungsfunktionen sowie die Ränge (siehe Seite 30) herangezogen werden. Häufig ist die Güte der nichtparametrischen Verfahren recht gut, am häufigsten werden dabei der Wilcoxon-Test für Tests der Lage und der Kruskal-Wallis-Test für Tests der Variabilität verwendet. Bei speziellen Testfragestellungen können auch Resampling-Verfahren, d. h. Verfahren, in denen mit Hilfe des Computers aus einer Stichprobe ganz viele gezogen werden, wie z. B. Bootstrapping, benutzt werden.

Aber auch Tests zur Überprüfung der Verteilungsannahmen sind möglich: Einerseits kann der Chi-Quadrat-Test auch als Anpassungstest an eine angenommene Verteilung formuliert werden, andererseits gibt es z. B. den Shapiro-Wilk-Test. Dieser kann zum Test der Normalverteilungsannahme verwendet werden. Der Shapiro-Wilk-Test testet die Nullhypothese, dass die Verteilung einer Stichprobe aus einer Normalverteilung stammt. Hier ist zu beachten, dass die Nullhypothese eine Normalverteilung der Stichprobe ist, man also häufig hofft, dass die Nullhypothese nicht verworfen werden muss.

4.3.3.8 Herausforderungen beim Testen

Kritiker wie z. B. McCloskey behaupten, dass Hypothesentests, eine in der ökonomischen Forschung weit verbreitete Erkenntnismethode, der Ökonomie mehr geschadet als genutzt haben (McCloskey und Engelke, 2002). Ein Problem sind sicherlich die impliziten Annahmen: Häufig müssen die Beobachtungen der Stichprobe unabhängig und identisch verteilt sein. Wenn sie es nicht sind, können wir in der Regel mit unserem Testergebnis leider nicht wirklich etwas anfangen, bzw. uns sicher sein, dass unsere Folgerung stimmt. Auch kann in der Regel daraus, dass die Nullhypothese nicht abgelehnt wird, nicht geschlossen werden, dass sie stimmt. Eine solche Folgerung gibt die Theorie in der Regel nicht her. Ein weiteres Problem ist das multiple Testen. Häufig wird nicht nur eine Hypothese getestet, sondern gleich mehrere. Dadurch steigt aber natürlich auch die Irrtumswahrscheinlichkeit.

Im Schnitt werden Sie bei 100 Signifikanztests mit einer jeweiligen Irrtumswahrscheinlichkeit von 5% fünf Nullhypothesen verwerfen – auch wenn diese stimmen. Letztendlich sind die Ergebnisse immer auch ein Ergebnis der Daten und Datenerhebung, und wenn wir da ein Problem haben, können wir auch ein Problem beim Ergebnis bekommen.

4.4   Steckbrief

Punkt- und Bereichsschätzung für den Erwartungswert einer Normalverteilung

- **Verwendung**: Schätzen des unbekannten Parameters μ einer Normalverteilung. Zusammen mit der (geschätzten) Varianz können dann Wahrscheinlichkeiten für Realisationen der (normalverteilten) Zufallsvariable berechnet werden.

- **Ergebnis**: Punktschätzer und/oder Konfidenzintervall für μ.

- **Vorsicht**: Nicht robust gegen Ausreißer. Annahme der Normalverteilung gerechtfertigt (insbesondere für das Konfidenzintervall)? Ggf. auf ausreichenden Stichprobenumfang ($n \geq 30$) achten.

- **Durchführung**:

  1. Schätzen Sie den Erwartungswert μ durch den arithmetischen Mittelwert: $\hat{\mu} = \bar{x} = \frac{1}{n} \sum_{i=1}^{n} x_i$.

  2. Ggf. müssen Sie noch die Varianz der Stichprobe schätzen: $\hat{\sigma}^2 = \tilde{s}^2 = \frac{1}{n-1} \sum_{i=1}^{n} (x_i - \bar{x})^2$.

  3. Das Konfidenzintervall zum Niveau α für μ ist dann

  $$P\left(\bar{x} - z_{1-\alpha/2} \frac{\hat{\sigma}}{\sqrt{n}} \leq \mu \leq \bar{x} + z_{1-\alpha/2} \frac{\hat{\sigma}}{\sqrt{n}} \right) = 1 - \alpha.$$

Gauß-Test

- **Verwendung**: Hypothesentest über den Parameter μ einer Normalverteilung.

- **Ergebnis**: Verwerfen der Nullhypothese H_0 zugunsten der Alternativhypothese H_A zu einem vorgegebenen Signifikanzniveau – oder nicht.

- **Vorsicht**: Nicht robust gegen Ausreißer. Annahme der Normalverteilung gerechtfertigt? Auf ausreichenden Stichprobenumfang ($n \geq 30$) achten. Ein signifikantes Testergebnis besagt nur, dass die Daten unter den Annahmen der Nullhypothese unwahrscheinlich sind.

- **Durchführung**:

  1. Formulieren Sie die Nullhypothese sowie das Gegenteil, die Alternativhypothese. Zweiseitig: $H_0 : \mu = \mu_0$ gegen $H_A : \mu \neq \mu_0$ bzw. einseitig $H_0 : \mu \geq \mu_0$ gegen $H_A : \mu < \mu_0$ oder $H_0 : \mu \leq \mu_0$ gegen $H_A : \mu > \mu_0$.

  2. Schätzen Sie den Erwartungswert μ durch den arithmetischen Mittelwert: $\hat{\mu} = \bar{x} = \sum_{i=1}^{n} x_i$.

3. Schätzen Sie ggf. die Varianz der Stichprobe – obwohl diese beim Gauß-Test eigentlich als bekannt angenommen wird: $\hat{\sigma}^2 = \tilde{S}^2 = \frac{1}{n-1} \sum_{i=1}^{n} (x_i - \bar{x})^2$.

4. Berechnen Sie die Teststatistik: $T = \frac{\bar{x} - \mu_0}{\frac{\hat{\sigma}}{\sqrt{n}}}$. Diese ist unter H_0 standardnormalverteilt.

5. Vergleichen Sie den Wert der Teststatistik mit dem kritischem Wert zum Niveau α (Quantilen der Standardnormalverteilung) unter der jeweiligen Nullhypothese. Einseitig: $z_{1-\alpha/2}$, zweiseitig $-z_{1-\alpha}$ bzw. $z_{1-\alpha}$.

6. Abhängig von der Nullhypothese können Sie diese verwerfen, falls:

   – $H_0 : \mu = \mu_0$ kann verworfen werden, falls $|T| > z_{1-\alpha/2}$ ist,
   – $H_0 : \mu \geq \mu_0$ kann verworfen werden, falls $T < -z_{1-\alpha}$ ist,
   – $H_0 : \mu \leq \mu_0$ kann verworfen werden, falls $T > z_{1-\alpha}$ ist.

Falls die Nullhypothese nicht verworfen werden kann, wird sie beibehalten – sie ist damit aber nicht gezeigt. Falls die Nullhypothese verworfen wird, wird auf die Alternativhypothese geschlossen.

4.5 Fallstudien und Übungsaufgaben

4.5.1 Assoziationsanalyse

Das Bier- und Chips-Beispiel von Seite 125 ist eine Anwendung von Assoziationsanalysen. Assoziationsanalysen versuchen in Datenbanken Regeln zu entwickeln wie *Kunden, die A gekauft haben, haben auch B gekauft* – in der Regel natürlich nur mit einer gewissen Wahrscheinlichkeit. Solche Regeln werden auch mit $A \to B$ bezeichnet. Während die Regelfindung eine nicht einfache Herausforderung in der Informatik ist, ist die Regelbewertung für Sie jetzt gar nicht so schwer. Drei Kennzahlen sind besonders wichtig: Der Support, die Konfidenz und der Lift. Während der **Support** eines Produktes einfach die Wahrscheinlichkeit bzw. relative Häufigkeit des Produktes ist, so ist der Support einer Regel $A \to B$ nichts anderes als die gemeinsame Wahrscheinlichkeit der beiden Produkte, also:

$$\text{Support}(A \to B) = P(A \cap B).$$

Die **Konfidenz** einer Assoziationsregel ist dann die bedingte Wahrscheinlichkeit:

$$\text{Konfidenz}(A \to B) = P(B|A),$$

hier also die relative Häufigkeit der Kunden, die A und B kaufen von den Kunden, die A gekauft haben. Die letzte Kennzahl, der **Lift**, beschreibt die Änderung der Kaufwahrscheinlichkeit, also:

$$\text{Lift}(A \to B) = \frac{\text{Konfidenz}(A \to B)}{\text{Support}(B)} = \frac{P(B|A)}{P(B)}.$$

Während der Support den Anteil der gemeinsamen Käufe an allen Käufen beschreibt, gibt die Konfidenz von A nach B den Anteil der gemeinsamen Käufe an den Käufen von A an. Der Lift von A nach B ist die Veränderung der relativen Häufigkeit von B durch den Kauf von A. Damit eine positive Verbundwirkung zwischen den Produkten existiert, sollte also der Lift größer als 1 sein. Ob der Kauf von B beim Kauf von A relativ häufig vorkommt, wird durch die Konfidenz gemessen. Über den Support wird gemessen, ob die Produkte überhaupt häufig (zusammen) gekauft werden.

Sie Sind jetzt so begeistert von Mathematik und Statistik, dass Sie einen (am Anfang noch kleinen) Online-Shop für Fachbücher aufmachen. Sie verkaufen dort drei Bücher:

- M: Tolles Mathebuch

- S: Tolles Statistikbuch

- W: Tolles Wirtschaftsbuch

Sie haben insgesamt (bisher) 1.000 Kunden, von denen 700 das Wirtschaftsbuch, 400 das Mathebuch und 500 das Statistikbuch gekauft haben. 100 Kunden haben sowohl das Wirtschaftsbuch als auch das Mathebuch gekauft und 200 haben das Wirtschaftsbuch zusammen mit dem Statistikbuch gekauft. Das Mathe- und Statistikbuch ging insgesamt 60-mal zusammen über den (virtuellen) Tresen.

Aufgabe

1. Bestimmen Sie den Support der drei Bücher.

2. Berechnen Sie den Support der Regeln $W \to S$ und $W \to M$.

3. Bestimmen Sie die Konfidenz von $M \to S$ und $S \to M$.

4. Wo ist der Lift größer: Vom Wirtschaftsbuch zum Mathe- oder zum Statistikbuch?

Lösung

1. Der Support ist die Wahrscheinlichkeit oder relative Häufigkeit der Produkte, also:

$$
\begin{aligned}
\text{Support}(M) &= P(M) = \frac{400}{1000} = 0{,}4 \\
\text{Support}(S) &= P(S) = \frac{500}{1000} = 0{,}5 \\
\text{Support}(W) &= P(W) = \frac{700}{1000} = 0{,}7.
\end{aligned}
$$

2. Der Support der Regel ist die gemeinsame Wahrscheinlichkeit:

$$
\begin{aligned}
\text{Support}(W \to S) &= P(W \cap S) = \frac{200}{1000} = 0{,}2 \\
\text{Support}(W \to M) &= P(W \cap M) = \frac{100}{1000} = 0{,}1.
\end{aligned}
$$

3. Die Konfidenz ist die jeweils bedingte Wahrscheinlichkeit:

$$
\begin{aligned}
\text{Konfidenz}(M \to S) &= P(S|M) = \frac{P(S \cap M)}{P(S)} = \frac{60}{500} = 0{,}12 \\
\text{Konfidenz}(S \to M) &= P(M|S) = \frac{P(M \cap S)}{P(M)} = \frac{60}{400} = 0{,}15.
\end{aligned}
$$

Anders als der Support ist die Konfidenz nicht symmetrisch!

4. Der Lift von $W \to M$ ist gegeben durch:

$$
\begin{aligned}
\text{Lift}(W \to M) &= \frac{\text{Konfidenz}(W \to M)}{\text{Support}(M)} = \frac{P(M|W)}{P(W)} \\
&= \frac{\frac{P(W \cap M)}{P(W)}}{P(M)} = \frac{\frac{100}{700}}{0{,}4} \\
&= 0{,}357.
\end{aligned}
$$

Analog erhalten wir $\text{Lift}(W \to S) = 0{,}571$. Damit ist der Lift vom Wirtschafts- zum Statistikbuch zwar größer als zum Mathebuch (auch die Konfidenz ist größer), insgesamt aber immer noch kleiner als 1. Das bedeutet, dass relativ gesehen weniger Kunden das Statistikbuch gekauft haben, wenn Sie auch das Wirtschaftsbuch gekauft haben, als alle Kunden insgesamt. Da gibt es also noch einiges an Potenzial für Cross-Selling!

4.5.2 Fraud Detection

Leider kommt es immer mal wieder zu betrügerischen Handlungen in Unternehmen. Sie wollen dem einen Riegel vorschieben und Betrug erkennen (engl.: Fraud detection). Dazu haben Sie eine IT Lösung entwickelt, die systematisch den Datenbestand analysiert. Leider macht Ihre Software auch mal Fehler. Die Wahrscheinlichkeit eines Fehlalarms (also fälschlicherweise Betrugsverdacht) liegt bei 0,1. Sie vermuten, dass eine von 10.000 Transaktionen betrügerisch ist. Wenn ein Betrug vorliegt, erkennt Ihre Software das zu 99,5%.

Aufgabe

Wie groß ist die Wahrscheinlichkeit, dass tatsächlich ein Betrug vorliegt, wenn Ihre Software Alarm schlägt?

Lösung

Zunächst sollten Sie Ereignisse definieren:

■ B Betrug

■ A Alarm.

Bekannt ist, dass gilt $P(A|B) = 0{,}995$. Sie möchten aber $P(B|A)$ ermitteln. Mit dem Satz von Bayes (4.8) gilt:

$$
\begin{aligned}
P(B|A) &= \frac{P(A|B) \cdot P(B)}{P(A|B) \cdot P(B) + P(A|\text{nicht } B) \cdot P(\text{nicht } B)} \\
&= \frac{0{,}995 \cdot \frac{1}{10.000}}{0{,}995 \cdot \frac{1}{10.000} + 0{,}1 \cdot \left(1 - \frac{1}{10.000}\right)} \\
&= 0{,}0009941103.
\end{aligned}
$$

Die Wahrscheinlichkeit, dass tatsächlich ein Betrug vorliegt, liegt also gerade einmal bei 0,1%. Ohne Alarm liegt sie aber nur bei 0,01%.

4.5.3   Investitionsentscheidung

Ihr Unternehmen steht vor einer schwierigen Entscheidung: Investieren, aber wo und wie? Ob sich ein Produkt oder Markt wirklich so entwickelt wie erhofft, weiß man ja leider nie wirklich vorher. Da heißt es Chancen und Risiken abzuwägen. Ihr Orakel sagt Folgendes voraus:

- Wenn Sie in Markt A investieren, verdienen Sie mit einer Wahrscheinlichkeit von 70% 100.000 €, ansonsten verlieren Sie 40.000 €.

- Wenn Sie in Markt B investieren, verdienen Sie mit einer Wahrscheinlichkeit von 5% 2.500.000 € und mit einer Wahrscheinlichkeit von 35% 50.000 €. Eventuell, wenn Sie nichts gewinnen, verlieren Sie aber auch 100.000 €.

- Ihr Kapital auf der Bank zu lassen (Alternative C) bringt Ihnen mit Sicherheit (hoffen wir mal, dass diese nicht Bankrott macht) 20.000 €.

Aufgabe

- Bestimmen Sie den Erwartungswert der drei Investitionsalternativen.

- Bestimmen Sie die Standardabweichung der Investitionsalternativen.

Lösung

- Die Formel für den Erwartungswert einer diskreten Zufallsvariable lautet:
$$E(X) = \sum x \cdot f(x) = \sum x \cdot P(X = x),$$
wobei die Zufallsvariable X der Gewinn bzw. Verlust ist. Damit haben wir:

$$
\begin{aligned}
E(X) &= \sum x \cdot P(X = x) \\
E(X_A) &= 0{,}7 \cdot 100.000 + 0{,}3 \cdot (-40.000) = 58.000 \\
E(X_B) &= 0{,}05 \cdot 2.500.000 + 0{,}35 \cdot 50.000 + (1 - (0{,}05 + 0{,}35)) \cdot (-100.000) = 82.500 \\
E(X_C) &= 1 \cdot 20.000 = 20.000.
\end{aligned}
$$

Der erwartete Gewinn ist also in Markt B am größten, auch wenn der sehr hohe Gewinn von 2.500.000 € nur mit einer Wahrscheinlichkeit von 5% eintritt und Sie mit 60% Wahrscheinlichkeit Geld verlieren.

- Das Risiko wird in der Finanzstatistik häufig über die Varianz bzw. Standardabweichung (Volatilität) der Anlage gemessen:
$$VAR(X) = \sum (x - E(X))^2 \cdot f(x) = \sum (x - E(X))^2 \cdot P(X = x).$$
Für Markt A berechnen Sie:

$$
\begin{aligned}
VAR(X_A) &= \sum (x - E(X))^2 \cdot P(X = x) \\
&= (100.000 - 58.000)^2 \cdot 0{,}7 + (-40.000 - 58.000)^2 \cdot 0{,}3 \\
&= 4{,}116 \cdot 10^9.
\end{aligned}
$$

Damit ist die Standardabweichung $\sqrt{VAR(X_A)} = 64.156{,}06$. Die Standardabweichung in Markt B liegt bei 559.078,5, ist also ungleich höher. Die Standardabweichung der sicheren Alternative C ist 0.

4.5.4   Erwartungswert und Varianz

Eine Freundin bietet Ihnen drei Spiele an:

1. Mit P=0,5 gewinnen Sie 10.000 EUR, mit 1-P=0,5 verlieren Sie 1.000 EUR.

2. Mit P=0,8 gewinnen Sie 8.000 EUR, mit 1-P=0,2 verlieren Sie 9.500 EUR.

3. Mit P=0,2 gewinnen Sie 30.000 EUR, mit 1-P=0,8 verlieren Sie 1.875 EUR.

Aufgaben

1. Bei welchem Spiel würden Sie mitspielen?

2. Wenn Sie sich für ein Spiel entscheiden müssten, welches würden Sie wählen?

Lösungen

1. Der Gewinn – oder Verlust – in jedem dieser drei Spiele ist eine Zufallsvariable. Was kommt auf lange Sicht jeweils im Mittel heraus?

   - $10.000 \cdot 0,5 + (-1.000) \cdot 0,5 = 4.500$. Ihre Freundin meint es also gut mit Ihnen: Im Durchschnitt gewinnen Sie 4500 €.

   - $8.000 \cdot 0,8 + (-9.500) \cdot 0,2 = 4.500$. Auch hier gewinnen Sie im Durchschnitt 4500 €.

   - $30.000 \cdot 0,2 + (-1.875) \cdot 0,8 = 4.500$. Auch im 3. Spiel gewinnen Sie im Durchschnitt 4500 €.

   In jedem dieser drei Spiele ist der Erwartungswert also positiv und deshalb lohnt sich auf lange Sicht die Teilnahme an allen 3 Spielen.

2. Der Erwartungswert in den obigen drei Spielen ist also gleich, aber es sind verschiedene Spiele und die *Risiken* (Standardabweichung) sind verschieden:

   - $\sqrt{(10.000 - 4.500)^2 \cdot 0,5 + ((-1.000) - 4.500)^2 \cdot 0,5} = 5.500$

   - $\sqrt{(8.000 - 4.500)^2 \cdot 0,8 + ((-9.500) - 4.500^2 \cdot 0,2} = 7.000$

   - $\sqrt{(30.000 - 4.500)^2 \cdot 0,2 + ((-1.875) - 4.500)^2 \cdot 0,8} = 12.750$.

   Das Risiko – die Streuung des Gewinns – ist also bei Spiel 3 am höchsten. Andererseits ist in diesem der mögliche Gewinn auch am höchsten. Für welches Spiel Sie sich letztendlich entscheiden, hängt von Ihrer Risikoaffinität ab. Ein risikoscheuer Spieler würde sich für Spiel 1 entscheiden.

4.5.5   Faustregeln zur Verwendung der Normalverteilung

In zahlreichen Anwendungen müssen Wahrscheinlichkeiten von Intervallen unter einer Normalverteilung bestimmt werden. Um eine erste Einschätzung zu erhalten, ist es nützlich, sich ein paar Werte einzuprägen. Es sei dazu $X \sim N(\mu, \sigma)$.

Aufgabe

1. Berechnen Sie die Wahrscheinlichkeiten der Intervalle $\pm\sigma$, $\pm 2 \cdot \sigma$ und $\pm 3 \cdot \sigma$ um den Mittelwert μ, also $P(\mu - i \cdot \sigma \leq X \leq \mu + i \cdot \sigma)$, $i = 1, 2, 3$.

2. Berechnen Sie jeweils die Intervallgrenzen für das 90%−Intervall, das 95%−Intervall und das 99%−Intervall um den Mittelwert, in Abhängigkeit von der Standardabweichung.

Lösung

1. Für den Fall $\pm\sigma$ ist die Wahrscheinlichkeit $P(\mu - \sigma \leq X \leq \mu + \sigma)$ zu bestimmen. Dazu muss die Zufallsvariable X zunächst in eine standardnormalverteilte Zufallsvariable umgewandelt werden:

$$P(\mu - \sigma \leq X \leq \mu + \sigma) = P\left(\frac{\mu - \sigma - \mu}{\sigma} \leq \frac{X - \mu}{\sigma} \leq \frac{\mu + \sigma - \mu}{\sigma}\right) = P\left(-1 \leq \frac{X - \mu}{\sigma} \leq 1\right).$$

Nun kann die Wahrscheinlichkeit mit Hilfe der Verteilungsfunktion (siehe auch Abbildung 4.8), sowie der Gleichung 4.28 ausgedrückt werden:

$$P\left(-1 \leq \frac{X - \mu}{\sigma} \leq 1\right) = \Phi(1) - \Phi(-1) = 2 \cdot \Phi(1) - 1.$$

Aus der Tabelle 4.1 ergibt sich schließlich:

$$2 \cdot \Phi(1) - 1 = 2 \cdot 0{,}8413 - 1 = 0{,}6826.$$

Damit befinden sich also $\sim$ 68% aller Messwerte im Intervall $\pm 1 \cdot \sigma$ um den Mittelwert. Analog ergeben sich für die Intervalle $\pm 2 \cdot \sigma$ und $\pm 3 \cdot \sigma$ Wahrscheinlichkeiten von 95,46% und 99,68% (berechnet mit der Verteilungsfunktion an der Stelle 2,95 da in Tabelle 4.1 der Wert für 3 nicht angegeben ist). Damit befinden sich über 95% bzw. 99% der Werte in den Intervallen $\pm 2 \cdot \sigma$ bzw. $\pm 3 \cdot \sigma$ vom Mittelwert μ. Die Abbildung 4.15 verdeutlicht die Rechnung am Beispiel der Standardnormalverteilung.

2. Für die Wahrscheinlichkeiten 90% und 95% kann die Tabelle 4.2 verwendet werden. Die Tabelle besagt, dass 95% der Werte links von der Stelle 1,645 liegen. In der Aufgabe ist aber nach einem Intervall gefragt. Für 90% bedeutet dies, dass aufgrund der Symmetrie links und rechts des Intervalls jeweils 5% liegen müssen. Deshalb ist die Antwort für 90% 1,645 $\cdot \sigma$ und für 95% ist die Antwort 1,96 $\cdot \sigma$, was dem 97,5% Quantil in Tabelle 4.2 entspricht. Das bedeutet: 90% der Werte liegen innerhalb des Intervalls $\pm 1{,}645 \cdot \sigma$ und 95% innerhalb des Intervalls $\pm 1{,}96 \cdot \sigma$ um den Erwartungswert μ.

Zur Beantwortung der Frage für die 99%-Wahrscheinlichkeit muss auf die Tabelle 4.1 zurückgegriffen werden. Das 99,5%-Quantil liegt zwischen 2,6 und 2,55. Damit kann das Quantil etwa durch Mittelwertbildung[1] als 2,575 ermittelt werden. Somit liegen 99% der Werte innerhalb des Intervalls $\pm 2{,}575 \cdot \sigma$ um den Erwartungswert μ.

---

[1]Hier ist alternativ auch die Wahl etwa des nächsten Wertes möglich.

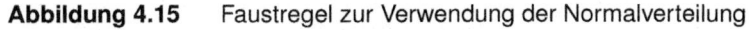

Abbildung 4.15 Faustregel zur Verwendung der Normalverteilung

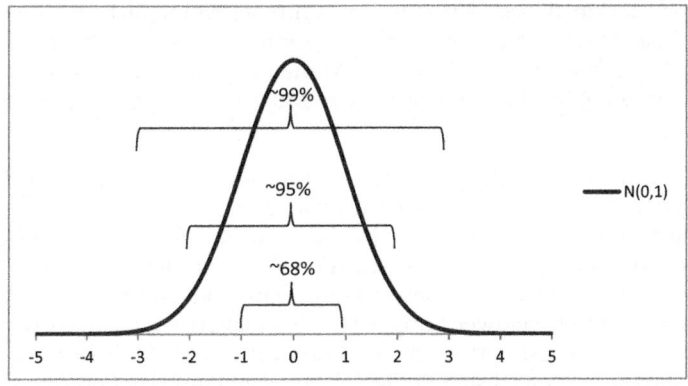

4.5.6 Value-at-Risk

Zahlreiche Fonds (etwa viele sogenannte UCITS) müssen täglich einen Value-at-Risk (VaR) berechnen. Die Europäische Wertpapier- und Marktaufsichtsbehörde gibt hierzu in den Richtlinien 10/788 die folgende Erklärung (ESMA, 2010):

> „The VaR approach measures the maximum potential loss at a given confidence level (probability) over a specific time period under normal market conditions. For example if the VaR (1 day, 99%) of a UCITS equals $4 million, this means that, under normal market conditions, the UCITS can be 99% confident that a change in the value of its portfolio would not result in a decrease of more than $4 million in 1 day."

Aufgabe

1. Interpretieren Sie die Erklärung und das Beispiel der Europäischen Wertpapier- und Marktaufsichtsbehörde in Bezug auf den VaR.

2. Sie möchten den VaR für ihr Portfolio berechnen. Dieses bestehe aus 100 Aktien der Firma *Autokomplex* mit einem momentanen Wert von je 46 Euro. Eine häufig gemachte Annahme in der Finanzwelt ist, dass die 1-Tages-Verluste von Aktien annähernd normalverteilt sind – auch wenn diese Annahme meistens nicht genau zutrifft, wird diese häufig unterstellt (Franke et al., 2004, S. 148/295). Sie haben erfahren, dass die Standardabweichung der 1-Tages Verluste 0,017 und der Erwartungswert 0 beträgt. Berechnen Sie den 1-Tages Value-at-Risk mit 99% Konfidenzlevel Ihres Portfolios und interpretieren Sie den Wert.

3. Wo sehen Sie allgemein Schwierigkeiten bei der Berechnung des VaR für Portfolios/Fonds?

Lösung

1. Der VaR soll ein Maß für den maximalen 1-Tages-Verlust eines Portfolios/Fonds unter normalen Marktbedingungen sein. Da es nur selten möglich ist, einen maximalen Verlust direkt anzugeben, bzw. dieser meistens mindestens einen Totalverlust bedeuten würde, wird unter maximalem Verlust der Verlust verstanden, welcher in 99% der Fälle nicht überschritten wird. In dem Beispiel der Aufsichtsbehörde sind dies etwa 4 Millionen Dollar.

2. Zunächst bestimmen Sie den maximalen Verlust einer Aktie. Die Verluste X sind dabei normalverteilt gemäß $X \sim N(0, 0{,}017)$. Diese transformieren Sie in eine standardnormalverteilte Zufallsvariable $Z = \frac{X}{0{,}017}$. Nun müssen Sie das 99%-Quantil der Standardnormalverteilung bestimmen. Dieses können Sie aus der Tabelle 4.2 ablesen: 2,326. Anschließend transformieren Sie dieses in ein Quantil der Normalverteilung mit Erwartungswert 0 und Standardabweichung 0,017. Sie erhalten $0 + 2{,}326 \cdot 0{,}017 = 3{,}95\%$. Das bedeutet: Sie rechnen damit, dass mit 99% Konfidenz jede Aktie nicht mehr als 3,95% von einem Tag auf den nächsten verliert. Übertragen auf das Portfolio bedeutet dies: $100 \cdot 46 \cdot 3{,}95\% = 181{,}89$ Euro. Sie rechnen also damit, dass Ihr Portfolio am nächsten Tag mindestens noch 4418,11 Euro Wert ist. Die Abbildung 4.16 zeigt die Verteilung der 1-Tages-Verluste einer Aktie der Firma *Autokomplex* mit dem 99%-Quantil.

Abbildung 4.16   Verteilung der Verluste der Firma Autokomplex

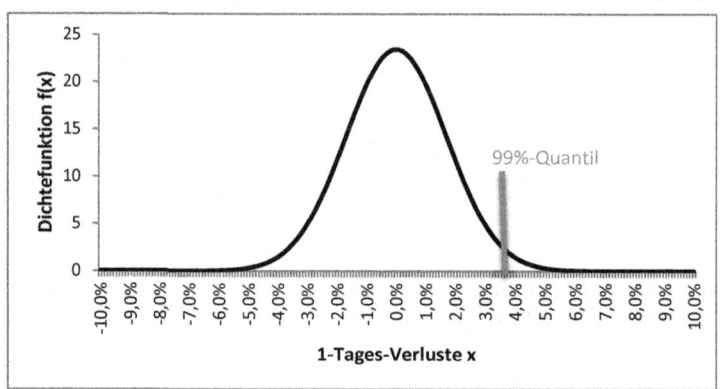

3. In der Praxis ist die VaR Berechnung für Fonds eine komplexe Angelegenheit (Jorion, 2007), denn Fonds bestehen nicht nur aus Aktien, sondern aus zahlreichen Finanzinstrumenten wie Optionen, Credit Default Swaps, Futures, Wertpapieren oder Zertifikaten. Statt einer eindimensionalen Normalverteilung muss deshalb eine mehrdimensionale Verteilung verwendet werden. Zusätzlich müssen die hier vorgegebene Standardabweichung bzw. für mehr als zwei Finanzinstrumente die Korrelationen berechnet werden. Da der VaR sehr stark von den Volatilitäten/Korrelationen abhängt, werden hierzu häufig modernere Zeitreihenverfahren verwendet (Jorion, 2007, S. 234).

4.5.7 Backtesting

Die Berechnung des Value-at-Risk (siehe Übungsaufgabe 4.5.6) basiert auf zahlreichen Modellannahmen, wie etwa normalverteilten Verlusten oder Renditen. Diese Annahmen müssen in der Praxis nicht erfüllt sein. Um die Qualität des Modells zu überprüfen wird deshalb häufig der 1-Tages 99%-Value-at-Risk (Vorhersage des maximalen Verlustes) mit dem am nächsten Tag wirklich eingetretenen Verlust verglichen. Dieses Verfahren wird als Backtesting bezeichnet.

Einige Fonds (etwa viele sogenannte UCITS) müssen ein solches Backtesting durchführen. Gemäß den ESMA Richtlinien 10/788 (ESMA, 2010) müssen diese zudem an das Senior Management berichten, falls:

„The number of overshootings for each UCITS for the most recent 250 business days exceeds 4 in the case of a 99% confidence interval. Where an *overshooting* is a one-day change in the portfolio´s value that exceeds the related one-day value-at-risk measure calculated by the model."

Aufgabe

1. Interpretieren Sie die Passage der ESMA Richtlinien 10/788.

2. Wie viele *overshootings* erwarten Sie bei einem Modell mit zutreffenden Modellannahmen an 250 voneinander unabhängigen Arbeitstagen?

3. Mit welcher Wahrscheinlichkeit hat ein Modell mit zutreffenden Modellannahmen an 250 voneinander unabhängigen Arbeitstagen mehr als 4 *overshootings*?

4. Mit welcher Wahrscheinlichkeit hat ein Modell mit zutreffenden Modellannahmen an 250 voneinander unabhängigen Arbeitstagen mehr als 10 *overshootings*?

5. Können Sie bei den obigen Berechnungen statt der Binomialverteilung auch die Normalverteilung verwenden?

Lösung

1. Viele Fonds müssen ein Backtesting durchführen. Dazu wird der Value-at-Risk als eine Art Vorhersage des maximalen Verlustes mit dem am nächsten Tag tatsächlich eingetretenen Verlust verglichen. Ist der eingetretene Verlust größer als der Value-at-Risk, so wird dies als *overshooting* bezeichnet. Falls mehr als 4 dieser *overshootings* in einem Jahr (250 Arbeitstage) auftauchen, muss an das Senior Management berichtet werden.

2. Ein Modell mit zutreffenden Modellannahmen hat in 1% der Fälle ein *overshooting*, welche unabhängig voneinander mit der gleichen Wahrscheinlichkeit auftauchen. Von Interesse ist hier die Zufallsvariable X=*Summe der Overshootings in 250 Tagen*, welche binomialverteilt ist: $X \sim B(250, 0{,}01)$. Der gesuchte Erwartungswert beträgt deshalb: $n \cdot p = 250 \cdot 0{,}01 = 2{,}5$. Es werden also 2,5 *overshootings* erwartet.

3. Wenn nun statt den erwarteten 2,5 *overshootings* mehr als 4 auftreten, erwartet die ESMA, dass diese an das Senior Management berichtet werden. Der Grund hierfür ist, dass falls die Modellannahmen zutreffen, in weniger als 5% der Fälle mehr als 4 *overshootings* auftreten. Dies berechnet sich aus der Verteilungsfunktion der Binomialverteilung mit Parametern n=250 und p=0,01.

Tabelle 4.4 gibt in Spalte 2 die Ausnahmen (*overshootings*) und in Spalte 4 die kumulative Wahrscheinlichkeit (Wert der Verteilungsfunktion) an. Aus ihr ist ersichtlich, dass nur in $4,12\% = 1 - 0.9588$ der Fälle 5 oder mehr Ausnahmen vorkommen.

Tabelle 4.4   Zonen des Backtesting

Zone	Anzahl Ausnahmen	Wahrscheinlichkeit	Kumulative Wahrscheinlichkeit
Grün	0	8,11%	8,11%
	1	20,47%	28,58%
	2	25,74%	54,32%
	3	21,49%	75,81%
	4	13,41%	89,22%
Gelb	5	6,66%	95,88%
	6	2,75%	98,63%
	7	0,97%	99,60%
	8	0,30%	99,89%
	9	0,08%	99,97%
Rot	10 und darüber	0,02%	99,99%

4. Aus Spalte 4 in Tabelle 4.4 ist zu entnehmen, dass unter einem Modell mit erfüllten Modellannahmen nur in $1 - 99,99\% = 0,01\%$ der Fälle mehr als 10 Ausnahmen auftreten. Häufig werden deshalb die Ausnahmen wie in Tabelle 4.4 in drei Zonen eingeteilt (Basler Ausschuss für Bankenaufsicht, 1996). Die grüne Zone geht bis 4 Ausnahmen, die gelbe bis 9 Ausnahmen und ab 10 Ausnahmen beginnt die rote Zone. Im Falle einer Prüfung des VaR Modells durch Wirtschaftsprüfer fordern diese häufig eine Nachbesserung oder genaue Analyse des Modells, falls die Anzahl der Ausreißer in der gelben oder roten Zone liegen.

5. Gemäß der Regel 4.29 ist die Approximation der Binomial- durch die Normalverteilung hinreichend gut, falls $n \cdot p \cdot (1 - p) > 9$. Da hier gilt

$$n \cdot p \cdot (1 - p) = 250 \cdot 0,01 \cdot 0,99 = 2,48 < 9,$$

ist die Approximation nicht zulässig.

4.5.8   Statistische Qualitätskontrolle – Six Sigma

Im Rahmen von Produktionsprozessen kommt es zu Schwankungen, die schlimmstenfalls zu Fehlproduktionen bzw. Ausschuss führen. Daher wird z. B. bei der Six-Sigma-Prozessverbesserung u. a. versucht, durch Reduzierung der Streuung die Anzahl der Fehler zu reduzieren.

Ein Unternehmen produziert Stahlrohre, die einen Normdurchmesser von 30 mm haben. Sie gehen davon aus, dass der Durchmesser der produzierten Rohre normalverteilt ist. Ihnen steht dabei eine Stichprobe von $n = 8$ produzierten Rohren zur Verfügung (siehe Tabelle 4.5).

Tabelle 4.5   Stichprobe Stahlrohre

Beobachtung	Durchmesser in mm
1	30,00
2	29,00
3	30,00
4	29,00
5	31,50
6	27,50
7	31,00
8	32,00

Aufgabe

1. Schätzen Sie den Parameter μ der zugrundeliegenden Normalverteilung.

2. Schätzen Sie den Parameter σ der zugrundeliegenden Normalverteilung.

3. Wie hoch ist die Wahrscheinlichkeit eines Ausschusses, wenn Rohre akzeptiert werden, die einen Durchmesser zwischen 28,5 mm und 31,5 mm haben?

4. Wie hoch ist die Wahrscheinlichkeit eines Ausschusses, wenn es gelingt durch Produktionsprozessverbesserung die Streuung σ zu halbieren?

Lösung

1. Der Erwartungswert μ wird durch den arithmetischen Mittelwert geschätzt:

$$\hat{\mu} = \bar{x} = \frac{1}{n} \sum_{i=1}^{n} x_i$$
$$= \frac{1}{8}(30 + 29 + 30 + 29 + 31{,}5 + 27{,}5 + 31 + 32)$$
$$= 30.$$

Der Mittelwert $\hat{\mu}$ entspricht also tatsächlich dem Normdurchmesser von 30 mm.

2. Die Varianz σ^2 wird durch die Varianz der Stichprobe geschätzt:

$$
\begin{aligned}
\hat{\sigma}^2 &= \tilde{S}^2 = \frac{1}{n-1}\sum_{i=1}^{n}(x_i - \bar{x})^2 \\
&= \frac{1}{8-1}\Big((30-30)^2 + (29-30)^2 + (30-30)^2 + (29-30)^2 \\
&\qquad + (31{,}5-30)^2 + (27{,}5-30)^2 + (31-30)^2 + (32-30)^2\Big) \\
&= 2{,}214.
\end{aligned}
$$

Damit gilt $\hat{\sigma} = \sqrt{\hat{\sigma}^2} = 1{,}488$.

3. Zunächst wird die Wahrscheinlichkeit, dass das Stahlrohr akzeptiert wird, unter der Annahme einer Normalverteilung sowie auf Basis der geschätzten Parameter berechnet, also $P(28{,}5 \leq X \leq 31{,}5)$:

$$
\begin{aligned}
P(28{,}5 \leq X \leq 31{,}5) &= F(31{,}5) - F(28{,}5) = \Phi\left(\frac{31{,}5 - \hat{\mu}}{\hat{\sigma}}\right) - \Phi\left(\frac{28{,}5 - \hat{\mu}}{\hat{\sigma}}\right) \\
&= \Phi\left(\frac{31{,}5 - 30}{1{,}488}\right) - \Phi\left(\frac{28{,}5 - 30}{1{,}488}\right) = \Phi(1{,}008) - \Phi(-1{,}008) \\
&= \Phi(1{,}008) - (1 - \Phi(1{,}008)) = 2\cdot\Phi(1{,}008) - 1 = 2\cdot 0{,}843 - 1 \\
&= 0{,}686.
\end{aligned}
$$

Dabei wurde der Wert für $\Phi(1{,}008)$ aus Tabelle 4.1 approximiert. Die Wahrscheinlichkeit für Ausschuss ist dann genau $1 - P(28{,}5 \leq X \leq 31{,}5)$, also $1 - 0{,}686 = 0{,}314$.

4. Wenn es gelingt, die Streuung zu reduzieren, d. h. die Standardabweichung zu halbieren, haben wir $\sigma_{neu} = \frac{\hat{\sigma}}{2} = 0{,}744$ und damit:

$$
\begin{aligned}
P(28{,}5 \leq X \leq 31{,}5) &= F(31{,}5) - F(28{,}5) = \Phi\left(\frac{31{,}5 - \hat{\mu}}{\sigma_{neu}}\right) - \Phi\left(\frac{28{,}5 - \hat{\mu}}{\sigma_{neu}}\right) \\
&= \Phi\left(\frac{31{,}5 - 30}{0{,}744}\right) - \Phi\left(\frac{28{,}5 - 30}{0{,}744}\right) = \Phi(2{,}016) - \Phi(-2{,}016) \\
&= 2\cdot\Phi(2{,}016) - 1 = 2\cdot 0{,}978 - 1 = 0{,}956
\end{aligned}
$$

Die Ausschusswahrscheinlichkeit liegt also nur noch bei $1 - 0{,}956 = 0{,}044$. Wenn sich also durch die Produktionsprozessverbesserung die Streuung halbiert hat, so ist die Ausschusswahrscheinlichkeit auf ca. 15% der ursprünglichen Wahrscheinlichkeit gefallen. Relativ gesehen ist sie damit deutlich stärker als die Streuung gefallen.

4.5.9 Zielvereinbarung und Balanced Scorecard

Balanced Scorecards werden in Unternehmen eingesetzt, um diese zu steuern, Ziele zu kontrollieren und möglichst zu erreichen. Planzahlen und Zielvorgaben sind aber immer so eine Sache: Am besten sind sie ambitioniert aber nicht ausgeschlossen. Die Wahrscheinlichkeit sie zufällig zu erreichen sollte also gering sein, die Wahrscheinlichkeit sie gar nicht zu erreichen aber auch.

Um die Kundenzufriedenheit in Ihrem Unternehmen zu messen, befragen Sie Ihre Kunden: „Wie zufrieden sind Sie mit unseren Leistungen?" Die Kundinnen und Kunden können zwischen 0% und 100% antworten (in der Tat gibt es natürlich viele weitere Methoden die Kundenzufriedenheit zu bestimmen, siehe z. B. Abschnitt 1.6.3). Sie gehen davon aus, dass die Kundenzufriedenheit normalverteilt ist. Eine Stichprobe von $n = 60$ Kunden ergab eine mittlere Kundenzufriedenheit von $\hat{\mu} = \bar{x} = 65$ bei einer Standardabweichung der Stichprobe von $\hat{\sigma} = \tilde{s} = 10$.

Aufgabe

1. Konstruieren Sie ein 90%-Konfidenzintervall für den (unbekannten) Parameter μ.

2. Wie hoch sollte die Zielvorgabe Ihrer Scorecard sein, wenn die Wahrscheinlichkeit dieses Ziel zufällig zu erreichen (oder gar zu übertreffen) bei 1% liegen soll?

Lösung

1. Unter der Annahme einer Normalverteilung für die Kundenzufriedenheit gilt:

$$P\left(\bar{x} - z_{1-\alpha/2}\frac{\hat{\sigma}}{\sqrt{n}} \leq \mu \leq \bar{x} + z_{1-\alpha/2}\frac{\hat{\sigma}}{\sqrt{n}}\right) = 1 - \alpha.$$

Dann folgt:

$$P\left(65 - z_{1-0,1/2}\frac{10}{\sqrt{60}} \leq \mu \leq 65 + z_{1-0,1/2}\frac{10}{\sqrt{60}}\right)$$
$$= P\left(65 - z_{0,95}\frac{10}{\sqrt{60}} \leq \mu \leq 65 + z_{0,95}\frac{10}{\sqrt{60}}\right)$$
$$= P\left(65 - 1,65 \cdot 1,29 \leq \mu \leq 65 + 1,65 \cdot 1,29\right)$$
$$= P\left(62,8715 \leq \mu \leq 67,1285\right)$$
$$= 0,9.$$

Mit einer Wahrscheinlichkeit von 90% liegt der *wahre* Wert des Parameters μ, die mittlere Kundenzufriedenheit, zwischen 62,87% und 67,13%.

2. Wir benötigen das $1 - 0,01 = 0,99$-Quantil der Verteilung der Kundenzufriedenheit. Dieses ist:

$$\begin{aligned} x_p &= \hat{\mu} + \hat{\sigma} \cdot z_p \\ &= 65 + 10 \cdot z_{0,99} = 65 + 10 \cdot 2,33 \\ &= 88,33. \end{aligned}$$

Ziel ist es also eine (mittlere) Kundenzufriedenheit von 88,33% zu erzielen. Das klingt ambitioniert, und das ist es auch!

4.5.10   Notenunterschiede zwischen Fächern

Haben Sie sich als Schülerin oder Studentin nicht auch schon einmal gefragt, ob Fächer unterschiedlich schwer sind? Klar, es gibt individuelle Vorlieben, vielleicht liegt einem ja der eine Lehrer eher und natürlich gibt es auch *Begabungen*, aber gibt es vielleicht auch systematische Unterschiede?

Um dieser Frage nachzugehen, betrachten wir die erreichten Punktzahlen in zwei Mathe-klausuren. In beiden Klausuren waren 60 Punkte zu erreichen, aber die eine (Mathe 1) beinhaltet Aufgaben zur Finanzmathematik und Linearen Algebra, die andere (Mathe 2) zur Analysis. Um Unterschiede zu entdecken, stehen uns die erreichten Punkte bzw. die Differenz darin von $n = 87$ Studierenden zur Verfügung. Das Merkmal ist die *Differenz zwischen den Punktzahlen Mathe 1 und Mathe 2*. Der arithmetische Mittelwert dieser Punkt-differenz liegt bei $\bar{x} = \hat{\mu} = -5{,}99$ und die Standardabweichung liegt bei $\tilde{s} = \hat{\sigma} = 9{,}37$. Wir gehen davon aus, dass unser Merkmal, die Punktedifferenz, normalverteilt ist.

Aufgabe

1. Wie lautet die Nullhypothese, wie die Alternativhypothese, wenn Sie überprüfen wollen, in wie weit sich die Lage der erreichten Punktzahl der beiden Klausuren unterscheidet?

2. Können Sie mit einer Irrtumswahrscheinlichkeit von 5% zeigen, dass es einen Unterschied gibt?

Lösung

1. Streng genommen handelt es sich hier um einen t-Test für verbundene Stichproben. Da uns aber schon als Merkmal die Differenz vorliegt, können wir einen Einstichproben t-Test durchführen. Zwar haben wir die (unbekannte) Varianz geschätzt, aber da unser $n = 87 \geq 30$ können wir einen Gauß-Test durchführen. Dabei ist μ der (unbekannte) Parameter der zugrundeliegenden Normalverteilung und wir gehen zunächst davon aus, dass es keine Unterschiede zwischen den Schwierigkeitsgraden der Klausuren gibt. Dann ist die Differenz gerade 0, also:

$$H_0 : \mu = 0 \quad vs. \quad H_A : \mu \neq 0.$$

Wenn wir zeigen wollten, dass eine Klausur signifikant schwerer ist, müssten wir einsei-tig testen, also in der Nullhypothese ein $\geq$ oder $\leq$ verwenden.

2. Das Signifikanzniveau α soll bei 5% liegen. Dann ist die Teststatistik:

$$
\begin{aligned}
T &= \frac{\bar{x} - \mu_0}{\frac{\hat{\sigma}}{\sqrt{n}}} \\
  &= \frac{-5{,}99 - 0}{\frac{9{,}37}{\sqrt{87}}} \\
  &= -5{,}97.
\end{aligned}
$$

Unter H_0 ist T standardnormalverteilt, es gilt jetzt also noch zu überprüfen, ob ein solcher Wert für T bei einer Standardnormalverteilung so unwahrscheinlich ist, dass wir die Nullhypothese (zugunsten der Alternativhypothese) verwerfen. Bei einer Irrtumswahrscheinlichkeit von 5% liegen die kritischen Werte bei einem zweiseitigen Test bei dem $\alpha/2$ sowie $1 - \alpha/2$ Quantil der Standardnormalverteilung, $\pm z_{1-\alpha/2}$, hier also bei $\pm z_{1-0,05/2} = \pm 1,96$. Da aber $|T| = 5,97$ größer als $1,96$ ist, ist damit die Nullhypothese, dass beide Klausuren gleich schwer sind, widerlegt (zum Signifikanzniveau 5%). Es scheint also tatsächlich Unterschiede zu geben.

4.5.11 Diskriminierung? Zulassung zum Studium, Teil 2

Betrachten wir noch einmal den Fall und die Daten von Tabelle 3.15, und wir wollen noch einmal die Frage klären: Kann das noch Zufall sein, oder ist das ein Zeichen von Diskriminierung? Dort haben wir festgestellt, dass der Zusammenhang eher gering ist - gemessen mit dem Kontingenzkoeffizienten C - aber vielleicht ist er ja statistisch signifikant vorhanden?

Tabelle 4.6   Berkeley-Kreuztabelle der Bewerbungen und Zulassungen nach Geschlecht mit Summen; Datenquelle: Bickel et al. (1975)

		Zulassung zum Studium		
		Zugelassen	Abgelehnt	Summe
	Frau	1.494	2.827	4.321
Bewerbung	Mann	3.738	4.704	8.442
	Summe	5.232	7.531	12.763

Aufgabe

Können Sie zum Signifikanzniveau von 5% zeigen, dass die Unterschiede in der Zulassung zum Studium signifikant, d. h. nicht zufällig sind?

Lösung

Hier muss ein Chi-Quadrat-Test durchgeführt werden (Abschnitt 4.3.3.5). Dazu wird zunächst der Wert der Teststatistik berechnet:

$$\chi^2 = 110,85.$$

Da die Kreuztabelle $k = 2$ Zeilen und $m = 2$ Spalten (entsprechend der Anzahl unterschiedlicher Merkmalsausprägungen der beiden nominalen Merkmale) hat, muss dieser Wert mit dem $0,95$-Quantil der χ^2-Verteilung mit $(2 - 1) \cdot (2 - 1) = 1$ Freiheitsgrad verglichen werden. Laut Tabelle T.5 liegt dieser bei $3,8415$, daher muss die Nullhypothese der Unabhängigkeit der beiden Merkmale *Geschlecht* und *Zulassung* verworfen werden, und die Unterschiede sind vermutlich nicht zufällig.

4.6   Literatur- und Softwarehinweise

Die Grundlagen von Wahrscheinlichkeitsrechnung und Zufallsvariablen finden sich natürlich in vielen Lehrbüchern zur Statistik, so auch z. B. Fahrmeir et al. (2011, Kapitel 4-6) oder Bamberg et al. (2012). Das Thema Kombinatorik wird z. B. in Oestreich (2010) behandelt, aber auch in Christiaans und Ross (2013, S. 329ff.). Ausführlichere Beschreibungen des Datenschlusses finden sich z. B. in Fahrmeir et al. (2011) oder auch Schira (2009), aber auch in zahlreichen anderen Werken. Die Berechnung von Stichprobenumfängen zur Kontrolle des Fehlers 2. Art wird (auch mit R) in Kauermann und Küchenhoff (2011) beschrieben.

Wer sich intensiver mit Assoziationsanalysen beschäftigen will, der sollte sich Literatur zum Thema Data-Mining beschaffen. Für die Assoziationsanalyse eignet sich beispielsweise Han et al. (2006, Kapitel 5). In R gibt es für Assoziationsanalysen das Paket `arules` Hahsler et al. (2005). Zentrale Funktion zur Regelgenerierung ist `apriori`, die gefundenen Regeln können über die Funktion `inspect` analysiert werden.

In Excel gibt es zahlreiche eingebaute Funktionen für verschiedene Verteilungen. Beispielsweise gibt die Funktion `NORMDIST` je nach Parameter Werte der Dichte oder der Verteilungsfunktion der Normalverteilung an und mit der Funktion `NORMINV` können Quantile berechnet werden. Ähnliche Befehle gibt es für zahlreiche weitere Verteilungen. Bei der Berechnung der Quantile ist zu beachten, ob diese durch die jeweilige Funktion zweiseitig oder einseitig ausgegeben werden. In Excel wird die Standardabweichung einer Stichprobe über die Funktion `STABWA` geschätzt. Der Punktschätzer für den Erwartungswert ist die Funktion `MITTELWERT`. Mit der Funktion `KONFIDENZ.NORM` können Konfidenzintervalle berechnet werden. Für einen Gauß-Test steht die Funktion `G.TEST` zur Verfügung, für die verschiedenen t-Tests die Funktion `T.TEST`. Es gibt aber auch die Funktionen `F.TEST`, `CHI.TEST` für F und Chi-Quadrat Test. Für den Binomialtest muss entweder die hier vorgestellte Approximation über die Normalverteilung verwendet werden, oder die kritischen Werte (Quantile) der Binomialverteilung werden über die Funktion `BINOM.INV` gewonnen.

Alle hier vorgestellten Schätz- und Testmethoden sind auch in R verfügbar. Da die Varianz ja eigentlich immer geschätzt werden muss, wird hier in der Regel die Funktion `t.test` verwendet, die durch zusätzliche Optionen die verschiedenen Varianten abdeckt. Ein F-Test wird durch die Funktion `var.test` durchgeführt, der Chi-Quadrat-Test durch die Funktion `chisq.test`. Die Funktion `binom.test` führt einen exakten Binomialtest durch. In R gibt es zudem diverse Funktionen um die Funktionswerte der Dichte, bzw. die Wahrscheinlichkeitsfunktion verschiedener Wahrscheinlichkeitsverteilungen zu berechnen. Für die Normalverteilung gibt es dafür etwa den Befehl `dnorm`, ferner können mit dem Befehl `rnorm` normalverteilte Zufallszahlen erzeugt und mit dem Befehl `qnorm` Werte der Quantilsfunktion berechnet werden.

5   Multivariate Verfahren

Leider oder glücklicherweise sind viele Zusammenhänge komplex. Eine statistische Möglichkeit mit solchen komplexen Zusammenhängen umzugehen bieten die multivariaten Verfahren. Der Begriff multivariat zeigt schon die Richtung: wir haben es mit mehr als einem Merkmal zu tun, nämlich mindestens mit zwei oder noch viel mehr Merkmalen. Mathematisch basieren diese Methoden häufig auf der Matrizenrechnung, sie werden deshalb in der Praxis meistens mit dem Computer durchgeführt.

Im Rahmen dieses Buches wollen wir nur einen kurzen Einblick in die Möglichkeiten (und teilweise auch Grenzen) dieser Verfahren geben. Dazu verwenden wir die Software R und den R Commander (siehe auch Abschnitt 1.4). Wir wenden die Verfahren auf den vermutlich am häufigsten analysierten Datensatz an: Fisher's Iris Daten (Fisher, 1936). Dabei handelt es sich um 150 Beobachtungen (Messungen) von vier Merkmalen an drei verschiedenen Schwertlilienarten aus Nordamerika. Gemessen wurden (jeweils in cm):

- Länge des Kelchblattes: `Sepal.Length`

- Breite des Kelchblattes: `Sepal.Width`

- Länge des Blütenblattes: `Petal.Length`

- Breite des Blütenblattes: `Petal.Width`

An den drei Arten `Species`:

- Iris Versicolor `versicolor`

- Iris Virginica `virginica`

- Iris Setosa `setosa`.

Dabei liegen von jeder Art 50 Beobachtungen vor. Der Datensatz kann in R einfach über den Befehl:

```
data(iris)
```

geladen werden, steht aber auch über diverse Statistikdatenbankportale (z. B. über UCI Machine Learning Repository, `http://archive.ics.uci.edu/ml/`) zur Verfügung. Abbildung 5.1 verdeutlicht die Anwendung.

Dieses Kapitel ist wie folgt aufgebaut: Wir stellen zunächst im folgenden Abschnitt 5.1 die multiple Regressionsanalyse, eine Erweiterung der einfachen Regressionsanalyse (Abschnitt 3.2) für mehrere unabhängige Variablen, vor. Anschließend behandeln wir in Abschnitt 5.2 die Varianzanalyse mit einem metrisch skalierten Merkmal als abhängige Variable und einem nominal skalierten Merkmal als unabhängige Variable. Anders als bei dem

Abbildung 5.1   Kelch- und Blütenblatt einer Iris der Sorte Versicolor; Foto: Armin Hauke

Zweistichproben t-Test (Abschnitt 4.3.3.4) sind hierbei mehr als zwei Merkmalsausprägungen der nominalen Variable möglich. Die anschließend in Abschnitt 5.3 vorgestellte Logistische Regression ermöglicht die Regression eines binären Merkmals auf mehrere erklärende Variablen und ist eine Möglichkeit der Klassifikation, d. h. der Einteilung in Klassen bzw. Gruppen. Danach werden wir erläutern, wie hochdimensionale Daten mit Hilfe einer Hauptkomponentenanalyse (Abschnitt 5.4) zusammengefasst werden können, ein Verfahren, das u. a. hilft, die Antworten auf inhaltlich vergleichbare Fragen eines Fragebogens zusammenzufassen. Zum Schluss wird ein Ziel der Klassifikation, die Entdeckung noch unbekannter Gruppen (nominales Merkmal), in Abschnitt 5.5 anhand der Methode der Clusteranalyse vorgestellt.

5.1   Multiple Regressionsanalyse

Die einfache Regression haben Sie in Abschnitt 3.2 kennengelernt. Die Modellgleichung lautet (jetzt mit griechischen Buchstaben):

$$y = \alpha + \beta \cdot x + \epsilon. \tag{5.1}$$

Versuchen wir nun die Länge des Blütenblattes (`Petal.Length`) als abhängige Variable (y) durch die Breite des Blütenblattes (`Petal.Width`) als unabhängige Variable (x) zu erklären. Dazu wählen wir zunächst im Menü des R Commanders über Statistik -> Regressionsmodelle -> Lineare Regression aus. Im folgenden Menüpunkt können wir dann das Modell bestimmen (siehe Abbildung 5.2).

Abbildung 5.2   Lineare Einfachregression im R Commander

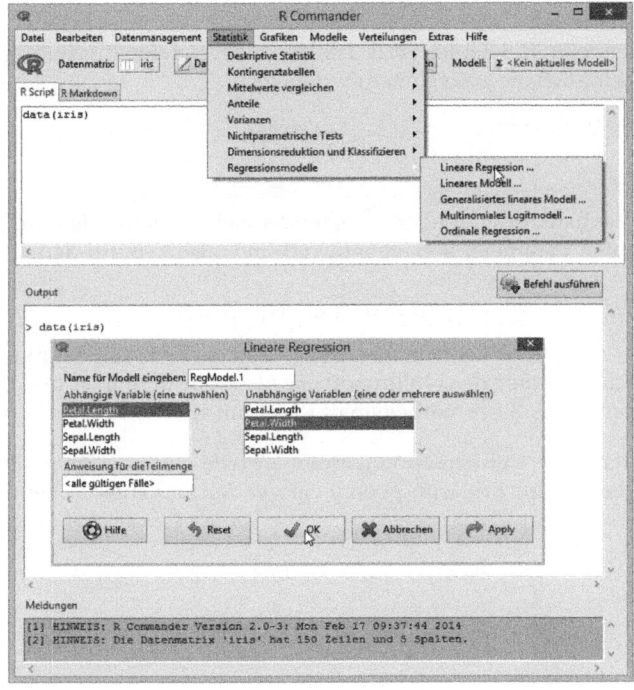

Als Ergebnis erhalten wir im Ausgabefenster:

```
> RegModel.1 <- lm(Petal.Length~Petal.Width, data=iris)

> summary(RegModel.1)

Call:
lm(formula = Petal.Length ~ Petal.Width, data = iris)

Residuals:
     Min       1Q   Median       3Q      Max
-1.33542 -0.30347 -0.02955  0.25776  1.39453
```

```
Coefficients:
            Estimate Std. Error t value Pr(>|t|)
(Intercept)  1.08356    0.07297   14.85   <2e-16 ***
Petal.Width  2.22994    0.05140   43.39   <2e-16 ***
---
Signif. codes:  0 '***' 0.001 '**' 0.01 '*' 0.05 '.' 0.1 ' ' 1

Residual standard error: 0.4782 on 148 degrees of freedom
Multiple R-squared:  0.9271,Adjusted R-squared:  0.9266
F-statistic:  1882 on 1 and 148 DF,  p-value: < 2.2e-16
```

Neben den verwendeten R Befehlen (z. B. lm), den verwendeten Einstellungen und Spezifikationen finden wir auch die geschätzten Parameter:

$$\hat{\alpha} = 1,08356$$
$$\hat{\beta} = 2,22994.$$

Je breiter das Blütenblatt, desto länger ist es tendenziell. Gleichzeitig wird getestet, ob die wahren unbekannten Parameter a, b eigentlich 0 sind, also z. B. für den Steigungsparameter:

$$H_0 : \beta = 0 \quad vs. \quad H_1 : \beta \neq 0.$$

Wir können in der Ausgabe erkennen, dass der p-Wert (siehe S. 153) sehr klein ($< 2 \cdot 10^{-16}$), die Wahrscheinlichkeit unter der Nullhypothese also sehr gering ist und diese damit verworfen werden kann. Das Bestimmtheitsmaß R^2 ist mit $R^2 = 0,9271$ recht hoch.

Bei einer **multiplen** linearen Regression werden anstelle nur einer unabhängigen Variable x mehrere Merkmale x_i zur Erklärung von y verwendet. Das entsprechende Modell lautet dann:

$$y = \beta_0 + \beta_1 \cdot x_1 + \beta_2 \cdot x_2 + \ldots + \beta_d \cdot x_d + \epsilon$$
$$= \beta_0 + \sum_{i=1}^{d} \beta_i \cdot x_d + \epsilon, \tag{5.2}$$

wobei d die Anzahl der erklärenden, unabhängigen Merkmale x_i ist und β_0 der Achsenabschnitt.

Wir versuchen nun die Länge des Blütenblattes (y) anhand der Länge des Kelchblattes (x_1) und der Breite des Kelchblattes (x_2) zu erklären (im R Commander können mehrere Variablen mit Hilfe der Strg-Taste ausgewählt werden) und erhalten folgende Ausgabe:

```
> RegModel.2 <- lm(Petal.Length~Sepal.Length+Sepal.Width, data=iris)

> summary(RegModel.2)

Call:
lm(formula = Petal.Length ~ Sepal.Length + Sepal.Width, data = iris)
```

```
Residuals:
    Min      1Q    Median       3Q      Max
-1.25582 -0.46922 -0.05741  0.45530  1.75599

Coefficients:
             Estimate Std. Error t value Pr(>|t|)
(Intercept)  -2.52476    0.56344  -4.481 1.48e-05 ***
Sepal.Length  1.77559    0.06441  27.569  < 2e-16 ***
Sepal.Width  -1.33862    0.12236 -10.940  < 2e-16 ***
---
Signif. codes:  0 '***' 0.001 '**' 0.01 '*' 0.05 '.' 0.1 ' ' 1

Residual standard error: 0.6465 on 147 degrees of freedom
Multiple R-squared:  0.8677,Adjusted R-squared:  0.8659
F-statistic:    482 on 2 and 147 DF,  p-value: < 2.2e-16
```

Während der Schätzwert für den Parameter im Modell für Sepal.Length positiv ist ($\hat{\beta}_1 = $ 1,78: *Je länger das Kelchblatt, desto länger das Blütenblatt*), ist der geschätzte Parameter für die Breite des Kelchblattes negativ ($-1{,}34$), und das zwar signifikant. Dieses überraschende Resultat ist zumindest zum Teil aber der Tatsache geschuldet, dass hier nicht eine einheitliche Schwertlilienart vorliegt, sondern drei!

5.2   Varianzanalyse

Gibt es vielleicht Unterschiede zwischen den Kelch- und Blütenblattgrößen der drei Arten? Sind die Lageparameter (μ) alle gleich, oder ist zumindest einer anders? Können wir zum Beispiel etwas über den Einfluss der Schwertlilienart auf die Länge des Blütenblattes aussagen? Solche Fragen können mit Hilfe einer **Varianzanalyse** beantwortet werden. Bei der einfaktoriellen Varianzanalyse wird dabei die Gesamtstreuung der Daten zerlegt. Die Zerlegung erfolgt einerseits in die Streuung innerhalb der Gruppen (d. h. die Quadratsumme der Abweichungen der einzelnen Beobachtungen einer Gruppe vom Gruppenmittelwert) und andererseits in die Abweichung der Gruppenmittelwerte vom Gesamtmittelwert. Vom Skalenniveau her betrachtet haben wir es also mit einem metrischen Merkmal (z. B. Blütenblattlänge) zu tun, dessen Lageparameter in Abhängigkeit eines nominalen Merkmals (Schwertlilienart) modelliert wird. Die Idee ist dabei sogar naheliegend: Ist die Streuung zwischen den Mittelwerten im Verhältnis zur Streuung innerhalb der Gruppen, d. h. hier Arten, groß, so deutet dies auf unterschiedliche Lageparameter hin. Ist die Streuung, d. h. sind die Unterschiede zwischen den Mittelwerten relativ klein im Vergleich zur Streuung innerhalb der einzelnen Gruppen, so scheint es keinen signifikanten Unterschied in Bezug auf die Lage zu geben. Formal wird für k Gruppen getestet:

$$H_0 : \mu_1 = \mu_2 = \cdots = \mu_k \quad vs. \quad H_1 : \text{für mindestens ein Paar } i, j \text{ gilt: } \mu_i \neq \mu_j.$$

Dabei werden die jeweiligen Streuungen (innerhalb sowie zwischen den Gruppen bzw. Klassen) herangezogen und ein F-Test (siehe S. 158) durchgeführt.

Im R Commander kann dies wie folgt ausgewählt werden: Statistik -> Mittelwerte vergleichen -> Einfaktorielle Varianzanalyse. Nach der Auswahl der entsprechenden Variablen (siehe Abbildung 5.3) erhalten wir folgendes Ergebnis:

```
> AnovaModel.1 <- aov(Petal.Length ~ Species, data=iris)

> summary(AnovaModel.1)
            Df Sum Sq Mean Sq F value Pr(>F)
Species      2  437.1  218.55    1180  <2e-16 ***
Residuals  147   27.2    0.19
---
Signif. codes:  0 '***' 0.001 '**' 0.01 '*' 0.05 '.' 0.1 ' ' 1

> numSummary(iris$Petal.Length , groups=iris$Species,
+ statistics=c("mean", "sd"))
             mean        sd data:n
setosa      1.462 0.1736640     50
versicolor  4.260 0.4699110     50
virginica   5.552 0.5518947     50
```

Der F-Test ist signifikant (p-Wert$< 2 \cdot 10^{-16}$), die Nullhypothese der gleichen Lageparameter wird verworfen. Die Unterschiede der Mittelwerte sind also signifikant. Da die einzel-

---

Abbildung 5.3   Varianzanalyse im R Commander

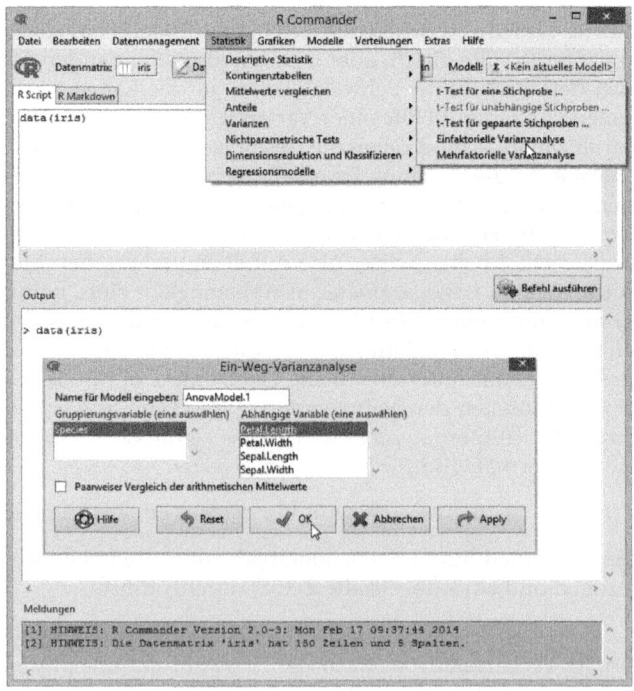

nen, gruppierten Mittelwerte angegeben werden, ist zu erkennen, dass die Unterschiede der Blütenblattlänge zwischen den Sorten Versiciolor ($\bar{x} = 4{,}26$) und Virginica ($\bar{x} = 5{,}55$) nicht so groß sind wie die zur Sorte Setosa ($\bar{x} = 1{,}26$).

5.3   Logistische Regression

Wenn es diesen Zusammenhang zwischen Klasse (Schwertlilienart) und den anderen Merkmalen (Blattgröße) gibt, kann man dann vielleicht anhand der Blattgröße die Klasse bestimmen? Ja, und zwar mit Hilfe von **Klassifikationsverfahren**. Diese sind überall weit verbreitet: Potenzielle Kunden werden zum Beispiel anhand ihres bisherigen Kaufverhaltens *gescored*, oder die Bonität von Unternehmen und Personen wird auf Basis des Zahlungsverhaltens ermittelt. Für eine binäre Zielvariable (Merkmal: Kauf Ja/Nein, Kreditausfall Ja/Nein, kodiert als $\{0,1\}$) wird das Eintreten als (stochastische) Funktion von anderen Merkmalen modelliert. Dummerweise können wir dann nicht direkt eine normale Regression berechnen, da der Wertebereich der Zielvariable y dort nicht beschränkt ist, also insbesondere nicht im Bereich 0 bis 1 liegen muss. Abhilfe schafft hier eine Transformation, zum Beispiel mittels der logistischen Funktion. Der Trick ist, dass wir y nicht direkt modellieren, sondern $P(Y = 1)$, also die Wahrscheinlichkeit, dass unsere binäre Zielvariable den Wert 1 annimmt. Und diese Wahrscheinlichkeit wird über die logistische Funktion:

$$P(Y = 1) = \frac{\exp(\eta)}{1 + \exp(\eta)} \tag{5.3}$$

bestimmt. Die Abbildung 5.4 zeigt eine solche logistische Funktion als Funktion eines Inputs η (gr.: *eta*).

Abbildung 5.4   Logistische Funktion

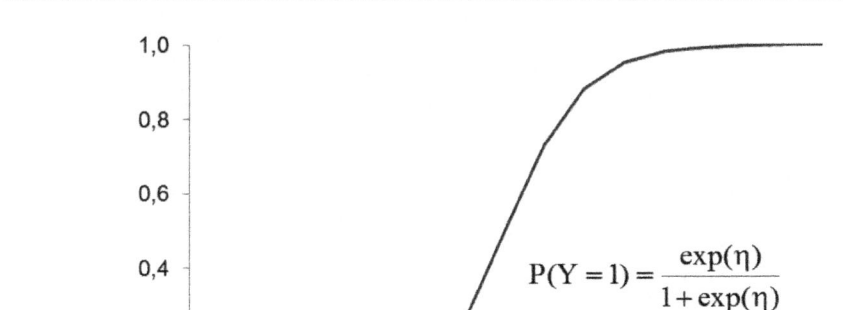

In der **Logistischen Regression** ist η wiederum eine Linearkombination der Merkmale $x_1, x_2, \ldots, x_d$, also:

$$\eta = \beta_0 + \beta_1 \cdot x_1 + \beta_2 \cdot x_2 + \ldots \beta_d \cdot x_d. \tag{5.4}$$

Damit haben wir insgesamt:

$$P(Y = 1) = \frac{\exp(\beta_0 + \beta_1 \cdot x_1 + \beta_2 \cdot x_2 + \ldots + \beta_d \cdot x_d)}{1 + \exp(\beta_0 + \beta_1 \cdot x_1 + \beta_2 \cdot x_2 + \ldots + \beta_d \cdot x_d)}. \tag{5.5}$$

Das Schätzen (und Testen) der unbekannten Parameter β ist jetzt ein wenig aufwendiger, gleichwohl – insbesondere mittels des Computers – möglich.

Dummerweise kann die Logistische Regression im einfachsten Fall nur 2 Klassen trennen, Erweiterungen sind zwar möglich, aber außerhalb der Möglichkeiten dieses Buches (siehe z. B. Backhaus et al., 2008). Eine Klassifikation in zwei Klassen liegt vor, wenn wir beispielsweise die Arten Versicolor ($y = 0$) und Virginica ($y = 1$) trennen wollen. Dafür muss dann die Art Setosa ausgeschlossen werden (durch subset=Species != "setosa", siehe Abbildung 5.5).

Zur Auswahl einer Logistischen Regression im R Commander (siehe Abbildung 5.5) gelangt man über Statistik -> Regressionsmodelle -> Generalisiertes lineares Modell (Abbildung 5.5).

Die Ausgabe der Logistischen Regression sieht dann wie folgt aus:

```
> GLM.1 <- glm(Species ~ Petal.Length + Petal.Width, family=binomial(logit),
+ data=iris, subset=Species != "setosa")


> summary(GLM.1)

Call:
glm(formula = Species ~ Petal.Length + Petal.Width, family = binomial(logit),
    data = iris, subset = Species != "setosa")


Deviance Residuals:
     Min        1Q    Median        3Q       Max
-1.73752  -0.04749  -0.00011   0.02274   1.89659


Coefficients:
            Estimate Std. Error z value Pr(>|z|)
(Intercept)  -45.272     13.610  -3.327 0.000879 ***
Petal.Length   5.755      2.306   2.496 0.012565 *
Petal.Width   10.447      3.755   2.782 0.005405 **
---
Signif. codes:  0 '***' 0.001 '**' 0.01 '*' 0.05 '.' 0.1 ' ' 1


(Dispersion parameter for binomial family taken to be 1)

    Null deviance: 138.629  on 99  degrees of freedom
Residual deviance:  20.564  on 97  degrees of freedom
```

```
AIC: 26.564

Number of Fisher Scoring iterations: 8
```

Die Interpretation der geschätzten Parameter ergibt dann, dass mit zunehmender Länge und Breite des Blütenblattes die Wahrscheinlichkeit steigt, dass es sich bei der Iris-Pflanze um Virginica und nicht um Versicolor handelt. Das können Sie an den positiven Schätzwerten, $\hat{\beta}_1 = 5{,}555$ für die Blütenblattlänge bzw. $\hat{\beta}_1 = 10{,}447$ für die Blütenblattbreite erkennen. Die p-Werte der Nullhypothesen, dass die wahren Parameter 0 sind, die Merkmale also keinen Einfluss auf die Wahrscheinlichkeit der Klassenzugehörigkeit haben, liegen bei 0,0126 bzw. 0,0054.

5.4 Hauptkomponentenanalyse

Messen die vier metrischen Merkmale (Länge und Breite des Kelchblattes; Länge und Breite des Blütenblattes) nicht alle im Wesentlichen dasselbe, nämlich die Größe der Pflanze? Vielleicht können diese Merkmale ja zusammengefasst werden. Eine Methode, die Dimension der Daten (d. h. die Anzahl der Merkmale) zu reduzieren, ist die **Hauptkomponenten-**

Abbildung 5.5   Logistische Regression im R Commander

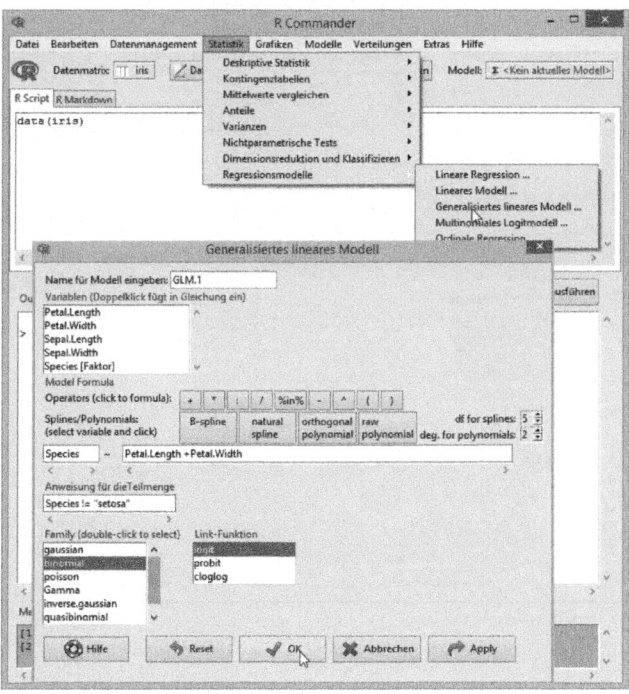

analyse. Die Hauptkomponenten sind Linearkombinationen der Originalmerkmale. Dabei werden die Hauptkomponenten so gebildet, dass sie untereinander unkorreliert sind und nacheinander (d. h. von der 1. bis zur d. Hauptkomponente) in Richtung der jeweils maximalen Streuung zeigen. Mit anderen Worten: Die erste Hauptkomponente bildet soviel wie möglich von der multivariaten Streuung ab, die zweite Hauptkomponente ist unkorreliert mit der ersten, bildet dabei aber möglichst viel von der verbleibenden Streuung ab usw. Die **Ladungen** der Variablen auf die Hauptkomponenten zeigen dann, wie wichtig die Variablen für die jeweilige Hauptkomponente sind, so dass implizit auch etwas über die Korrelationsstruktur ausgesagt wird.

Mathematisch werden die Hauptkomponenten mit Hilfe einer Singulärwertzerlegung der Kovarianz- oder (häufiger) der Korrelationsmatrix, d. h. der Matrix mit den jeweiligen Korrelationen der Originalmerkmale als Koeffizienten berechnet. Im R Commander können Sie dies über Statistik -> Dimensionsreduktion und Klassifizieren -> Hauptkomponentenanalyse durchführen, wie in Abbildung 5.6 für alle vier Merkmale dargestellt ist. Damit erhalten wir den folgenden Output:

Abbildung 5.6 Hauptkomponentenanalyse im R Commander

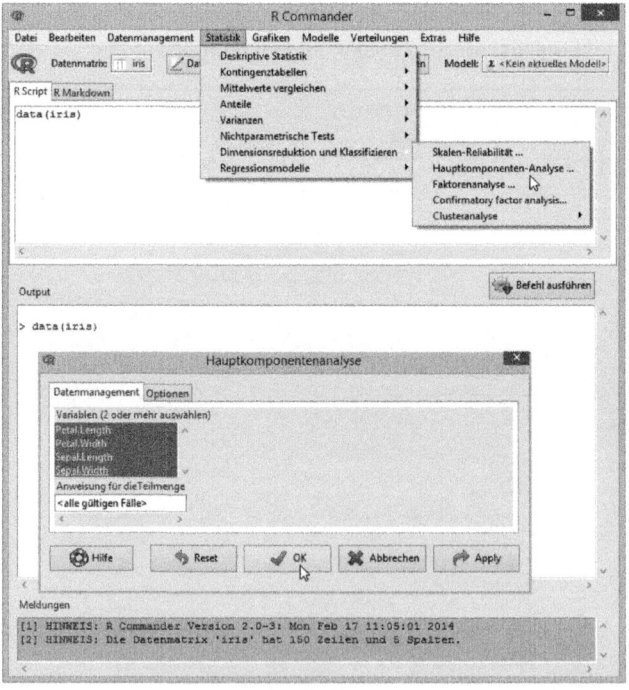

```
> .PC <- princomp(~Petal.Length+Petal.Width+Sepal.Length+Sepal.Width,
+ cor=TRUE, data=iris)

> unclass(loadings(.PC))  # component loadings
                 Comp.1     Comp.2      Comp.3      Comp.4
Petal.Length  0.5804131  0.02449161   0.1421264   0.8014492
Petal.Width   0.5648565  0.06694199   0.6342727  -0.5235971
Sepal.Length  0.5210659  0.37741762  -0.7195664  -0.2612863
Sepal.Width  -0.2693474  0.92329566   0.2443818   0.1235096

> .PC$sd^2  # component variances
    Comp.1      Comp.2      Comp.3      Comp.4
2.91849782  0.91403047  0.14675688  0.02071484

> summary(.PC) # proportions of variance
Importance of components:
                          Comp.1      Comp.2      Comp.3       Comp.4
Standard deviation      1.7083611   0.9560494  0.38308860  0.143926497
Proportion of Variance  0.7296245   0.2285076  0.03668922  0.005178709
Cumulative Proportion   0.7296245   0.9581321  0.99482129  1.000000000
```

Die component loadings zeigen an, wie die Hauptkomponenten aus den (standardisierten) Originalmerkmalen gebildet werden. Die erste Hauptkomponente wird hier in etwa zu gleichen Teilen aus der Länge und der Breite des Blütenblattes (0,58 bzw. 0,56) und ein bisschen weniger aus der Länge des Kelchblattes gebildet (0,52). Die Breite des Kelchblattes Sepal.Width hat bei der Berechnung der Hauptkomponente ein anderes Vorzeichen und ist absolut betrachtet nicht so wichtig (−0,27). Inhaltlich ist die erste Hauptkomponente im Wesentlichen die Größe (Länge und Breite) des Blütenblattes und die Länge des Kelchblattes. Diese Hauptkomponente erklärt alleine 72,9% der (multivariaten) Gesamtvarianz. Für die zweite Hauptkomponente spielt das Blütenblatt mit Ladungen von 0,02 bzw. 0,07 praktisch keine Rolle, die Länge des Kelchblattes eine etwas größere 0,38, aber die Breite des Kelchblattes mit einer Ladung von 0,92 ist mit Abstand die wichtigste Variable. Die zweite Hauptkomponente erklärt 22,9% der Varianz, insgesamt zusammen mit der ersten Hauptkomponente 95,8%. Damit erklären zwei Dimensionen über 95% der Gesamtvarianz in vier Dimensionen.

Hauptkomponentenanalysen werden häufig bei korrelierten Daten zur Dimensionsreduktion eingesetzt, etwa bei Fragebögen, wenn mehrere Fragen dasselbe Konstrukt messen (sollen) oder wenn in der Portfoliorechnung die Renditen von sehr vielen Assets betrachtet werden.

5.5 Clusteranalyse

Was wäre, wenn die Klassen (hier die drei Arten) unbekannt wären? Können wir diese anhand der anderen Daten erkennen? Eine solche Frage tritt zum Beispiel bei der Markt- oder Kundensegmentierung häufig auf. Um diese zu beantworten, können **Clusterverfahren** verwendet werden. Clusterverfahren versuchen innerhalb der Beobachtungen (seltener auch Variablen) Cluster (Segmente) zu finden, die intern homogen, extern aber heterogen sind. Das bedeutet, die Streuung innerhalb der Cluster soll möglichst klein sein, zwischen den einzelnen Clustern aber möglichst groß. Prinzipiell werden hierarchische und partitionierende Clusterverfahren unterschieden. Dabei hängen die Ergebnisse maßgeblich von der verwendeten Metrik, das heißt dem Abstandsmaß zwischen den Beobachtungen ab.

Hier soll nur eines der einfachsten, das partitionierende **k-means** Verfahren, vorgestellt werden. Die Idee dahinter ist einfach:

1. Wähle zufällig k Beobachtungen als Clusterzentren aus.

2. Ordne die Beobachtungen dem jeweils nächsten Clusterzentrum zu.

3. Bestimme das neue Clusterzentrum als (mehrdimensionaler) Mittelwert der dem Cluster zugeordneten Beobachtungen.

4. Wiederhole die Schritte 2 und 3, bis sich nichts mehr ändert.

Wie gesagt, die Idee ist relativ einfach, die Tücke steckt im Detail. Zunächst einmal werden im Schritt 1 die Ausgangszentren zufällig gesetzt, auch nachdem der Algorithmus konvergiert ist hat das Ergebnis also noch eine Zufallskomponente. Zum anderen: Wie bestimme ich die Anzahl Cluster k? Dafür gibt es leider keine einheitliche, optimale Lösung. In der Praxis werden häufig Cluster für $k = 2, \dots, 10$ ausprobiert, oder eine hierarchische Clusteranalyse vorgeschaltet.

Um ein reproduzierbares Ergebnis zu erhalten, wird in R zunächst der Zufallszahlengenerator gesetzt:

```
set.seed(1896)
```

Der Aufruf des k-means Clusterverfahrens geht über die Menüfolge Statistik -> Dimensionsreduktion und Klassifizieren -> Clusteranalyse -> Clusterzentrenanalyse (siehe Abbildung 5.7). Im vorliegenden Datensatz wissen wir, dass es drei Klassen (Cluster) gibt, also stellen wir das dort ein.

Die Ausgabe der Clusterzentrenanalyse ist:

```
> .cluster <-  KMeans(model.matrix(~-1 + Petal.Length + Petal.Width
+ Sepal.Length + Sepal.Width, iris), centers = 3,
iter.max = 10, num.seeds = 10)

> .cluster$size # Cluster Sizes
[1] 62 38 50

> .cluster$centers # Cluster Centroids
  new.x.Petal.Length new.x.Petal.Width new.x.Sepal.Length new.x.Sepal.Width
1          4.393548          1.433871          5.901613          2.748387
2          5.742105          2.071053          6.850000          3.073684
3          1.462000          0.246000          5.006000          3.428000
```

Abbildung 5.7   Clusterzentrenanalyse im R Commander

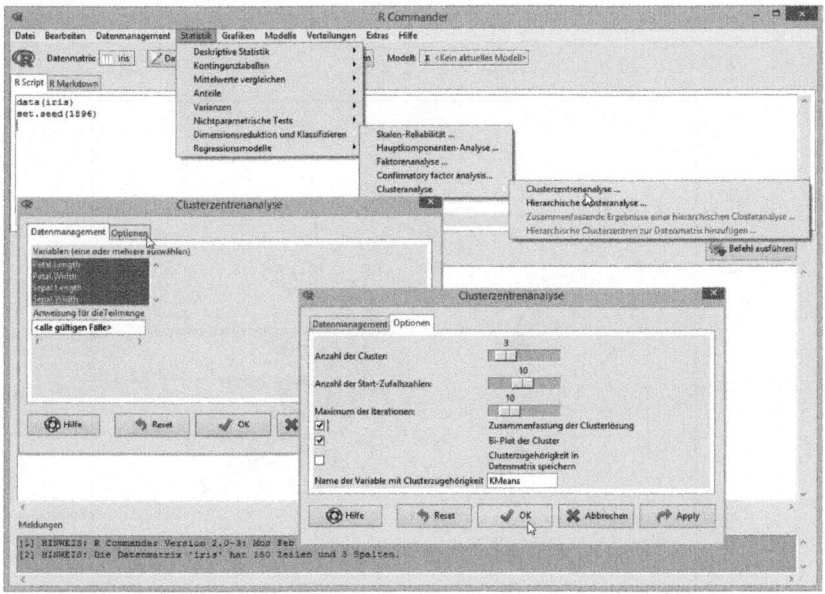

```
> .cluster$withinss # Within Cluster Sum of Squares
[1] 39.82097 23.87947 15.15100

> .cluster$tot.withinss # Total Within Sum of Squares
[1] 78.85144

> .cluster$betweenss # Between Cluster Sum of Squares
[1] 602.5192
```

Neben der Anzahl Beobachtungen je Cluster (62,28,50) ist auch die (multivariate) Lage je Cluster angeben, so dass diese beschrieben werden können. Dabei ist die Nummerierung der Cluster auch zufällig erfolgt und besitzt keine Bedeutung. Das Zentrum von Cluster 2 hat das größte Blütenblatt (Länge=5,74, Breite=2,07) sowie das längste Kelchblatt (6,85), allerdings ist das Blütenblatt von Cluster 3 breiter. Zusätzlich wird über

```
biplot(princomp(model.matrix(~-1 + Petal.Length + Petal.Width
+ Sepal.Length + Sepal.Width, iris)),
+ xlabs =  as.character(.cluster$cluster))
```

ein **Biplot** einer Hauptkomponentenanalyse gezeichnet (siehe Abbildung 5.8).

Dort ist die Verteilung der Beobachtungen und Cluster auf den jeweiligen Hauptkomponenten (z. B. Cluster 3 links, Cluster 1 rechts oben, Cluster 2 rechts unten) zu erkennen. Zu-

Abbildung 5.8   Biplot der Clusterzentrenanalyse im R Commander

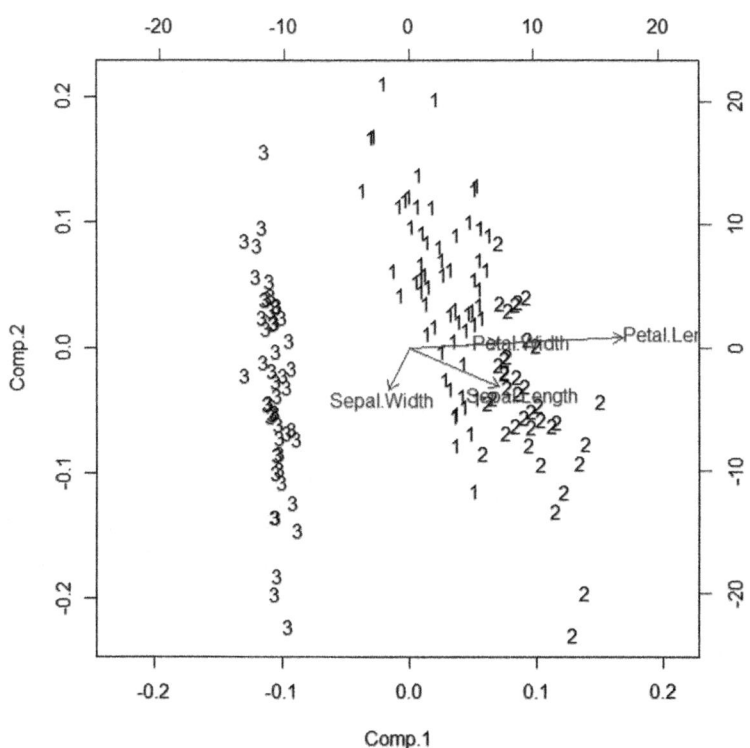

sätzlich ist die Richtung der Originalmerkmale eingezeichnet: Während `Petal.Length` und `Petal.Width` praktisch in dieselbe Richtung *zeigen*, nämlich in Richtung der 1. Hauptkomponente, zeigt `Sepal.Width` in Richtung der 2. Hauptkomponente, ein Ergebnis, welches wir aus dem Abschnitt 5.4 zur Hauptkomponentenanalyse schon kennen.

5.6   Fallstudien und Übungsaufgaben

5.6.1   Analyse der Immobilienpreise

Was beeinflusst den Wert einer Immobilie? Natürlich die Größe und die Lage. Aber was ist wirklich relevant, was ist *signifikant*? Im Rahmen einer Studie von Harrison Jr und Rubinfeld (1978) wurden mögliche Einflussfaktoren auf Immobilienwerte (`medv`) in Boston untersucht ($n = 506$ Beobachtungen). Dabei wurden folgende Merkmale erhoben:

- Pro-Kopf-Kriminalitätsrate: `crim`

- Anteil Wohnland über 25.000 sq.ft.: `zn`

- Anteil Nichthandelsgeschäftsfläche: `indus`

- Charles-River-Dummyvariable (1=Am Fluß, 0 sonst): `chas`

- Stickstoffoxide Konzentration (Teile pro 10 Millionen): `nox`

- Durchschnittliche Anzahl der Zimmer pro Wohnung: `rm`

- Anteil der Eigentumswohnungen vor 1940 gebaut: `age`

- Gewichtete Entfernungen zu fünf Bostoner Beschäftigungszentren: `dis`

- Index der Zugänglichkeit zu Einfallstraßen: `rad`

- Vollwertiger Immobilien-Steuersatz pro $10.000: `tex`

- Schüler-Lehrer-Quotient: `ptratio`

- $1000(Bk - 0.63)^2$ mit BK Anteil Farbiger: `black`

- % Unterer Status an der Bevölkerung: `lstat`

- Median-Wert von Eigenheimen in $1000: `medv`

Die Daten stehen als Datensatz `Boston` in dem R Paket `MASS` zur Verfügung.

Aufgabe

Führen Sie eine multiple lineare Regression des Immobilienwertes auf die anderen Variablen durch und interpretieren Sie das Ergebnis.

Lösung

Nachdem die Daten (z. B. über `data(Boston)`) eingelesen wurden, kann die Regression über die Menüfolge Statistik -> Regressionsmodelle -> Lineares Modell im R Commander durchgeführt werden. Das Ergebnis ist:

```
> LinearModel.1 <- lm(medv ~ age  + black  + chas  + crim
+ dis  + indus  + lstat  + nox  + ptratio
+ rad  + rm  + tax  + zn, data=Boston)

> summary(LinearModel.1)

Call:
lm(formula = medv ~ age ~ black + chas + crim + dis + indus +
    lstat + nox + ptratio + rad + rm + tax + zn, data = Boston)
```

```
Residuals:
    Min      1Q   Median      3Q     Max
-15.595  -2.730   -0.518   1.777  26.199
```

```
Coefficients:
              Estimate Std. Error  t value Pr(>|t|)
(Intercept)  3.646e+01  5.103e+00    7.144 3.28e-12 ***
age          6.922e-04  1.321e-02    0.052 0.958229
black        9.312e-03  2.686e-03    3.467 0.000573 ***
chas         2.687e+00  8.616e-01    3.118 0.001925 **
crim        -1.080e-01  3.286e-02   -3.287 0.001087 **
dis         -1.476e+00  1.995e-01   -7.398 6.01e-13 ***
indus        2.056e-02  6.150e-02    0.334 0.738288
lstat       -5.248e-01  5.072e-02  -10.347  < 2e-16 ***
nox         -1.777e+01  3.820e+00   -4.651 4.25e-06 ***
ptratio     -9.527e-01  1.308e-01   -7.283 1.31e-12 ***
rad          3.060e-01  6.635e-02    4.613 5.07e-06 ***
rm           3.810e+00  4.179e-01    9.116  < 2e-16 ***
tax         -1.233e-02  3.760e-03   -3.280 0.001112 **
zn           4.642e-02  1.373e-02    3.382 0.000778 ***
---
Signif. codes:  0 '***' 0.001 '**' 0.01 '*' 0.05 '.' 0.1 ' ' 1
```

```
Residual standard error: 4.745 on 492 degrees of freedom
Multiple R-squared:  0.7406, Adjusted R-squared:  0.7338
F-statistic: 108.1 on 13 and 492 DF,  p-value: < 2.2e-16
```

Den größten Einfluss, gemessen anhand des p-Wertes, hat die Variable lstat (% unterer Status). Sie wirkt negativ auf den Immobilienwert, d. h., je mehr Personen aus dem unteren sozialen Status in der Gegend wohnen, desto geringer der Immobilienwert und umgekehrt, erkennbar an der mit negativem Vorzeichen geschätzten Steigung. Am zweitwichtigsten ist die Variable rm, durchschnittliche Anzahl Räume. Dieses Merkmal wirkt sich positiv auf den mittleren Wert der Immobilien aus. Weiterhin sind u. a. die Variablen dis, Entfernung zu Beschäftigungszentren sowie ptratio, Verhältnis Anzahl Schüler zu Lehrer signifikant. Beide wirken negativ auf die Variable.

Das Bestimmtheitsmaß R^2 ist mit 0,74 recht hoch, ein Großteil der Varianz der Zielvariable wird durch das Modell erklärt. Ferner wird die Nullhypothese – die unahängigen Variablen haben keinen Einfluss auf die abhängige Variable medv – abgelehnt (p-Wert $< 2{,}2 \cdot 10^{-16}$).

5.6.2   Erwerbstätigkeit und die Vereinbarkeit von Familie und Beruf

Der Demographische Wandel vollzieht sich, und in manchen Branchen zeichnet sich ein Arbeitskräftemangel ab. Daher ist es nicht nur unter familienpolitischen Aspekten wie der Vereinbarkeit von Familie und Beruf interessant zu untersuchen, welche Faktoren auf die Erwerbstätigkeit, hier speziell von verheirateten Frauen, wirken. Im Rahmen einer (zugegebenermaßen alten) Studie wurden soziodemographische Daten von verheirateten Frauen untersucht (Mroz, 1987). Dabei wurden folgende Merkmale verwendet (Datensatz Mroz im R Paket car):

- Berufstätigkeit der Frau (ja: yes, nein: no): `lfp`

- Logarithmiertes erwartetes Einkommen der Frau: `lwg`

- Anzahl Kinder bis einschließlich 5 Jahre: `k5`

- Anzahl Kinder von 6 bis 18 Jahre: `k618`

- Alter der Frau: `age`

- Collegebesuch der Frau (ja: yes, nein: no): `wc`

- Collegebesuch des Mannes (ja: yes, nein: no): `hc`

- Familieneinkommen ohne das Einkommen der Frau: `inc`

Aufgabe

Welche Faktoren erhöhen die Wahrscheinlichkeit, dass eine Frau erwerbstätig ist? Welche Faktoren reduzieren Sie?

Lösung

Die Daten können Sie entweder über das Menü oder über den Befehl `data(Mroz)` einlesen (ggf. zuvor das Paket `car` über `library(car)` laden). Da die abhängige Variable `lfp` binär ist, bietet sich eine Logistische Regression an. Im R Commander erreichen Sie diese über Statistik -> Regressionsmodelle -> Generalisiertes lineares Modell mit der Einstellung `family=binomial(logit)`. Das Ergebnis im Ausgabefenster lautet dann:

```
> GLM.1 <- glm(lfp ~ age  + hc  + inc  + k5  + k618  + lwg  + wc,
family=binomial(logit), data=Mroz)

> summary(GLM.1)

Call:
glm(formula = lfp ~ age + hc + inc + k5 + k618 + lwg + wc,
family = binomial(logit), data = Mroz)

Deviance Residuals:
    Min       1Q   Median       3Q      Max
-2.1062  -1.0900   0.5978   0.9709   2.1893

Coefficients:
             Estimate Std. Error z value Pr(>|z|)
(Intercept)  3.182140   0.644375   4.938 7.88e-07 ***
age         -0.062871   0.012783  -4.918 8.73e-07 ***
hc[T.yes]    0.111734   0.206040   0.542 0.587618
inc         -0.034446   0.008208  -4.196 2.71e-05 ***
k5          -1.462913   0.197001  -7.426 1.12e-13 ***
```

```
k618         -0.064571    0.068001   -0.950 0.342337
lwg           0.604693    0.150818    4.009 6.09e-05 ***
wc[T.yes]     0.807274    0.229980    3.510 0.000448 ***
---
Signif. codes:  0 '***' 0.001 '**' 0.01 '*' 0.05 '.' 0.1 ' ' 1

(Dispersion parameter for binomial family taken to be 1)

    Null deviance: 1029.75  on 752  degrees of freedom
Residual deviance:  905.27  on 745  degrees of freedom
AIC: 921.27

Number of Fisher Scoring iterations: 4
```

Es wird die Wahrscheinlichkeit der Erwerbstätigkeit modelliert (lfp==yes), so dass positive Koeffizienten (Estimate) bedeuten, dass die Wahrscheinlichkeit der Erwerbstätigkeit steigt. Negative Werte bedeuten, dass sie – im Modell – sinkt. Den, gemessen am p-Wert, stärksten Einfluss hat die *Anzahl Kinder bis 5 Jahre* (k5), d. h., je mehr Kinder bis 5 Jahre in der Familie sind, desto geringer ist die Wahrscheinlichkeit der Erwerbstätigkeit der Frau gemäß dieser Studie. Diese Wahrscheinlichkeit sinkt mit steigendem Alter (age) und mit steigendem Familieneinkommen (ohne dem der Frau, inc). Allerdings steigt die Wahrscheinlichkeit der Erwerbstätigkeit mit zunehmendem erwarteten Einkommen der Frau (logarithmiert, lwg). Schließlich wirkt sich ein Collegeabschluss der Frau (wc) positiv und signifikant aus. Die beiden Merkmale Collegeabschluss des Mannes (hc) und Kinder zwischen 6 und 18 Jahren (k618) sind nicht signifikant, deshalb kann die Nullhypothese, dass die beiden Variablen keinen Einfluss auf die Erwerbstätigkeit der Frau haben, nicht verworfen werden.

5.7   Literatur- und Softwarehinweise

Der deutschsprachige Klassiker für Multivariate Statistik ist sicherlich Backhaus et al. (2008). Ein wenig mathematisch anspruchsvoller und auf Englisch ist James et al. (2013), welches zudem die Umsetzung in R liefert. Teilweise werden die Verfahren auch in Hatzinger et al. (2011) erläutert.

Bei Multivariaten Verfahren kommt Excel selbst an seine Grenzen. Es gibt Add-ins wie XLSTAT, und auch Schnittstellen zu R wie RExcel (siehe Heiberger und Neuwirth (2009)), die aber in der Regel zumindest im kommerziellen Umfeld kostenpflichtig sind.

6 Übungsaufgaben und Probeklausur

Sie wollen (noch) mehr üben und rechnen? Kein Problem. In diesem Kapitel finden Sie zusätzliche Übungsaufgaben samt Lösungen. Die Aufgaben sind so konzipiert, dass sie ohne Computer, nur mit dem Taschenrechner – oder noch besser mit dem Kopf – bearbeitet werden können.

Die exemplarische Probeklausur bezieht sich auf den Stoff einer kurzen, einführenden Vorlesung im Bachelor und ist für 60 Minuten konzipiert. Die tatsächlichen Inhalte und Anforderungen einer Klausur unterscheiden sich natürlich von Vorlesung zu Vorlesung.

Weitere Aufgaben gibt es u. a. in Wewel (2011) oder Schwarze (2013).

6.1 Übungsaufgaben

6.1.1 Aufgaben

1. Zur Analyse der wirtschaftlichen Entwicklung soll die Anzahl der Firmeninsolvenzen in den einzelnen Landeshauptstädten in einem vorgegebenen Zeitraum (z. B. ein Jahr) bestimmt werden. Geben Sie bitte das Merkmal, die Merkmalsträger, mögliche Merkmalsausprägungen und das Skalenniveau dieser Untersuchung an.

2. Welche der folgenden Aussagen über den arithmetischen Mittelwert sind richtig (Mehrfachantworten möglich):

   (a) Der arithmetische Mittelwert kann ab einem ordinalen Skalenniveau bestimmt werden.

   (b) Bei bekannter Merkmalssumme und bekannter Anzahl der Beobachtungen lässt sich der arithmetische Mittelwert als Quotient aus Merkmalssumme und Anzahl an Beobachtungen berechnen.

   (c) Der arithmetische Mittelwert ist stets größer als der Median.

   (d) Mit Hilfe des arithmetischen Mittelwerts können durchschnittliche Wachstumsraten berechnet werden.

   (e) Der arithmetische Mittelwert ist stets kleiner als die größte Merkmalsausprägung (oder gleich hoch) und größer als die kleinste Merkmalsausprägung (oder gleich hoch).

   (f) Der arithmetische Mittelwert kann durch einzelne extrem große Werte verzerrt werden.

3. Die Personalabteilung eines Betriebes analysiert die Krankmeldungen je Wochentag:

Tag	Mo	Di	Mi	Do	Fr
Anzahl Krankmeldungen	40	20	10	10	20

195

Bestimmen Sie

(a) den Modus

(b) den Median

(c) den arithmetischen Mittelwert

der Beobachtungen.

4. Im Rahmen einer Kreditratingstudie wurde die Kreditwürdigkeit von 100 Unternehmen eingeschätzt. Dabei ergab sich folgende Ratingverteilung (1: sehr hohe Ausfallwahrscheinlichkeit bis 5: sehr geringe Ausfallwahrscheinlichkeit)

Rating	1	2	3	4	5
Häufigkeit	1	9	10	20	60

(a) Bestimmen Sie den Median.

(b) Bestimmen Sie die Spannweite.

(c) Warum ist es nicht sinnvoll bei diesen Daten die Standardabweichung zu berechnen?

5. Beschreiben Sie in Ihren eigenen Worten (keine Formel) eine Kennzahl zur Beschreibung der Streuung von Daten und benennen Sie ein Anwendungsgebiet.

6. Welche der folgenden Aussagen über den Gini-Koeffizienten sind richtig (Mehrfachantworten möglich):

(a) Je höher der Gini-Koeffizient, desto größer ist die Konzentration.

(b) Je kleiner der Gini-Koeffizient, desto größer ist die Konzentration.

(c) Der Gini-Koeffizient kann alle Werte zwischen 0 und 100 annehmen.

(d) Der Gini-Koeffizient lässt sich mit Hilfe der Lorenzkurve und der Kurve unter Gleichheit bestimmen.

7. Ein Speditionsunternehmen wechselt den Fuhrpark: Es verwendet zunehmend Fahrzeuge die Super tanken, dabei aber denselben Verbrauch haben wie Dieselfahrzeuge. Zwischen den Jahren 2009 und 2012 hat sich die Fahrzeugflotte des Unternehmens wie folgt entwickelt:

■ Diesel: 2009 10 Fahrzeuge, 2012 8 Fahrzeuge

■ Super: 2009 5 Fahrzeuge, 2012 8 Fahrzeuge.

Der Preis, den der Unternehmer für Diesel und Super zahlen muss, hat sich auch verändert:

■ Diesel: 2009: 1,20 Euro, 2012: 1,25 Euro

■ Super: 2009: 1,30 Euro, 2012: 1,25 Euro.

Das Controlling möchte wissen, wie sich die Preise für Diesel und Super für das Unternehmen entwickelt haben. Berechnen Sie dazu:

(a) den Umsatzindex.

(b) den Preisindex nach Laspeyres.

8. Sei A die Menge aller Kunden, die die DVD *Stirb langsam* gekauft haben:

$$A = \{\text{Arnold, Steven, Demi, Daniel, Karsten}\}$$

Sei B die Menge aller Kunden, die die DVD *Dirty Dancing* gekauft haben:

$$B = \{\text{Patrick, Demi, Karsten}\}$$

Insgesamt hat der exklusive DVD-Shop 10 Kunden.

(a) Berechnen Sie die gemeinsame Wahrscheinlichkeit von *Kauf Dirty Dancing* und *Kauf Stirb langsam*.

(b) Berechnen Sie die bedingte Wahrscheinlichkeit von *Kauf Dirty Dancing* gegeben *Kauf Stirb langsam*.

(c) Würden Sie die DVD *Dirty Dancing* Kunden, die die DVD *Stirb langsam* gekauft haben, empfehlen? Begründen Sie Ihre Meinung.

9. Die Ergebnisse einer Statistikklausur seien normalverteilt mit Erwartungswert 40 und einer Standardabweichung von 10. An der Klausur nehmen 80 Studierende teil.

(a) Wie viel Prozent der Studierenden erreichen zwischen 40 und 60 Punkte?

(b) Die Klausur gilt ab 30 Punkten als bestanden. Wie viele Studierende werden die Klausur voraussichtlich bestehen?

(c) Ab wie vielen Punkten gehört man zu den besten 10 Prozent der Klausur?

10. Ein Unternehmen befragt 100 Kunden nach deren Alter, dabei ergibt sich ein Stichprobenmittelwert von 33 und eine Stichprobenvarianz von 49. Das Marketing möchte mit Hilfe dieser Untersuchung zeigen, dass das wahre Durchschnittsalter der Kunden unter 35 liegt.

(a) Formulieren Sie die Nullhypothese H_0 sowie die Alternative.

(b) Können Sie die Nullhypothese zum Niveau 10% verwerfen? Was sagt das Testergebnis aus?

(c) Berechnen Sie das 95% Konfidenzintervall für den Erwartungswert.

11. Eine GmbH teilt ihre Kunden in gute und schlechte Kunden ein, außerdem erhebt sie das Alter der Kunden. Dabei ergibt sich die Tabelle:

		Kundenwert	
		Gut	Schlecht
Alter	Jung	10	15
	Alt	30	10

(a) Wie groß ist die relative Häufigkeit der guten Kunden unter den älteren Kunden?

(b) Berechnen Sie den Wert des Pearsonschen Chi-Quadrats.

(c) Beurteilen Sie die Stärke des Zusammenhangs und begründen Sie Ihre Meinung.

12. Zur Erstellung eines Portfolios wurden die wöchentlichen Renditen (in %) von zwei Anlagen erhoben:

Woche	Rendite A	Rendite B
1	5	5
2	−5	5
3	10	−10
4	15	−10
5	25	−5

(a) Berechnen Sie den Korrelationskoeffizienten.

(b) Wie würden Sie den Zusammenhang der beiden Renditen einschätzen?

13. Was ist der Wertebereich des Rangkorrelationskoeffizienten von Spearman und wie können die Werte interpretiert werden?

14. Innerhalb von 6 Wochen haben sich die Renditen (in %) des Marktes und einer Aktie wie folgt entwickelt:

KW	Rendite Markt	Rendite Aktie
1	2	5
2	2	3
3	−2	−3
4	4	6
5	7	7
6	3	6

(a) Berechnen Sie die Regressionsgleichung der wöchentlichen Rendite der Aktie auf die Rendite des Marktes.

(b) Prognostizieren Sie die wöchentliche Rendite der Aktie, wenn die Marktprognose bei +5% liegt.

15. Die Umsätze eines Unternehmens haben sich in den Jahren 2010 bis 2013 wie folgt entwickelt:

Halbjahr	1. HJ 2010	2. HJ 2010	1. HJ 2011	2. HJ 2011	1. HJ 2012	2. HJ 2012	1. HJ 2013	2. HJ 2013
Umsatz in 1.000.000	31	29	16	23	21	20	18	18

(a) Berechnen Sie den linearen Trend der Umsatzentwicklung.

(b) Welche Umsatzzahlen erwarten Sie für das Gesamtjahr 2014?

6.1.2   Lösungen

1. Das Merkmal ist die *Anzahl der Firmeninsolvenzen*, die Merkmalsträger sind *München, Düsseldorf, Dresden* usw. Mögliche Merkmalsausprägungen sind z. B. 196 oder 322, da es sich um ein metrisches, diskretes Skalenniveau handelt.

2. Die Aussagen (b), (e) und (f) sind richtig. Die Aussage (a) ist falsch, weil der arithmetische Mittelwert erst ab dem metrischen Skalenniveau bestimmt werden kann. Die Aussage (c) ist falsch, weil der Median größer, kleiner oder gleich dem arithmetischen Mittelwert sein kann, und die Aussage (d) ist falsch, weil zur Berechnung durchschnittlicher Wachstumsraten der geometrische Mittelwert verwendet wird.

3. Das Merkmal *Krankmeldungen* ist metrisch skaliert, daher können alle Kennzahlen berechnet werden.

   (a) Der Modus ist die Merkmalsausprägung, die am häufigsten auftritt, hier sind es sogar zwei, die jeweils zweimal auftreten: $x_{\mathrm{mod}} = \{10, 20\}$.

   (b) Der Median liegt in der geordneten Rangliste in der Mitte, d. h., die Daten werden aufsteigend sortiert:

$x_{(1)}$	$x_{(2)}$	$x_{(3)}$	$x_{(4)}$	$x_{(5)}$
10	10	20	20	40

   $x_{0,5}$ liegt bei $x_{(3)}$.

   Mit $n = 5$ und damit ungerade, folgt:

   $$x_{0,5} = x_{\left(\frac{n+1}{2}\right)} = x_{\left(\frac{5+1}{2}\right)} = x_{(3)} = 20.$$

   (c) Der arithmetische Mittelwert ist die Summe aller Merkmalsausprägungen geteilt durch die Anzahl der Beobachtungen:

   $$\bar{x} = \frac{40 + 20 + 10 + 10 + 20}{5} = \frac{100}{5} = 20.$$

4. Die in der Aufgabe angegebene Tabelle ist die Häufigkeitstabelle eines ordinalen Merkmals.

   (a) Bei $n = 100$ Beobachtungen ist der Median der Mittelwert des 50. und 51. Wertes (in der sortierten Liste). Daher gilt:

   $$x_{0,5} = \frac{1}{2}\left(x_{(50)} + x_{(51)}\right) = \frac{1}{2}(5 + 5) = 5.$$

   (b) Die Spannweite ist die Differenz zwischen dem größten und kleinsten Wert der Daten:

   $$\text{Spannweite} = x_{\max} - x_{\min} = 5 - 1 = 4.$$

   (c) Auch wenn die Zahlen 1, 2, 3, 4 und 5 ein metrisches Skalenniveau andeuten, sind die Daten nur ordinal skaliert – es ist ja eine Einschätzung der Ausfallwahrscheinlichkeit. Daher ist ohne weiteres noch nicht einmal die Berechnung des arithmetischen Mittelwertes sinnvoll und damit auch nicht der Varianz und der Standardabweichung.

5. Für diese Frage gibt es viele richtige Antworten, zum Beispiel: Die Varianz ist die durchschnittliche quadratische Abweichung der Beobachtungen von ihrem arithmetischen Mittelwert. Sie wird unter anderem im Rahmen von Six-Sigma zur Qualitätsverbesserung analysiert.

6. Der Gini-Koeffizient ist ein Maß zur Bestimmung der Konzentration und steigt mit steigender Ungleichheit. Daher ist (a) richtig und (b) falsch. Da der Koeffizient nur Werte zwischen 0 und 1 annehmen kann, ist (c) falsch. Die Aussage (d) ist richtig, da der Gini-Koeffizient für gruppierte Daten so (anschaulich) beschrieben werden kann.

7. Bei dieser Aufgabe ist es hilfreich zuerst die Daten wie folgt tabellarisch aufzuarbeiten:

Menge	Diesel	Super
2009	$q_{01} = 10$	$q_{02} = 5$
2012	$q_{t1} = 8$	$q_{t2} = 8$

Preis	Diesel	Super
2009	$p_{01} = 1{,}20$	$p_{02} = 1{,}30$
2012	$p_{t1} = 1{,}25$	$p_{t2} = 1{,}25$

(a) Für den Umsatzindex gilt:

$$
\begin{aligned}
U_{0t} &= \frac{\sum_{i=1}^{2} q_{ti} p_{ti}}{\sum_{i=1}^{2} q_{0i} p_{0i}} = \frac{q_{t1} p_{t1} + q_{t2} p_{t2}}{q_{01} p_{01} + q_{02} p_{02}} \\
&= \frac{8 \cdot 1{,}25 + 8 \cdot 1{,}25}{10 \cdot 1{,}20 + 5 \cdot 1{,}30} = \frac{20}{18{,}5} = 1{,}0811.
\end{aligned}
$$

Insgesamt haben sich also die Ausgaben für Diesel und Super um 8,11% erhöht.

(b) Für den Preisindex nach Laspeyres gilt:

$$
\begin{aligned}
P_{0t}^{L} &= \frac{\sum_{i=1}^{2} q_{0i} p_{ti}}{\sum_{i=1}^{2} q_{0i} p_{0i}} = \frac{q_{01} p_{t1} + q_{02} p_{t2}}{q_{01} p_{01} + q_{02} p_{02}} \\
&= \frac{10 \cdot 1{,}25 + 5 \cdot 1{,}25}{10 \cdot 1{,}20 + 5 \cdot 1{,}30} = \frac{18{,}75}{18{,}50} = 1{,}0135.
\end{aligned}
$$

Bereinigt um die veränderte Fahrzeugflotte haben sich die Preise um 1,35% erhöht.

8. Diese Aufgabe behandelt die Wahrscheinlichkeitsaussagen, die im Rahmen einer Verbundkaufanalyse behandelt werden.

(a) Von den 10 Kunden haben insgesamt 2 beide DVDs gekauft, Demi und Karsten, daher ist die Wahrscheinlichkeit:

$$
P(\text{Kunde kauft } \textit{Stirb langsam} \text{ und } \textit{Dirty Dancing}) = \frac{2}{10} = 0{,}2.
$$

(b) Von den 5 Kunden der DVD *Stirb langsam* haben 2 (siehe Teil (a)) auch die DVD *Dirty Dancing* gekauft, also gilt:

$$P(\text{Kunde kauft } Dirty\ Dancing | \text{Kunde kauft } Stirb\ langsam) = \frac{2}{5} = 0{,}4.$$

(c) Ja, da relativ gesehen doppelt so viele Kunden von *Stirb Langsam* auch *Dirty Dancing* gekauft haben als normal.

9. Zum Lösen dieser Aufgabe müssen die Daten mit Mittelwert $\mu = 40$ und $\sigma = 10$ in eine Standardnormalverteilung überführt werden.

(a) Gesucht ist $P(40 < \text{Punkte} \leq 60)$, also:

$$
\begin{aligned}
P(40 < \text{Punkte} \leq 60) &= F(60) - F(40) = \Phi\left(\frac{60 - \mu}{\sigma}\right) - \Phi\left(\frac{40 - \mu}{\sigma}\right) \\
&= \Phi\left(\frac{60 - 40}{10}\right) - \Phi\left(\frac{40 - 40}{10}\right) = \Phi(2) - \Phi(0) \\
&= 0{,}97724 - 0{,}5 = 0{,}47724.
\end{aligned}
$$

Insgesamt wird also fast die Hälfte aller Studierenden (47,72%) in dem Bereich von 40 bis 60 Punkten liegen.

(b) Zunächst einmal wird die Wahrscheinlichkeit des Bestehens berechnet, also $P(\text{Punkte} > 30)$:

$$
\begin{aligned}
P(\text{Punkte} > 30) &= 1 - P(\text{Punkte} \leq 30) = 1 - F(30) \\
&= 1 - \Phi\left(\frac{30 - 40}{10}\right) = 1 - \Phi(-1) \\
&= 1 - (1 - \Phi(1)) = \Phi(1) = 0{,}8413.
\end{aligned}
$$

Da die Wahrscheinlichkeit die Klausur zu bestehen bei 84,13% liegt, werden voraussichtlich von den 80 Studierenden $80 \cdot 0{,}8413 = 67{,}304$ Studierende die Klausur bestehen.

(c) Die Aussage, zu den 10 Prozent Besten zu gehören, bedeutet, dass 90 Prozent schlechter sind, also wird der Wert des p-Quantils mit $p = 0{,}9$ gesucht. Dieser liegt bei:

$$x_{0,9} = \mu + \sigma \cdot z_{0,9} = 40 + 10 \cdot 1{,}2816 = 52{,}816.$$

Es reichen also bei dieser (fiktiven) Klausur 53 Punkte aus, um zu den 10 Prozent Besten zu gehören.

10. Hier geht es um einen Test für den Parameter μ.

(a) Gezeigt werden soll, dass das wahre Durchschnittsalter μ kleiner als $35 (= \mu_0)$ ist. Deshalb wird die Hypthese aufgestellt, dass das Alter größer oder gleich 35 ist, damit dieses dann gegebenenfalls falsifiziert werden kann:

$$H_0 : \mu \geq 35 \quad vs. \quad H_A : \mu < 35.$$

(b) Um die Hypothese aus (a) zu überprüfen, wird im ersten Schritt der Wert der Teststatistik T begerechnet:

$$
\begin{aligned}
T &= \frac{\bar{x} - \mu_0}{\frac{S}{\sqrt{n}}} \\
&= \frac{33 - 35}{\frac{\sqrt{49}}{\sqrt{100}}} \\
&= \frac{-2}{0,7} = -2,857.
\end{aligned}
$$

Mit $-z_{1-\alpha} = -z_{0,9} = -1,2816$ folgt wegen

$$
-2,857 = T < -z_{1-\alpha} = -1,2816,
$$

dass die Nullhypothese verworfen werden kann. Insgesamt konnte somit gezeigt werden, dass das wahre Durchschnittsalter aller Kunden, mit einer Irrtumswahrscheinlichkeit von weniger als 10%, unter 35 Jahre liegt.

(c) Die Formel für ein (zweiseitiges) Konfidenzintervall lautet:

$$
P\left(\bar{x} - z_{1-\frac{\alpha}{2}} \cdot \sqrt{\frac{\sigma^2}{n}} \leq \mu \leq \bar{x} + z_{1-\frac{\alpha}{2}} \cdot \sqrt{\frac{\sigma^2}{n}} \right) = 1 - \alpha.
$$

Hier ist $1 - \alpha = 0,95 \Leftrightarrow \alpha = 0,05$, und die Varianz wird mit $\hat{\sigma}^2 = 49$ geschätzt. Eingesetzt ergibt sich:

$$
\begin{aligned}
P(33 - z_{1-\frac{0,05}{2}} \sqrt{\frac{49}{100}} &\leq \mu \leq 33 + z_{1-\frac{0,05}{2}} \sqrt{\frac{49}{100}}) = 1 - 0,05 \\
P(33 - 1,96 \cdot 0,7 &\leq \mu \leq 33 + 1,96 \cdot 0,7) = 0,95 \\
P(31,63 &\leq \mu \leq 34,37) = 0,95.
\end{aligned}
$$

Mit einer Wahrscheinlichkeit von 95% liegt der Erwartungswert μ für das Alter der Kunden im Intervall 31,63 bis 34,37.

11. Im ersten Schritt werden die Randhäufigkeiten $h_{i \cdot}$ und $h_{\cdot j}$ berechnet, also

Kundenwert

Alter		Gut	Schlecht	Summe
	Jung	10	15	25
	Alt	30	10	40
	Summe	40	25	65

(a) Insgesamt gibt es somit 40 gute Kunden, von denen 30 älter sind. Deshalb liegt die relative Häufigkeit bei $\frac{30}{40} = 0,75$.

(b) Um das Pearsonsche Chi-Quadrat zu berechnen, werden die unter Unabhängigkeit erwarteten Häufigkeiten benötigt:

$$e_{11} = \frac{h_{1.}h_{.1}}{n} = \frac{25 \cdot 40}{65} = 15{,}385$$

$$e_{21} = \frac{h_{2.}h_{.1}}{n} = \frac{40 \cdot 40}{65} = 24{,}615$$

$$e_{12} = \frac{h_{1.}h_{.2}}{n} = \frac{25 \cdot 25}{65} = 9{,}615$$

$$e_{22} = \frac{h_{2.}h_{.2}}{n} = \frac{40 \cdot 25}{65} = 15{,}385.$$

Diese Zahlen werden jetzt mit den beobachteten Häufigkeiten verglichen:

$$
\begin{aligned}
\chi^2 &= \sum_{i=1}^{2}\sum_{j=1}^{2} \frac{(h_{ij} - e_{ij})^2}{e_{ij}} = \frac{(h_{11} - e_{11})^2}{e_{11}} + \frac{(h_{21} - e_{21})^2}{e_{21}} + \frac{(h_{12} - e_{12})^2}{e_{12}} + \frac{(h_{22} - e_{22})^2}{e_{22}} \\
&= \frac{(10 - 15{,}385)^2}{15{,}385} + \frac{(30 - 24{,}615)^2}{24{,}615} + \frac{(15 - 9{,}615)^2}{9{,}615} + \frac{(10 - 15{,}385)^2}{15{,}385} \\
&= \frac{28{,}998}{15{,}385} + \frac{28{,}998}{24{,}615} + \frac{28{,}998}{9{,}615} + \frac{28{,}998}{15{,}385} \\
&= 1{,}885 + 1{,}178 + 3{,}016 + 1{,}885 \\
&= 7{,}964.
\end{aligned}
$$

Damit liegt der Wert des Pearsonschen Chi-Quadrat bei 7,964.

(c) Um den Zusammenhang einordnen zu können, wird der Kontingenzkoeffizient C berechnet:

$$C = \sqrt{\frac{\chi^2}{n + \chi^2}} = \sqrt{\frac{7{,}964}{65 + 7{,}964}} = \sqrt{0{,}109} = 0{,}33.$$

Da $C > 0{,}2$ und $C < 0{,}6$ ist, liegt ein mittlerer Zusammenhang zwischen Alter und Kundenwert vor, dabei sind mehr ältere Kunden gut als erwartet.

12. Da beide Merkmale metrisch skaliert sind, kann hier der Korrelationskoeffizient berechnet werden.

(a) In der folgenden Hilfstabelle ergibt sich:

Woche i	Rendite A: x_i	Rendite B: y_i	$x_i - \bar{x}$	$y_i - \bar{y}$	$(x_i - \bar{x})^2$	$(y_i - \bar{y})^2$	$(x_i - \bar{x})(y_i - \bar{y})$
1	5	5	-5	8	25	64	-40
2	-5	5	-15	8	225	64	-120
3	10	-10	0	-7	0	49	0
4	15	-10	5	-7	25	49	-35
5	25	-5	15	-2	225	4	-30
Summe	50	-15	0	0	500	230	-225
Mittelwert	10	-3	0	0	100	46	-45

Und damit:

$$
\begin{aligned}
r_{xy} &= \frac{\frac{1}{n}\sum_{i=1}^{n}(x_i - \bar{x})(y_i - \bar{y})}{\sqrt{\frac{1}{n}\sum_{i=1}^{n}(x_i - \bar{x})^2}\sqrt{\frac{1}{n}\sum_{i=1}^{n}(y_i - \bar{y})^2}} = \frac{s_{xy}}{s_x s_y} \\
&= \frac{-45}{\sqrt{100}\cdot\sqrt{46}} \\
&= -0{,}66.
\end{aligned}
$$

Der Wert des Korrelationskoeffizienten beträgt demnach $-0{,}66$.

(b) Da der Betrag des Korrelationskoeffizienten zwischen 0,5 und 0,7 liegt, haben wir es hier mit einer mittleren negativen Korrelation zu tun.

13. Da der Rangkorrelationskoeffizient nach Spearman völlig analog zum Korrelationskoeffizienten nach Bravais-Pearson definiert ist, hat dieser auch den Wertebereich -1 bis $+1$.

Die Interpretation erfolgt ebenfalls analog, wobei die Werte ordinal skaliert sind. Das bedeutet, bei einem negativen Rangkorrelationskoeffizienten gehen bessere (höhere) Werte des einen Merkmals eher mit schlechteren (niedrigeren) Werten des anderen Merkmals einher. Bei einem positiven Koeffizienten treten bessere Werte des einen Merkmals gehäuft mit besseren Werten des anderen auf. Der Rangkorrelationskoeffizient ist robuster gegenüber Ausreißern als der Korrelationskoeffizient nach Bravais-Pearson und misst die Stärke des monotonen Zusammenhangs, nicht nur des linearen Zusammenhangs.

14. Das unterstellte lineare Modell lautet $y = a + b\cdot x + e$ mit x der Rendite des Marktes und y der Rendite der Aktie.

(a) Zunächst müssen die Kovarianz sowie die Varianz von x bestimmt werden. Dazu wird die folgende Hilfstabelle herangezogen, wobei zuerst die Mittelwerte von x und y berechnet werden:

KW i	Rendite Markt x_i	Rendite Aktie y_i	$x_i - \bar{x}$	$y_i - \bar{y}$	$(x_i - \bar{x})^2$	$(x_i - \bar{x})(y_i - \bar{y})$
1	2	5	1	1	1	1
2	2	3	-1	-1	1	1
3	-2	-3	-5	-7	35	35
4	4	6	1	2	1	2
5	7	7	4	3	16	12
6	3	6	0	2	0	0
Summe	16	24	0	0	44	51
Mittelwert	3	4	0	0	7,33	8,5

Damit ergibt sich:

$$
\begin{aligned}
\bar{x} &= 3 \\
\bar{y} &= 4 \\
s_{xy} &= 8{,}5 \\
s_x^2 &= 7{,}33.
\end{aligned}
$$

Daraus folgt:

$$\hat{b} = \frac{s_{xy}}{s_x^2} = \frac{8{,}5}{7{,}33} = 1{,}16$$

und

$$\hat{a} = \bar{y} - \hat{b}\bar{x} = 5 - 1{,}16 \cdot 3 = 0{,}52.$$

Die angepasste Regressionsgleichung lautet also:

$$y = 0{,}52 + 1{,}16 \cdot x.$$

(b) Die Prognose für $x_0 = 5$ lautet:

$$\hat{y}_0 = 0{,}52 + 1{,}16 \cdot 5 = 6{,}32.$$

Die Prognose der wöchentlichen Rendite der Aktie liegt also bei $+6{,}32\%$, wenn die Prognose der Marktrendite bei $+5\%$ liegt.

15. Hier ist die Modellierung einer linearen Zeitreihenzerlegung (ohne zyklische Komponente) mit $n = 8$ gefragt.

(a) Zur Berechnung von $g_t = a + b \cdot t$ wird wieder eine Hilfstabelle erstellt, wobei zuerst der Mittelwert von y berechnet wird:

Beobachtung	t	Absatz y_t	$y_t - \bar{y}$	$t(y_t - \bar{y})$
1. HJ 2010	1	31	9	9
2. HJ 2010	2	29	7	14
1. HJ 2011	3	16	-6	-18
2. HJ 2011	4	23	1	4
1. HJ 2012	5	21	-1	-5
2. HJ 2012	6	20	-2	-12
1. HJ 2013	7	18	-4	-28
2. HJ 2013	8	18	-4	-32
Summe	36	176	0	-68
Mittelwert	4,5	22	0	-8,5

Damit gilt:

$$\hat{b} = \frac{s_{tx}}{s_t^2} = \frac{\frac{1}{n}\sum_{t=1}^{n} t(y_t - \bar{y})}{\frac{n^2-1}{12}} = \frac{-8{,}5}{5{,}25} = -1{,}619$$

und weiter:

$$\hat{a} = \bar{y} - \frac{n+1}{2}\hat{b} = 22 - 4{,}5(-1{,}619) = 29{,}286.$$

Insgesamt folgt dann:

$$\hat{g}_t = 29{,}286 - 1{,}619 \cdot t.$$

(b) Hier muss die Prognose für die Zeitpunkte $t = 9$ und $t = 10$ (1. HJ 2014 und 2. HJ 2014) berechnet werden:

$$\hat{g}_9 = 29{,}286 - 1{,}619 \cdot 9 = 14{,}715$$
$$\hat{g}_{10} = 29{,}286 - 1{,}619 \cdot 10 = 13{,}096 \quad (= 14{,}715 - 1{,}619).$$

Damit liegt der (ceteris paribus) prognostizierte Umsatz 2014 bei $(14{,}715 + 13{,}096) \cdot 1.000.000 = 27.811.000$.

6.2   Probeklausur

6.2.1   Aufgaben

1. (2+4=6 Punkte)
   Ein Autohändler inseriert in 5 Zeitungen. Er möchte die Wirkung der Anzeigen analysieren und untersucht die Anzahl der potenziellen Kunden, die sich auf die verschiedenen Anzeigen melden:

Zeitung	1	2	3	4	5
Kunden	8	9	6	4	4

   (a) Geben Sie das Skalenniveau der Analyse an.

   (b) Berechnen Sie die Lagemaße der Anzahl Kunden pro Zeitung:
   - arithmetischer Mittelwert
   - Median.

2. (3+5+3=11 Punkte)
   Eine Untersuchung von Vorlesungsbesuchen ergab die folgende Häufigkeitsverteilung:

Anzahl Besuche	Anzahl Studierende
0	4
1	5
2	3
3	4
4	10
5	24

   (a) Berechnen Sie den arithmetischen Mittelwert für die Anzahl der Vorlesungsbesuche der Studierenden.

   (b) Berechnen Sie die Varianz für die Anzahl der Vorlesungsbesuche der Studierenden.

   (c) Bestimmen Sie den Wert der empirischen Verteilungsfunktion der Vorlesungsbesuche an der Stelle $x = 4$ und interpretieren Sie kurz Ihr Ergebnis.

3. (3+7+3+3=16 Punkte)

Ein Zwischenlieferant produziert Bauteile mit einer Normlänge von 30 cm. Wenn die Bauteile vom Normwert zu viel abweichen, verweigert der Abnehmer die Annahme der Bauteile. Bei einer Untersuchung von 100 Bauteilen wird ein Mittelwert in der Länge von 28,6 cm bei einer Standardabweichung der Stichprobe von 0,4 cm berechnet.

(a) Formulieren Sie das statistische Testproblem, d. h. H_0 und H_A.

(b) Testen Sie Ihre Hypothese aus (a) zum Niveau 5% und interpretieren Sie Ihr Ergebnis.

(c) Das Bauteil wird akzeptiert, wenn es eine Länge zwischen 28,8 cm und 30,2 cm hat. Wie groß ist die Wahrscheinlichkeit, dass ein Bauteil akzeptiert wird? Gehen Sie dabei wieder von der Normlänge $\mu = 30$ und $\sigma = 0,4$ aus.

(d) Wie lang sind dann die 1% längsten Bauteile?

4. (12+3+4=19 Punkte)

Zur Neukundengenerierung werden in 5 Regionen Promotionteams eingesetzt. Die Anzahl der Personen im Team variiert dabei.

Region	Anzahl Personen im Promotionteam	Neukunden (pro Stunde)
A	8	12
B	9	13
C	8	10
D	7	9
E	13	16

(a) Erstellen Sie die lineare Regressionsgleichung für die generierten Neukunden pro Stunde (y) auf die Anzahl Mitarbeiter im Team (x).

(b) Wie viele Neukunden pro Stunde würden Sie bei 11 Mitarbeitern im Team erwarten?

(c) Wie viele Mitarbeiter bräuchten Sie wahrscheinlich, damit Sie 20 Neukunden pro Stunde generieren?

5. (2+2+2+2=8 Punkte)

Welche der folgenden Aussagen sind richtig?

(a) Streuungsmaße

   i. Der (Inter-)Quartilsabstand kann erst ab metrischem Skalenniveau berechnet werden.

   ii. Die Standardabweichung ist stets kleiner als die Varianz.

   iii. Die Varianz misst den quadratischen Abstand der Beobachtungen zum Mittelwert.

(b) Indexzahlen

   i. Der Preisindex nach Paasche ist der arithmetische Mittelwert der Preise von heute dividiert durch den Mittelwert der Preise früher.

   ii. Der Preisindex nach Laspeyres wird bei der Korrektur des nominalen BIPs herangezogen.

iii. Der Umsatzindex vergleicht die Ausgaben von heute mit den Ausgaben von früher.

(c) Quantil Standardnormalverteilung

i. Die Wahrscheinlichkeit bei einer Standardnormalverteilung einen Wert kleiner oder gleich 1,6449 zu beobachten liegt bei 0,95.

ii. 95% der Werte der Standardnormalverteilung liegen zwischen −1,6449 und +1,6449.

iii. Der Wert der Dichtefunktion der Standardnormalverteilung an der Stelle 1,6449 ist 0,95.

(d) Korrelationsanalyse

i. Der Korrelationskoeffizient nimmt nur Werte zwischen 0 und 1 an.

ii. Eine hohe positive Korrelation zwischen x und y besagt, dass x sich positiv auf y auswirkt.

iii. Eine Korrelation von $r_{x,y} = -0.85$ besagt, dass niedrige Werte von y häufig mit hohen Werten von x auftreten.

6.2.2   Lösungen

1. (6 Punkte)

(a) Die Anzahl der (potenziellen) Kunden ist metrisch skaliert.

(b) Die Lagemaße der Anzahl Kunden pro Zeitung sind:

- Arithmetischer Mittelwert:

$$\bar{x} = \frac{1}{n} \sum_{i=1}^{n} x_i = \frac{1}{5}(8 + 9 + 6 + 4 + 4) = \frac{31}{5} = 6{,}2.$$

- Median: Der Median steht bei den nach Größe sortierten Zahlen in der Mitte:

$$4, 4, \underline{6}, 8, 9 \Rightarrow x_{0,5} = 6.$$

2. (11 Punkte)
Es gibt insgesamt $n = 50$ Studierende.

(a) Das zu untersuchende Merkmal ist die Anzahl der Vorlesungsbesuche. Die Häufigkeit der jeweiligen Merkmalsausprägung ist gegeben durch die Anzahl Studierender. Daher gilt:

$$\bar{x} = \frac{0 \cdot 4 + 1 \cdot 5 + 2 \cdot 3 + 3 \cdot 4 + 4 \cdot 10 + 5 \cdot 24}{50} = \frac{183}{50} = 3{,}66.$$

Die durchschnittliche Anzahl an Vorlesungsbesuchen liegt demnach bei 3,66.

(b) Für die Varianz aus einer Häufigkeitsverteilung gilt

$$
\begin{aligned}
s^2 &= \frac{1}{n} \sum_{j=1}^{K} (x_j - \bar{x})^2 h_j \\
&= \frac{1}{50} \Big((0 - 3{,}66)^2 \cdot 4 + (1 - 3{,}66)^2 \cdot 5 + (2 - 3{,}66)^2 \cdot 3 \\
&\quad + (3 - 3{,}66)^2 \cdot 4 + (4 - 3{,}66)^2 \cdot 10 + (5 - 3{,}66)^2 \cdot 24 \Big) \\
&= \frac{143{,}22}{50} \\
&= 2{,}864.
\end{aligned}
$$

Die Varianz der Anzahl an Vorlesungsbesuchen ist 2,864.

(c) Die empirische Verteilungsfunktion ist definiert als die Anzahl der Beobachtungen kleiner gleich x, geteilt durch die Gesamtzahl der Beobachtungen:

$$
F(4) = \frac{4 + 5 + 3 + 4 + 10}{50} = \frac{26}{50} = 0{,}52.
$$

Somit haben 52% der Studierenden 4 oder weniger Vorlesungstermine und 1-52%=48% alle Termine besucht.

3. (16 Punkte)

(a) In diesem Fall lautet die Nullhypothese, dass die Bauteile eine Länge von 30 cm haben (Normwert). Da keine Richtung vorgeben ist, liegt ein zweiseitiges Testproblem vor:

$$
H_0 : \mu = 30 \quad vs. \quad H_A : \mu \neq 30.
$$

(b) Hier müssen zunächst die Werte in die Teststatistik eingesetzt werden:

$$
T = \frac{28{,}6 - 30}{\frac{0{,}4}{\sqrt{100}}} = -\frac{0{,}4}{0{,}04} = -10.
$$

Für den zweiseitigen Test wird jetzt $|T|$ mit dem $0{,}975 = 1 - (0{,}05/2)$ Quantil der Normalverteilung verglichen:

$$
|T| = 10 > 1{,}9600 = z_{0{,}975}.
$$

Die Nullhypothese wird daher zum Niveau 5% verworfen. Die Wahrscheinlichkeit, wenn die Länge der Bauteile normalverteilt ist und der wahre Erwartungswert 30 cm wäre, diese Daten zu bekommen, liegt also unter 5%.

(c) Nach den Rechenregeln für Verteilungen unter einer Normalverteilung gilt:

$$
\begin{aligned}
P(28{,}8 \leq X \leq 30{,}2) &= F(30{,}2) - F(28{,}8) \\
&= \Phi\left(\frac{30{,}2 - 30}{0{,}4}\right) - \Phi\left(\frac{28{,}8 - 30}{0{,}4}\right) \\
&= \Phi(0{,}5) - \Phi(-0{,}5) \\
&= \Phi(0{,}5) - (1 - \Phi(-0{,}5)) \\
&= 2 \cdot \Phi(0{,}5) - 1 = 2 \cdot 0.6915 - 1 = 0{,}383.
\end{aligned}
$$

Es werden also 38,3% der Bauteile akzeptiert.

(d) Das $100 - 1 = 99\%$-Quantil der Standardnormalverteilung lautet $z_{0,99} = 2{,}3263$ und damit gilt:

$$x_{0,99} = 30 + 2{,}3263 \cdot 0{,}4 = 30{,}93.$$

Die 1% längsten Bauteile sind damit mindestens 30,93 cm lang.

4. (19 Punkte) Zunächst berechnen wir die folgende Hilfstabelle:

i	x_i	y_i	$x_i - \bar{x}$	$y_i - \bar{y}$	$(x_i - \bar{x})^2$	$(x_i - \bar{x})(y_i - \bar{y})$
1	8	12	-1	0	1	0
2	9	13	0	1	0	0
3	8	10	-1	-2	1	2
4	7	9	-2	-3	4	6
5	13	16	4	4	16	16
Summe	45	60	0	0	22	24
Mittelwert	$\bar{x} = 9$	$\bar{y} = 12$	0	0	$s_x^2 = 4{,}4$	$s_{xy} = 4{,}8$

(a) Für die Steigung der Regressionsgeraden gilt:

$$\hat{b} = \frac{s_{xy}}{s_x^2} = \frac{4{,}8}{4{,}4} = 1{,}09.$$

Für den Achsenabschnitt gilt:

$$\hat{a} = \bar{y} - \hat{b} \cdot \bar{x} = 12 - 1{,}09 \cdot 9 = 2{,}19.$$

Insgesamt lautet die Regressionsgleichung also:

$$\hat{y} = \hat{a} + \hat{b} \cdot x = 2{,}19 + 1{,}09 \cdot x.$$

(b) Die Prognose für $x_0 = 11$ lautet:

$$\hat{y}_0 = \hat{a} + \hat{b} \cdot x_0 = 2{,}19 + 1{,}09 \cdot 11 = 14{,}18.$$

Die Prognose (Erwartung) für die generierten Neukunden pro Stunde bei 11 Mitarbeitern liegt somit bei 14,18.

(c) Es muss gelten:

$$20 = 2{,}19 + 1{,}09 \cdot x \Leftrightarrow x = \frac{20 - 2{,}19}{1{,}09} = 16{,}339.$$

Sie bräuchten also vermutlich (aufgerundet) 17 Mitarbeiter im Team um 20 Neukunden pro Stunde zu generieren.

5. (8 Punkte)
Richtig sind:

(a) Streuungsmaße

   iii. Die Varianz misst den quadratischen Abstand der Beobachtungen zum Mittelwert.

(b) Indexzahlen

    iii. Der Umsatzindex vergleicht die Ausgaben von heute mit den Ausgaben von früher.

(c) Quantil Standardnormalverteilung

    i. Die Wahrscheinlichkeit bei einer Standardnormalverteilung einen Wert kleiner oder gleich 1,6449 zu beobachten liegt bei 0,95.

(d) Korrelationsanalyse

    iii. Eine Korrelation von $r_{x,y} = -0.85$ besagt, dass niedrige Werte von y häufig mit hohen Werten von x auftreten.

Tabellenanhang

Tabelle T.1 Werte der Verteilungsfunktion der Standardnormalverteilung

z	0	1	2	3	4	5	6	7	8	9
0,00	0,5000	0,5040	0,5080	0,5120	0,5160	0,5199	0,5239	0,5279	0,5319	0,5359
0,10	0,5398	0,5438	0,5478	0,5517	0,5557	0,5596	0,5636	0,5675	0,5714	0,5753
0,20	0,5793	0,5832	0,5871	0,5910	0,5948	0,5987	0,6026	0,6064	0,6103	0,6141
0,30	0,6179	0,6217	0,6255	0,6293	0,6331	0,6368	0,6406	0,6443	0,6480	0,6517
0,40	0,6554	0,6591	0,6628	0,6664	0,6700	0,6736	0,6772	0,6808	0,6844	0,6879
0,50	0,6915	0,6950	0,6985	0,7019	0,7054	0,7088	0,7123	0,7157	0,7190	0,7224
0,60	0,7257	0,7291	0,7324	0,7357	0,7389	0,7422	0,7454	0,7486	0,7517	0,7549
0,70	0,7580	0,7611	0,7642	0,7673	0,7704	0,7734	0,7764	0,7794	0,7823	0,7852
0,80	0,7881	0,7910	0,7939	0,7967	0,7995	0,8023	0,8051	0,8078	0,8106	0,8133
0,90	0,8159	0,8186	0,8212	0,8238	0,8264	0,8289	0,8315	0,8340	0,8365	0,8389
1,00	0,8413	0,8438	0,8461	0,8485	0,8508	0,8531	0,8554	0,8577	0,8599	0,8621
1,10	0,8643	0,8665	0,8686	0,8708	0,8729	0,8749	0,8770	0,8790	0,8810	0,8830
1,20	0,8849	0,8869	0,8888	0,8907	0,8925	0,8944	0,8962	0,8980	0,8997	0,9015
1,30	0,9032	0,9049	0,9066	0,9082	0,9099	0,9115	0,9131	0,9147	0,9162	0,9177
1,40	0,9192	0,9207	0,9222	0,9236	0,9251	0,9265	0,9279	0,9292	0,9306	0,9319
1,50	0,9332	0,9345	0,9357	0,9370	0,9382	0,9394	0,9406	0,9418	0,9429	0,9441
1,60	0,9452	0,9463	0,9474	0,9484	0,9495	0,9505	0,9515	0,9525	0,9535	0,9545
1,70	0,9554	0,9564	0,9573	0,9582	0,9591	0,9599	0,9608	0,9616	0,9625	0,9633
1,80	0,9641	0,9649	0,9656	0,9664	0,9671	0,9678	0,9686	0,9693	0,9699	0,9706
1,90	0,9713	0,9719	0,9726	0,9732	0,9738	0,9744	0,9750	0,9756	0,9761	0,9767
2,00	0,9772	0,9778	0,9783	0,9788	0,9793	0,9798	0,9803	0,9808	0,9812	0,9817
2,10	0,9821	0,9826	0,9830	0,9834	0,9838	0,9842	0,9846	0,9850	0,9854	0,9857
2,20	0,9861	0,9864	0,9868	0,9871	0,9875	0,9878	0,9881	0,9884	0,9887	0,9890
2,30	0,9893	0,9896	0,9898	0,9901	0,9904	0,9906	0,9909	0,9911	0,9913	0,9916
2,40	0,9918	0,9920	0,9922	0,9925	0,9927	0,9929	0,9931	0,9932	0,9934	0,9936
2,50	0,9938	0,9940	0,9941	0,9943	0,9945	0,9946	0,9948	0,9949	0,9951	0,9952
2,60	0,9953	0,9955	0,9956	0,9957	0,9959	0,9960	0,9961	0,9962	0,9963	0,9964
2,70	0,9965	0,9966	0,9967	0,9968	0,9969	0,9970	0,9971	0,9972	0,9973	0,9974
2,80	0,9974	0,9975	0,9976	0,9977	0,9977	0,9978	0,9979	0,9979	0,9980	0,9981
2,90	0,9981	0,9982	0,9982	0,9983	0,9984	0,9984	0,9985	0,9985	0,9986	0,9986
3,00	0,9987	0,9987	0,9987	0,9988	0,9988	0,9989	0,9989	0,9989	0,9990	0,9990

Tabelle T.2   Ausgewählte Quantile der Standardnormalverteilung

p	0,850	0,900	0,950	0,975	0,990	0,995	0,999
z_p	1,0364	1,2816	1,6449	1,9600	2,3263	2,5758	3,0902

Tabelle T.3   Werte der Dichtefunktion der Standardnormalverteilung

z	0	1	2	3	4	5	6	7	8	9
0,00	0,3989	0,3989	0,3989	0,3988	0,3986	0,3984	0,3982	0,3980	0,3977	0,3973
0,10	0,3970	0,3965	0,3961	0,3956	0,3951	0,3945	0,3939	0,3932	0,3925	0,3918
0,20	0,3910	0,3902	0,3894	0,3885	0,3876	0,3867	0,3857	0,3847	0,3836	0,3825
0,30	0,3814	0,3802	0,3790	0,3778	0,3765	0,3752	0,3739	0,3725	0,3712	0,3697
0,40	0,3683	0,3668	0,3653	0,3637	0,3621	0,3605	0,3589	0,3572	0,3555	0,3538
0,50	0,3521	0,3503	0,3485	0,3467	0,3448	0,3429	0,3410	0,3391	0,3372	0,3352
0,60	0,3332	0,3312	0,3292	0,3271	0,3251	0,3230	0,3209	0,3187	0,3166	0,3144
0,70	0,3123	0,3101	0,3079	0,3056	0,3034	0,3011	0,2989	0,2966	0,2943	0,2920
0,80	0,2897	0,2874	0,2850	0,2827	0,2803	0,2780	0,2756	0,2732	0,2709	0,2685
0,90	0,2661	0,2637	0,2613	0,2589	0,2565	0,2541	0,2516	0,2492	0,2468	0,2444
1,00	0,2420	0,2396	0,2371	0,2347	0,2323	0,2299	0,2275	0,2251	0,2227	0,2203
1,10	0,2179	0,2155	0,2131	0,2107	0,2083	0,2059	0,2036	0,2012	0,1989	0,1965
1,20	0,1942	0,1919	0,1895	0,1872	0,1849	0,1826	0,1804	0,1781	0,1758	0,1736
1,30	0,1714	0,1691	0,1669	0,1647	0,1626	0,1604	0,1582	0,1561	0,1539	0,1518
1,40	0,1497	0,1476	0,1456	0,1435	0,1415	0,1394	0,1374	0,1354	0,1334	0,1315
1,50	0,1295	0,1276	0,1257	0,1238	0,1219	0,1200	0,1182	0,1163	0,1145	0,1127
1,60	0,1109	0,1092	0,1074	0,1057	0,1040	0,1023	0,1006	0,0989	0,0973	0,0957
1,70	0,0940	0,0925	0,0909	0,0893	0,0878	0,0863	0,0848	0,0833	0,0818	0,0804
1,80	0,0790	0,0775	0,0761	0,0748	0,0734	0,0721	0,0707	0,0694	0,0681	0,0669
1,90	0,0656	0,0644	0,0632	0,0620	0,0608	0,0596	0,0584	0,0573	0,0562	0,0551
2,00	0,0540	0,0529	0,0519	0,0508	0,0498	0,0488	0,0478	0,0468	0,0459	0,0449
2,10	0,0440	0,0431	0,0422	0,0413	0,0404	0,0396	0,0387	0,0379	0,0371	0,0363
2,20	0,0355	0,0347	0,0339	0,0332	0,0325	0,0317	0,0310	0,0303	0,0297	0,0290
2,30	0,0283	0,0277	0,0270	0,0264	0,0258	0,0252	0,0246	0,0241	0,0235	0,0229
2,40	0,0224	0,0219	0,0213	0,0208	0,0203	0,0198	0,0194	0,0189	0,0184	0,0180
2,50	0,0175	0,0171	0,0167	0,0163	0,0158	0,0154	0,0151	0,0147	0,0143	0,0139
2,60	0,0136	0,0132	0,0129	0,0126	0,0122	0,0119	0,0116	0,0113	0,0110	0,0107
2,70	0,0104	0,0101	0,0099	0,0096	0,0093	0,0091	0,0088	0,0086	0,0084	0,0081
2,80	0,0079	0,0077	0,0075	0,0073	0,0071	0,0069	0,0067	0,0065	0,0063	0,0061
2,90	0,0060	0,0058	0,0056	0,0055	0,0053	0,0051	0,0050	0,0048	0,0047	0,0046
3,00	0,0044	0,0043	0,0042	0,0040	0,0039	0,0038	0,0037	0,0036	0,0035	0,0034

Tabelle T.4 α-Quantile der t-Verteilung in Abhängigkeit vom Freiheitsgrad

Freiheitsgrad	α							
	0,6	0,7	0,8	0,9	0,95	0,975	0,99	0,995
1	0,3249	0,7265	1,3764	3,0777	6,3138	12,7062	31,8205	63,6567
2	0,2887	0,6172	1,0607	1,8856	2,9200	4,3027	6,9646	9,9248
3	0,2767	0,5844	0,9785	1,6377	2,3534	3,1824	4,5407	5,8409
4	0,2707	0,5686	0,9410	1,5332	2,1318	2,7764	3,7469	4,6041
5	0,2672	0,5594	0,9195	1,4759	2,0150	2,5706	3,3649	4,0321
6	0,2648	0,5534	0,9057	1,4398	1,9432	2,4469	3,1427	3,7074
7	0,2632	0,5491	0,8960	1,4149	1,8946	2,3646	2,9980	3,4995
8	0,2619	0,5459	0,8889	1,3968	1,8595	2,3060	2,8965	3,3554
9	0,2610	0,5435	0,8834	1,3830	1,8331	2,2622	2,8214	3,2498
10	0,2602	0,5415	0,8791	1,3722	1,8125	2,2281	2,7638	3,1693
11	0,2596	0,5399	0,8755	1,3634	1,7959	2,2010	2,7181	3,1058
12	0,2590	0,5386	0,8726	1,3562	1,7823	2,1788	2,6810	3,0545
13	0,2586	0,5375	0,8702	1,3502	1,7709	2,1604	2,6503	3,0123
14	0,2582	0,5366	0,8681	1,3450	1,7613	2,1448	2,6245	2,9768
15	0,2579	0,5357	0,8662	1,3406	1,7531	2,1314	2,6025	2,9467
16	0,2576	0,5350	0,8647	1,3368	1,7459	2,1199	2,5835	2,9208
17	0,2573	0,5344	0,8633	1,3334	1,7396	2,1098	2,5669	2,8982
18	0,2571	0,5338	0,8620	1,3304	1,7341	2,1009	2,5524	2,8784
19	0,2569	0,5333	0,8610	1,3277	1,7291	2,0930	2,5395	2,8609
20	0,2567	0,5329	0,8600	1,3253	1,7247	2,0860	2,5280	2,8453
21	0,2566	0,5325	0,8591	1,3232	1,7207	2,0796	2,5176	2,8314
22	0,2564	0,5321	0,8583	1,3212	1,7171	2,0739	2,5083	2,8188
23	0,2563	0,5317	0,8575	1,3195	1,7139	2,0687	2,4999	2,8073
24	0,2562	0,5314	0,8569	1,3178	1,7109	2,0639	2,4922	2,7969
25	0,2561	0,5312	0,8562	1,3163	1,7081	2,0595	2,4851	2,7874
26	0,2560	0,5309	0,8557	1,3150	1,7056	2,0555	2,4786	2,7787
27	0,2559	0,5306	0,8551	1,3137	1,7033	2,0518	2,4727	2,7707
28	0,2558	0,5304	0,8546	1,3125	1,7011	2,0484	2,4671	2,7633
29	0,2557	0,5302	0,8542	1,3114	1,6991	2,0452	2,4620	2,7564
30	0,2556	0,5300	0,8538	1,3104	1,6973	2,0423	2,4573	2,7500
40	0,2550	0,5286	0,8507	1,3031	1,6839	2,0211	2,4233	2,7045
50	0,2547	0,5278	0,8489	1,2987	1,6759	2,0086	2,4033	2,6778

Tabelle T.5 α-Quantile der χ^2 – Verteilung in Abhängigkeit vom Freiheitsgrad (df)

df	0,01	0,025	0,05	0,1	0,5	α 0,6	0,7	0,8	0,9	0,95	0,975	0,99	0,995
1	0,0002	0,0010	0,0039	0,0158	0,4549	0,7083	1,0742	1,6424	2,7055	3,8415	5,0239	6,6349	7,8794
2	0,0201	0,0506	0,1026	0,2107	1,3863	1,8326	2,4079	3,2189	4,6052	5,9915	7,3778	9,2103	10,5966
3	0,1148	0,2158	0,3518	0,5844	2,3660	2,9462	3,6649	4,6416	6,2514	7,8147	9,3484	11,3449	12,8382
4	0,2971	0,4844	0,7107	1,0636	3,3567	4,0446	4,8784	5,9886	7,7794	9,4877	11,1433	13,2767	14,8603
5	0,5543	0,8312	1,1455	1,6103	4,3515	5,1319	6,0644	7,2893	9,2364	11,0705	12,8325	15,0863	16,7496
6	0,8721	1,2373	1,6354	2,2041	5,3481	6,2108	7,2311	8,5581	10,6446	12,5916	14,4494	16,8119	18,5476
7	1,2390	1,6899	2,1673	2,8331	6,3458	7,2832	8,3834	9,8032	12,0170	14,0671	16,0128	18,4753	20,2777
8	1,6465	2,1797	2,7326	3,4895	7,3441	8,3505	9,5245	11,0301	13,3616	15,5073	17,5345	20,0902	21,9550
9	2,0879	2,7004	3,3251	4,1682	8,3428	9,4136	10,6564	12,2421	14,6837	16,9190	19,0228	21,6660	23,5894
10	2,5582	3,2470	3,9403	4,8652	9,3418	10,4732	11,7807	13,4420	15,9872	18,3070	20,4832	23,2093	25,1882
11	3,0535	3,8157	4,5748	5,5778	10,3410	11,5298	12,8987	14,6314	17,2750	19,6751	21,9200	24,7250	26,7568
12	3,5706	4,4038	5,2260	6,3038	11,3403	12,5838	14,0111	15,8120	18,5493	21,0261	23,3367	26,2170	28,2995
13	4,1069	5,0088	5,8919	7,0415	12,3398	13,6356	15,1187	16,9848	19,8119	22,362	24,7356	27,6882	29,8195
14	4,6604	5,6287	6,5706	7,7895	13,3393	14,6853	16,2221	18,1508	21,0641	23,6848	26,1189	29,1412	31,3193
15	5,2293	6,2621	7,2609	8,5468	14,3389	15,7332	17,3217	19,3107	22,3071	24,9958	27,4884	30,5779	32,8013
16	5,8122	6,9077	7,9616	9,3122	15,3385	16,7795	18,4179	20,4651	23,5418	26,2962	28,8454	31,9999	34,2672
17	6,4078	7,5642	8,6718	10,0852	16,3382	17,8244	19,5110	21,6146	24,7690	27,5871	30,1910	33,4087	35,7185
18	7,0149	8,2307	9,3905	10,8649	17,3379	18,8679	20,6014	22,7595	25,9894	28,8693	31,5264	34,8053	37,1565
19	7,6327	8,9065	10,117	11,6509	18,3377	19,9102	21,6891	23,9004	27,2036	30,1435	32,8523	36,1909	38,5823
20	8,2604	9,5908	10,8508	12,4426	19,3374	20,9514	22,7745	25,0375	28,4120	31,4104	34,1696	37,5662	39,9968
21	8,8972	10,2829	11,5913	13,2396	20,3372	21,9915	23,8578	26,1711	29,6151	32,6706	35,4789	38,9322	41,4011
22	9,5425	10,9823	12,338	14,0415	21,3370	23,0307	24,9390	27,3015	30,8133	33,9244	36,7807	40,2894	42,7957
23	10,1957	11,6886	13,0905	14,848	22,3369	24,0689	26,0184	28,4288	32,0069	35,1725	38,0756	41,6384	44,1813
24	10,8564	12,4012	13,8484	15,6587	23,3367	25,1063	27,0960	29,5533	33,1962	36,4150	39,3641	42,9798	45,5585
25	11,524	13,1197	14,6114	16,4734	24,3366	26,1430	28,1719	30,6752	34,3816	37,6525	40,6465	44,3141	46,9279
26	12,1981	13,8439	15,3792	17,2919	25,3365	27,1789	29,2463	31,7946	35,5632	38,8851	41,9232	45,6417	48,2899
27	12,8785	14,5734	16,1514	18,1139	26,3363	28,2141	30,3193	32,9117	36,7412	40,1133	43,1945	46,9629	49,6449
28	13,5647	15,3079	16,9279	18,9392	27,3362	29,2486	31,3909	34,0266	37,9159	41,3371	44,4608	48,2782	50,9934
29	14,2565	16,0471	17,7084	19,7677	28,3361	30,2825	32,4612	35,1394	39,0875	42,5570	45,7223	49,5879	52,3356
30	14,9535	16,7908	18,4927	20,5992	29,3360	31,3159	33,5302	36,2502	40,2560	43,7730	46,9792	50,8922	53,6720
40	22,1643	24,433	26,5093	29,0505	39,3353	41,6222	44,1649	47,2685	51,8051	55,7585	59,3417	63,6907	66,7660
50	29,7067	32,3574	34,7643	37,6886	49,3349	51,8916	54,7228	58,1638	63,1671	67,5048	71,4202	76,1539	79,4900

Tabelle T.6   0,9-Quantile der F-Verteilung in Abhängigkeit der Freiheitsgrade (df) (Teil 1)

df 2	df 1 1	2	3	4	5	6	7	8	9
1	39,8635	49,5000	53,5932	55,833	57,2401	58,2044	58,906	59,439	59,8576
2	8,5263	9,0000	9,1618	9,2434	9,2926	9,3255	9,3491	9,3668	9,3805
3	5,5383	5,4624	5,3908	5,3426	5,3092	5,2847	5,2662	5,2517	5,2400
4	4,5448	4,3246	4,1909	4,1072	4,0506	4,0097	3,9790	3,9549	3,9357
5	4,0604	3,7797	3,6195	3,5202	3,4530	3,4045	3,3679	3,3393	3,3163
6	3,7759	3,4633	3,2888	3,1808	3,1075	3,0546	3,0145	2,9830	2,9577
7	3,5894	3,2574	3,0741	2,9605	2,8833	2,8274	2,7849	2,7516	2,7247
8	3,4579	3,1131	2,9238	2,8064	2,7264	2,6683	2,6241	2,5893	2,5612
9	3,3603	3,0065	2,8129	2,6927	2,6106	2,5509	2,5053	2,4694	2,4403
10	3,2850	2,9245	2,7277	2,6053	2,5216	2,4606	2,4140	2,3772	2,3473
11	3,2252	2,8595	2,6602	2,5362	2,4512	2,3891	2,3416	2,3040	2,2735
12	3,1765	2,8068	2,6055	2,4801	2,394	2,3310	2,2828	2,2446	2,2135
13	3,1362	2,7632	2,5603	2,4337	2,3467	2,2830	2,2341	2,1953	2,1638
14	3,1022	2,7265	2,5222	2,3947	2,3069	2,2426	2,1931	2,1539	2,1220
15	3,0732	2,6952	2,4898	2,3614	2,2730	2,2081	2,1582	2,1185	2,0862
16	3,0481	2,6682	2,4618	2,3327	2,2438	2,1783	2,1280	2,0880	2,0553
17	3,0262	2,6446	2,4374	2,3077	2,2183	2,1524	2,1017	2,0613	2,0284
18	3,0070	2,6239	2,4160	2,2858	2,1958	2,1296	2,0785	2,0379	2,0047
19	2,9899	2,6056	2,3970	2,2663	2,176	2,1094	2,0580	2,0171	1,9836
20	2,9747	2,5893	2,3801	2,2489	2,1582	2,0913	2,0397	1,9985	1,9649
21	2,9610	2,5746	2,3649	2,2333	2,1423	2,0751	2,0233	1,9819	1,9480
22	2,9486	2,5613	2,3512	2,2193	2,1279	2,0605	2,0084	1,9668	1,9327
23	2,9374	2,5493	2,3387	2,2065	2,1149	2,0472	1,9949	1,9531	1,9189
24	2,9271	2,5383	2,3274	2,1949	2,1030	2,0351	1,9826	1,9407	1,9063
25	2,9177	2,5283	2,3170	2,1842	2,0922	2,0241	1,9714	1,9292	1,8947
26	2,9091	2,5191	2,3075	2,1745	2,0822	2,0139	1,9610	1,9188	1,8841
27	2,9012	2,5106	2,2987	2,1655	2,0730	2,0045	1,9515	1,9091	1,8743
28	2,8938	2,5028	2,2906	2,1571	2,0645	1,9959	1,9427	1,9001	1,8652
29	2,8870	2,4955	2,2831	2,1494	2,0566	1,9878	1,9345	1,8918	1,8568
30	2,8807	2,4887	2,2761	2,1422	2,0492	1,9803	1,9269	1,8841	1,8490
35	2,8547	2,4609	2,2474	2,1128	2,0191	1,9496	1,8957	1,8524	1,8168
40	2,8354	2,4404	2,2261	2,0909	1,9968	1,9269	1,8725	1,8289	1,7929
45	2,8205	2,4245	2,2097	2,0742	1,9796	1,9094	1,8547	1,8107	1,7745
50	2,8087	2,4120	2,1967	2,0608	1,9660	1,8954	1,8405	1,7963	1,7598

Tabelle T.7   0,9-Quantile der F-Verteilung in Abhängigkeit der Freiheitsgrade (df) (Teil 2)

df 2 \ df 1	10	15	20	25	30	35	40	45	50
1	60,195	61,2203	61,7403	62,0545	62,265	62,4157	62,5291	62,6173	62,6881
2	9,3916	9,4247	9,4413	9,4513	9,4579	9,4627	9,4662	9,4690	9,4712
3	5,2304	5,2003	5,1845	5,1747	5,1681	5,1633	5,1597	5,1569	5,1546
4	3,9199	3,8704	3,8443	3,8283	3,8174	3,8096	3,8036	3,7990	3,7952
5	3,2974	3,2380	3,2067	3,1873	3,1741	3,1645	3,1573	3,1517	3,1471
6	2,9369	2,8712	2,8363	2,8147	2,8000	2,7893	2,7812	2,7748	2,7697
7	2,7025	2,6322	2,5947	2,5714	2,5555	2,5439	2,5351	2,5282	2,5226
8	2,5380	2,4642	2,4246	2,3999	2,3830	2,3707	2,3614	2,3540	2,3481
9	2,4163	2,3396	2,2983	2,2725	2,2547	2,2418	2,2320	2,2242	2,218
10	2,3226	2,2435	2,2007	2,1739	2,1554	2,1420	2,1317	2,1236	2,1171
11	2,2482	2,1671	2,1230	2,0953	2,0762	2,0623	2,0516	2,0432	2,0364
12	2,1878	2,1049	2,0597	2,0312	2,0115	1,9971	1,9861	1,9774	1,9704
13	2,1376	2,0532	2,0070	1,9778	1,9576	1,9428	1,9315	1,9225	1,9153
14	2,0954	2,0095	1,9625	1,9326	1,9119	1,8968	1,8852	1,8760	1,8686
15	2,0593	1,9722	1,9243	1,8939	1,8728	1,8573	1,8454	1,8360	1,8284
16	2,0281	1,9399	1,8913	1,8603	1,8388	1,8230	1,8108	1,8012	1,7934
17	2,0009	1,9117	1,8624	1,8309	1,809	1,7929	1,7805	1,7707	1,7628
18	1,9770	1,8868	1,8368	1,8049	1,7827	1,7663	1,7537	1,7437	1,7356
19	1,9557	1,8647	1,8142	1,7818	1,7592	1,7426	1,7298	1,7196	1,7114
20	1,9367	1,8449	1,7938	1,7611	1,7382	1,7213	1,7083	1,6980	1,6896
21	1,9197	1,8271	1,7756	1,7424	1,7193	1,7021	1,689	1,6785	1,6700
22	1,9043	1,8111	1,7590	1,7255	1,7021	1,6847	1,6714	1,6608	1,6521
23	1,8903	1,7964	1,7439	1,7101	1,6864	1,6689	1,6554	1,6446	1,6358
24	1,8775	1,7831	1,7302	1,6960	1,6721	1,6544	1,6407	1,6298	1,6209
25	1,8658	1,7708	1,7175	1,6831	1,6589	1,6410	1,6272	1,6161	1,6072
26	1,8550	1,7596	1,7059	1,6712	1,6468	1,6287	1,6147	1,6036	1,5945
27	1,8451	1,7492	1,6951	1,6602	1,6356	1,6173	1,6032	1,5919	1,5827
28	1,8359	1,7395	1,6852	1,6500	1,6252	1,6068	1,5925	1,5811	1,5718
29	1,8274	1,7306	1,6759	1,6405	1,6155	1,5969	1,5825	1,5710	1,5617
30	1,8195	1,7223	1,6673	1,6316	1,6065	1,5877	1,5732	1,5616	1,5522
35	1,7869	1,6880	1,6317	1,5950	1,5691	1,5497	1,5346	1,5226	1,5127
40	1,7627	1,6624	1,6052	1,5677	1,5411	1,5211	1,5056	1,4932	1,4830
45	1,7440	1,6426	1,5846	1,5464	1,5193	1,4989	1,4830	1,4702	1,4597
50	1,7291	1,6269	1,5681	1,5294	1,5018	1,4810	1,4648	1,4517	1,4409

Tabelle T.8 0,95-Quantile der F-Verteilung in Abhängigkeit der Freiheitsgrade (df) (Teil 1)

df2 \ df1	1	2	3	4	5	6	7	8	9
1	161,4476	199,5	215,7073	224,5832	230,1619	233,986	236,7684	238,8827	240,5433
2	18,5128	19,0000	19,1643	19,2468	19,2964	19,3295	19,3532	19,371	19,3848
3	10,1280	9,5521	9,2766	9,1172	9,0135	8,9406	8,8867	8,8452	8,8123
4	7,7086	6,9443	6,5914	6,3882	6,2561	6,1631	6,0942	6,0410	5,9988
5	6,6079	5,7861	5,4095	5,1922	5,0503	4,9503	4,8759	4,8183	4,7725
6	5,9874	5,1433	4,7571	4,5337	4,3874	4,2839	4,2067	4,1468	4,0990
7	5,5914	4,7374	4,3468	4,1203	3,9715	3,8660	3,7870	3,7257	3,6767
8	5,3177	4,4590	4,0662	3,8379	3,6875	3,5806	3,5005	3,4381	3,3881
9	5,1174	4,2565	3,8625	3,6331	3,4817	3,3738	3,2927	3,2296	3,1789
10	4,9646	4,1028	3,7083	3,4780	3,3258	3,2172	3,1355	3,0717	3,0204
11	4,8443	3,9823	3,5874	3,3567	3,2039	3,0946	3,0123	2,9480	2,8962
12	4,7472	3,8853	3,4903	3,2592	3,1059	2,9961	2,9134	2,8486	2,7964
13	4,6672	3,8056	3,4105	3,1791	3,0254	2,9153	2,8321	2,7669	2,7144
14	4,6001	3,7389	3,3439	3,1122	2,9582	2,8477	2,7642	2,6987	2,6458
15	4,5431	3,6823	3,2874	3,0556	2,9013	2,7905	2,7066	2,6408	2,5876
16	4,4940	3,6337	3,2389	3,0069	2,8524	2,7413	2,6572	2,5911	2,5377
17	4,4513	3,5915	3,1968	2,9647	2,8100	2,6987	2,6143	2,5480	2,4943
18	4,4139	3,5546	3,1599	2,9277	2,7729	2,6613	2,5767	2,5102	2,4563
19	4,3807	3,5219	3,1274	2,8951	2,7401	2,6283	2,5435	2,4768	2,4227
20	4,3512	3,4928	3,0984	2,8661	2,7109	2,5990	2,5140	2,4471	2,3928
21	4,3248	3,4668	3,0725	2,8401	2,6848	2,5727	2,4876	2,4205	2,3660
22	4,3009	3,4434	3,0491	2,8167	2,6613	2,5491	2,4638	2,3965	2,3419
23	4,2793	3,4221	3,0280	2,7955	2,6400	2,5277	2,4422	2,3748	2,3201
24	4,2597	3,4028	3,0088	2,7763	2,6207	2,5082	2,4226	2,3551	2,3002
25	4,2417	3,3852	2,9912	2,7587	2,6030	2,4904	2,4047	2,3371	2,2821
26	4,2252	3,3690	2,9752	2,7426	2,5868	2,4741	2,3883	2,3205	2,2655
27	4,2100	3,3541	2,9604	2,7278	2,5719	2,4591	2,3732	2,3053	2,2501
28	4,1960	3,3404	2,9467	2,7141	2,5581	2,4453	2,3593	2,2913	2,2360
29	4,1830	3,3277	2,9340	2,7014	2,5454	2,4324	2,3463	2,2783	2,2229
30	4,1709	3,3158	2,9223	2,6896	2,5336	2,4205	2,3343	2,2662	2,2107
35	4,1213	3,2674	2,8742	2,6415	2,4851	2,3718	2,2852	2,2167	2,1608
40	4,0847	3,2317	2,8387	2,6060	2,4495	2,3359	2,2490	2,1802	2,1240
45	4,0566	3,2043	2,8115	2,5787	2,4221	2,3083	2,2212	2,1521	2,0958
50	4,0343	3,1826	2,7900	2,5572	2,4004	2,2864	2,1992	2,1299	2,0734

Tabelle T.9　　0,95-Quantile der F-Verteilung in Abhängigkeit der Freiheitsgrade (df) (Teil 2)

df 2	df 1 10	15	20	25	30	35	40	45	50
1	241,8817	245,9499	248,0131	249,2601	250,0951	250,6934	251,1432	251,4935	251,7742
2	19,3959	19,4291	19,4458	19,4558	19,4624	19,4672	19,4707	19,4735	19,4757
3	8,7855	8,7029	8,6602	8,6341	8,6166	8,6039	8,5944	8,5870	8,5810
4	5,9644	5,8578	5,8025	5,7687	5,7459	5,7294	5,7170	5,7073	5,6995
5	4,7351	4,6188	4,5581	4,5209	4,4957	4,4775	4,4638	4,4530	4,4444
6	4,060	3,9381	3,8742	3,8348	3,8082	3,7889	3,7743	3,7629	3,7537
7	3,6365	3,5107	3,4445	3,4036	3,3758	3,3557	3,3404	3,3285	3,3189
8	3,3472	3,2184	3,1503	3,1081	3,0794	3,0586	3,0428	3,0304	3,0204
9	3,1373	3,0061	2,9365	2,8932	2,8637	2,8422	2,8259	2,8131	2,8028
10	2,9782	2,8450	2,7740	2,7298	2,6996	2,6776	2,6609	2,6477	2,6371
11	2,8536	2,7186	2,6464	2,6014	2,5705	2,5480	2,5309	2,5174	2,5066
12	2,7534	2,6169	2,5436	2,4977	2,4663	2,4433	2,4259	2,4121	2,4010
13	2,6710	2,5331	2,4589	2,4123	2,3803	2,3570	2,3392	2,3252	2,3138
14	2,6022	2,4630	2,3879	2,3407	2,3082	2,2845	2,2664	2,2521	2,2405
15	2,5437	2,4034	2,3275	2,2797	2,2468	2,2227	2,2043	2,1897	2,1780
16	2,4935	2,3522	2,2756	2,2272	2,1938	2,1694	2,1507	2,1360	2,1240
17	2,4499	2,3077	2,2304	2,1815	2,1477	2,1229	2,1040	2,0890	2,0769
18	2,4117	2,2686	2,1906	2,1413	2,1071	2,0821	2,0629	2,0477	2,0354
19	2,3779	2,2341	2,1555	2,1057	2,0712	2,0458	2,0264	2,0110	1,9986
20	2,3479	2,2033	2,1242	2,0739	2,0391	2,0135	1,9938	1,9783	1,9656
21	2,3210	2,1757	2,0960	2,0454	2,0102	1,9844	1,9645	1,9488	1,9360
22	2,2967	2,1508	2,0707	2,0196	1,9842	1,9581	1,9380	1,9221	1,9092
23	2,2747	2,1282	2,0476	1,9963	1,9605	1,9342	1,9139	1,8979	1,8848
24	2,2547	2,1077	2,0267	1,9750	1,9390	1,9124	1,8920	1,8757	1,8625
25	2,2365	2,0889	2,0075	1,9554	1,9192	1,8924	1,8718	1,8554	1,8421
26	2,2197	2,0716	1,9898	1,9375	1,9010	1,8740	1,8533	1,8367	1,8233
27	2,2043	2,0558	1,9736	1,9210	1,8842	1,8571	1,8361	1,8195	1,8059
28	2,190	2,0411	1,9586	1,9057	1,8687	1,8414	1,8203	1,8035	1,7898
29	2,1768	2,0275	1,9446	1,8915	1,8543	1,8268	1,8055	1,7886	1,7748
30	2,1646	2,0148	1,9317	1,8782	1,8409	1,8132	1,7918	1,7748	1,7609
35	2,1143	1,9629	1,8784	1,8239	1,7856	1,7571	1,7351	1,7175	1,7032
40	2,0772	1,9245	1,8389	1,7835	1,7444	1,7154	1,6928	1,6748	1,6600
45	2,0487	1,8949	1,8084	1,7522	1,7126	1,6830	1,6599	1,6415	1,6264
50	2,0261	1,8714	1,7841	1,7273	1,6872	1,6571	1,6337	1,6149	1,5995

Literatur

Almiron, M. G., Lopes, B., Oliveira, A. L., Medeiros, A. C. und Frery, A. C. (2010): On the numerical accuracy of spreadsheets, *Journal of Statistical Software* 34, 1–29.

Apel, D., Behme, W., Eberlein, R. und Merighi, C. (2010): *Datenqualität erfolgreich steuern: Praxislösungen für Business-Intelligence-Projekte*, München: Hanser.

Aral (2013): Preis-Datenbank; Datenbasis: Aral, URL `http://www.aral.de/` `kraftstoffe-und-preise/kraftstoffpreise/kraftstoffpreis-archiv.html`, abgerufen am 20/02/2014.

Auer, L. v. (2011): *Ökonometrie: Eine Einführung*, Wiesbaden: Springer Gabler.

Backhaus, K., Erichson, B., Plinke, W., Weiber, R. et al. (2008): *Multivariate Analysemethoden: Eine anwendungsorientierte Einführung*, Bd. 12, Berlin: Springer.

Bamberg, G., Baur, F. und Krapp, M. (2012): *Statistik*, München: Oldenbourg.

Basler Ausschuss für Bankenaufsicht (1996): Aufsichtliches Rahmenkonzept für Backtesting (Rückvergleiche) bei der Berechnung des Eigenkapitalbedarfs zur Unterlegung des Marktrisikos mit Bankeigenen Modellen, URL `http://www.bis.org/publ/bcbs22de.pdf`, abgerufen am 20/02/2014.

Bickel, P. J., Hammel, E. A. und O'Connell, J. W. (1975): Sex bias in graduate admissions: Data from Berkeley, *Science* 187, 398–404.

Brachinger, H. W. (2005): Der Euro als Teuro? Die wahrgenommene Inflation in Deutschland, *Wirtschaft und Statistik* 9, 999–1014.

Bundesministerium der Justiz und für Verbraucherschutz (1990): Bundesdatenschutzgesetz, BDSG, URL `http://www.gesetze-im-internet.de/bdsg_1990/index.html`, abgerufen am 20/02/2014.

Bundesnetzagentur (2013): Teilnehmerentwicklung im Mobilfunk, URL `http://www.` `bundesnetzagentur.de/DE/Sachgebiete/Telekommunikation/Unternehmen_Institutionen/` `Marktbeobachtung/Deutschland/Mobilfunkteilnehmer/Mobilfunkteilnehmer_node.html`, abgerufen am 20/02/2014.

Christiaans, T. und Ross, M. (2013): *Wirtschaftsmathematik für das Bachelor-Studium*, Wiesbaden: Springer Gabler.

CIA (2009): The World Factbook; Distribution of family income - Gini index, URL `https://` `www.cia.gov/library/publications/the-world-factbook/fields/2172.html`, abgerufen am 20/02/2014.

Deutsche Bundesbank (2013): DAX Performance Index, URL `http://www.bundesbank.de/` `Navigation/DE/Statistiken/Zeitreihen_Datenbanken/Makrooekonomische_Zeitreihen/` `its_list_node.html?listId=www_s140_mb05`, abgerufen am 20/02/2014.

Diaz-Bone, R. (2006): *Statistik für Soziologen*, Konstanz: UVK.

ESMA (2010): CESR's Guidelines on Risk Measurement and the Calculation of Global Exposure and Counterparty Risk for UCITS, URL `www.esma.europa.eu/system/files/10_788.pdf`, abgerufen am 20/02/2014.

Fahrmeir, L., Künstler, R., Pigeot, I. und Tutz, G. (2011): *Statistik*, Heidelberg: Springer.

Faktencheck Gesundheit (2012): Faktencheck Gesundheit: Kaiserschnittgeburten - Entwicklung und regionale Verteilung, URL https://faktencheck-gesundheit.de/fileadmin/daten_fcg/Downloads/Pressebereich/FCKS/Report_Faktencheck_Kaiserschnitt_2012.pdf, abgerufen am 20/02/2014.

Fisher, R. A. (1936): The use of multiple measurements in taxonomic problems, *Annals of eugenics 7*, 179–188.

Fox, J. (2005): The R Commander: A Basic Statistics Graphical User Interface to R, *Journal of Statistical Software 14*, 1–42, URL http://www.jstatsoft.org/v14/i09, abgerufen am 20/02/2014.

Franke, J., Härdle, W. und Hafner, C. (2004): *Einführung in die Statistik der Finanzmärkte*, Heidelberg: Springer.

GNU General Public License (2007): GNU General Public License, URL http://www.gnu.org/licenses/gpl-3.0.de.html, abgerufen am 20/02/2014.

Groß, J. (2003): *Linear regression*, Heidelberg: Springer.

Hahsler, M., Gruen, B. und Hornik, K. (2005): arules – A Computational Environment for Mining Association Rules and Frequent Item Sets, *Journal of Statistical Software 14*, 1–25, URL http://www.jstatsoft.org/v14/i15/, abgerufen am 20/02/2014.

Han, J., Kamber, M. und Pei, J. (2006): *Data mining: concepts and techniques*, Oxford: Morgan Kaufmann.

Harrison Jr, D. und Rubinfeld, D. L. (1978): Hedonic housing prices and the demand for clean air, *Journal of environmental economics and management 5*, 81–102.

Hatzinger, R., Hornik, K. und Nagel, H. (2011): *R: Einführung durch angewandte Statistik*, München: Pearson.

Heiberger, R. M. und Neuwirth, E. (2009): *R through Excel: A spreadsheet interface for statistics, data analysis, and graphics*, Heidelberg: Springer.

ISO (1993): ISO/IEC 2382-1:1993 Information technology – Vocabulary – Part 1: Fundamental terms, URL https://www.iso.org/obp/ui/iso:std:iso-iec:2382:-1:ed-3:v1:en, abgerufen am 20/02/2014.

James, G., Witten, D., Hastie, T. und Tibshirani, R. (2013): *An introduction to statistical learning*, Heidelberg: Springer.

Jorion, P. (2007): *Value at Risk: The new Benchmark for Managing Financial Risk (3. Auflage)*, New York: McGraw-Hill Companies.

Kauermann, G. und Küchenhoff, H. (2011): *Stichproben: Methoden und praktische Umsetzung mit R*, Heidelberg: Springer.

KDnuggets (2003): KDnuggets: Polls: Data preparation, URL http://www.kdnuggets.com/polls/2003/data_preparation.htm, abgerufen am 20/02/2014.

Keiningham, T. L., Cooil, B., Andreassen, T. W. und Aksoy, L. (2007): A longitudinal examination of net promoter and firm revenue growth, *Journal of Marketing*, 39–51.

Kemper, H.-G., Mehanna, W. und Unger, C. (2006): *Business Intelligence: Grundlagen und praktische Anwendungen: Eine Einführung in die IT-basierte Managementunterstützung*, Heidelberg: Springer.

Krämer, W. (1992): *Statistik verstehen*, München, Zürich: Piper.

— (2012): *So lügt man mit Statistik*, München, Zürich: Piper.

Krengel, U. (1993): *Einführung in die Wahrscheinlichkeitstheorie und Statistik*, Wiesbaden: Vieweg.

Kruschwitz, L. und Husmann, S. (2012): *Finanzierung und Investition*, München: Oldenbourg.

Kuß, A. (2013): *Marketing-Theorie: Eine Einführung*, Wiesbaden: Springer Gabler.

Ligges, U. (2008): *Programmieren mit R*, Heidelberg: Springer.

Lippe, P. v. d. (1992): *Deskriptive Statistik*, Stuttgart: Gustav Fischer.

— (2006): *Deskriptive Statistik, Formeln, Aufgaben, Klausurtraining*, München: Oldenbourg.

Mangel, M. und Samaniego, F. J. (1984): Abraham Wald's work on aircraft survivability, *Journal of the American Statistical Association* 79, 259–267.

Matthews, R. (2001): Der Storch bringt die Babys zur Welt (p=0.008), *Stochastik in der Schule* 21, 21–23.

McCloskey, D. N. und Engelke, M. (2002): *The secret sins of economics*, Prickly paradigm press Chicago, IL.

McKinsey Global Institute (2011): Big data: The next frontier for innovation, competition, and productivity, URL http://www.mckinsey.com/insights/business_technology/big_data_the_next_frontier_for_innovation, abgerufen am 20/02/2014.

Meyer, D., Zeileis, A. und Hornik, K. (2013): *vcd: Visualizing Categorical Data*, r package version 1.3-1.

Moosbrugger, H. und Kelava, A. (2011): *Testtheorie und Fragebogenkonstruktion*, Heidelberg: Springer.

Mosler, K. und Schmid, F. (2009): *Beschreibende Statistik und Wirtschaftsstatistik*, Heidelberg: Springer.

Mroz, T. A. (1987): The sensitivity of an empirical model of married women's hours of work to economic and statistical assumptions, *Econometrica: Journal of the Econometric Society* , 765–799.

OECD (2008): Growing Unequal? Income Distribution and Poverty in OECD countries, URL http://www.oecd-ilibrary.org/, abgerufen am 20/02/2014.

Oestreich, M. (2010): *Keine Panik vor Statistik!: Erfolg und Spaß im Horrorfach nichttechnischer Studiengänge*, Wiesbaden: Springer Spektrum.

R Core Team (2013): *R: A Language and Environment for Statistical Computing*, R Foundation for Statistical Computing, Vienna, Austria, URL http://www.R-project.org/, abgerufen am 20/02/2014.

Radermacher, W. (2008): Hintergrundgespräch 3. März 2008: Überarbeitung des Verbraucherpreisindex, URL https://www.destatis.de/DE/PresseService/Presse/Pressekonferenzen/2008/VPI/hgg_vpi_uebersicht.html, abgerufen am 20/02/2014.

Reichheld, F. F. (2003): The one number you need to grow, *Harvard business review* 81, 46–55.

Saint-Mont, U. (2013): *Die Macht der Daten: Wie Information unser Leben bestimmt*, Wiesbaden: Springer Spektrum.

Schira, J. (2009): *Statistische Methoden der VWL und BWL: Theorie und Praxis*, München: Pearson.

Schlittgen, R. (2012): *Einführung in die Statistik - Analyse und Modellierung von Daten*, München: Oldenbourg.

Schlittgen, R. und Streitberg, B. H. J. (2001): *Zeitreihenanalyse*, München: Oldenbourg.

Schmid, F. und Trede, M. (2006): *Finanzmarktstatistik*, Heidelberg: Springer.

Schwarze, J. (2013): *Aufgabensammlung zur Statistik*, NWB Verlag.

Speth, H.-T. (2004): Komponentenzerlegung und Saisonbereinigung ökonomischer Zeitreihen mit dem Verfahren BV4.1, *Methodenberichte, Statistisches Bundesamt* , 1–43.

Statistisches Bundesamt (2012): Wirtschaftsrechnungen; Einkommens- und Verbrauchstichprobe; Einkommensverteilung in Deutschland; Fachserie 15; Heft 6.

— (2013a): Daten des Arbeitskostenindex, URL `https://www.destatis.de/DE/ZahlenFakten/Indikatoren/Konjunkturindikatoren/Arbeitskosten/aki110.html`, abgerufen am 20/02/2014.

— (2013b): Harmonisierter Verbraucherpreisindex, URL `https://www.destatis.de/DE/Meta/AbisZ/HVPI.html`, abgerufen am 20/02/2014.

— (2013c): Preis-Datenbank; Datenbasis: Statistik der Bundesagentur für Arbeit, URL `https://www.destatis.de/DE/ZahlenFakten/Indikatoren/Konjunkturindikatoren/Arbeitsmarkt/arb110.html`, abgerufen am 20/02/2014.

— (2013d): Turnusmäßige Überarbeitung des Verbraucherpreisindex 2013, *Statistisches Bundesamt* .

— (2013e): Verbraucherpreisindex, URL `https://www.destatis.de/DE/Meta/AbisZ/VPI.html`.

Strack, F., Martin, L. L. und Schwarz, N. (1988): Priming and communication: Social determinants of information use in judgments of life satisfaction, *European Journal of Social Psychology* 18, 429–442.

Tsay, R. S. (2005): *Analysis of Financial Time Series 2nd Edition*, Hoboken, New Yersey: John Wiley& Sons.

Tversky, A. und Kahneman, D. (1983): Extensional versus intuitive reasoning: The conjunction fallacy in probability judgment., *Psychological review* 90, 293.

US Census Bureau (2013): The X-12-ARIMA Seasonal Adjustment Program, URL `http://www.census.gov/srd/www/x12a/`, abgerufen am 20/02/2014.

Walter, R. (2007): *Einführung in die Analysis, Part I*, Berlin: Walter de Gruyter.

Welt-in-Zahlen (2006): Ländervergleich; Datenbasis: CIA World Factbook, URL `http://www.welt-in-zahlen.de/laendervergleich.phtml`, abgerufen am 20/02/2014.

Wewel, M.-C. (2011): *Statistik im Bachelor-Studium der BWL und VWL: Methoden, Anwendung, Interpretation*, Pearson Deutschland.

Wikipedia (2013): Gini-Koeffizient, URL `http://de.wikipedia.org/wiki/Gini-Koeffizient`, abgerufen am 20/02/2014.

Zeit Online (2014): ADAC räumt Manipulation bei Autopreis ein, URL `http://www.zeit.de/mobilitaet/2014-01/adac-gelber-engel-ramstetter`, abgerufen am 20/02/2014.

Zwerenz, K. (2008): *Statistik verstehen mit Excel: interaktiv lernen und anwenden; Buch mit CD-ROM*, München: Oldenbourg.

Stichwortverzeichnis

Hier studiere ich.

Das Bachelor- oder Master-Hochschulstudium neben dem Beruf.

Alle Studiengänge, alle Infos
unter: **fom.de**

Printed by Printforce, the Netherlands